나는 탁상 위의 전략은 믿지 않는다

KODEF 안보총서 7

나는
탁상 위의 전략은
믿지 않는다

크리스터 요르젠센 지음 | **오태경** 옮김

플래닛미디어
Planet Media

신화가 되어버린 전사

대치 중인 영국군의 야전병원에 부상자가 먹을 식수가 떨어졌다는 이야기를 전해들은 롬멜은 곧장 장갑차에 백기를 달고 식수를 실어 영국군에게 전달했다. 그러자 영국군은 그 보답으로 지프에 백기를 달고 와인을 실어 독일군에게 전달했다.

영웅이라 불리기에는 히틀러와 너무 가까웠던 사람, 그의 불량정권에 너무 많이 너무 오랫동안 동조했던 사람, 그러나 아군은 물론 적으로부터도 사랑과 존경을 받았던 위대하고 훌륭한 군인이며 진정한 전사. 이렇게 수식되는 이름이 바로 에르빈 롬멜Erwin Johannes Eugen Rommel이다.

롬멜이 적군에게까지 존경을 받았다는 것은 전장에서조차 대단히 신사적이었던 그의 성품에서 충분히 짐작할 수 있다. 인간 롬멜의 깊이를 가늠할 수 있게 하는 가슴 뭉클한 에피소드는 또 있다. 롬멜은 전투가 끝나면 서로 간 총격을 멈춘 뒤 피아를 불문하고 부상자를 구하기 위해 최선을 다했다고 한다. 이런 모습은 공공연하게 포로학살을 자행하던 당시의 지휘관들과는 분명히 비교가 되었을 것이다.

롬멜의 작전과 전술은 흔히 '속도'와 '기습'으로 대표되지만 또한 '기만전술'의 달인이었던 롬멜은 교활한 작전으로 끊임없이 연합군을 괴롭혔다. 전력의 열세를 숨기기 위해 폴크스바겐Volkswagen 자동차에 나무판을 씌우고 색을 칠해 전차처럼 보이게 해놓으면, 앞선 전차들을 뒤따라 수많은 폴크스바겐이 모래바람을 일으키며 달려오는 모습을 보고 연합군은 아예 진지를 포기하는 경우도 있었다.

단치히Danzig에 있는 사관학교를 다니고 있던 롬멜은 1911년 일생의 반려이자 든든한 조력자가 되는 루시 마리아 몰린Lucie Maria Mollin을 만나게 되지만 복무 때문에 바인가르텐Weingarten으로 이동하게 되면서 곧 그녀와 헤어지게 되었다.

옮겨간 바인가르텐에서 롬멜은 20세의 발부르가 슈템머Walburga Stemmer라는 여인을 만나 사랑에 빠지게 되지만 가난한 군인이 마음에 들지 않았던 그녀의 어머니는 두 사람의 결합을 허락하지 않았다. 둘의 관계는 롬멜의 집안에서도 환영받지 못했다. 롬멜의 아버지도 그녀와 헤어질 것을 종용했지만 발부르가는 롬멜의 아버지가 사망한 직후 딸을 출산하게 된다. 아이의 이름은 게르트루트Gertrud, 공식적으로는 평생 롬멜의 조카로 살게 되는 불행한 아이였다.

1914년 제1차 세계대전의 발발과 함께 룩셈부르크 국경으로 떠나던 롬멜은 발부르가와 어린 딸에 대해 책임감을 느끼고 그의 누나 헬레네Helene에게 두 사람을 보살펴달라고 부탁하기도 하지만, 결국 1916년 11월 단치히에서의 짧은 휴가 동안 첫사랑 루시 몰린과 결혼을 한다. 일생 동안 충실한 아내로 그의 곁을 지켰던 루시는 1928년 결혼 12년 만에 아들 만프레트Manfred를 낳았다.

자신의 처음이자 마지막 사랑이었던 롬멜을 죽는 순간까지 기다렸던 발부르가는 롬멜의 아들이 태어나기 두 달 전에 폐렴으로 세상을 떠났다.

여러 전투에서 승리를 거두며 묵묵히 자신의 임무를 다했던 롬멜은 지휘관으로서 뛰어난 역량을 보여준 훌륭한 군인이었지만 그가 이루어낸 빛나는 승리가 모든 이의 찬사를 받고 있는 것은 아니다.

히틀러의 주 관심사는 소련 침공으로, 사실 프랑스를 비롯한 기타 유럽에서의 전쟁은 소련 침공을 위한 예비전에 가까웠다. 따라서 아프리카 식민지를 하나도 갖고 있지 않았던 독일에게 애당초 아프리카는 관심 밖의 영역이었다. 그런데 이탈리아가 영국 식민지를 공격하다가 수세에 몰리게 되자 독일이 이를 막기 위해 군대를 보내면서 아프리카 전선이 생겨난 것이다. 즉, 소련 침공을 앞두고 있던 독일로서는 아까운 병력을 동맹을 위해 빼낸 상황이었다.

사실 독일 군부는 전장이 확대되는 것을 원치 않았으나, 롬멜은 이에 아랑곳하지 않고 엄청난 기세로 진격해나갔다. 여기서 롬멜이 등한시했던 것이 바로 보급 문제다. 보급이 원활했다면 롬멜이 더 큰 전과를 올릴 수 있었을 것이라고들 하지만, 반대로 생각하면 보급을 계산하지 않고 전장을 무리하게 확대시켰다는 말로 해석할 수도 있는 것이다. 전선의 확대는 보급의 어려움으로 연결되는 만큼 무리한 확대보다는 상황에 맞추어 일정 선에서 굳히기에 들어가는 것이 옳았다는 것이다. 실제로 롬멜의 전술은 도박적 성향도 적지 않았는데, 이런 무리수 때문에 오히려 곤란을 자초했다는 견해가 있는 것도 사실이다.

그래서 그를 비판하는 쪽에서는 롬멜이 분명 뛰어난 군인이며 전투지휘관이었으나, 뛰어난 장군은 못 되었다고도 하는 것이다. 사막은 그가 가장 큰 전공을 세운 무대였지만 동시에 월등히 우세한 적에게 밀려 쓰디쓴 패배를 경험한 무대이기도 했다.

롬멜은 이미 제1차 세계대전의 경험을 바탕으로 한 회고록이자 전투교본인『보병공격술Infantrie Greift』의 저자로, 이 책은 1937년에 출판되어 군 내부는 물론이고 일반인들 사이에서도 크게 주목을 받았다. 그러나 책을 쓰는 동안 자료의 부족을 절감했던 롬멜은 다음 책을 위해, 1940년 5월 10일 독-불 국경선을 넘을 때부터 그날의 작전에 관한 내용 등 전장에서의 매순간을 꼼꼼하게 구술하여 부관에게 받아쓰게 했다. 또한 부인 루시에게 거의 매일 편지를 쓰면서 전황과 자신의 감정 등을 소상히 적어 보내기도 했다. 루시는 이런 편지를 1,000여 통 가지고 있었으나 현재는 극히 일부만 남아 있는 상태다. 직접 카메라를 들고 자신이 거쳐온 전장을 사진으로 기록해두기도 했던 롬멜은, 중동지역 연합군 초대 총사령관이며 북아프리카에서 적장으로 마주쳤던 아치볼드 웨이벌Archibald Wavell 장군이 저술한 전투서의 애독자이기도 했다.

아프리카에서 귀국 후 제2차 세계대전의 경험을 책으로 쓰기 위해 비밀리에 문서를 정리하던 롬멜은 원고를 받아쓰고 초안을 타이핑하는 일을 아내와 부관에게만 맡길 정도로 신중을 기했다.

아군과 적군 양쪽의 존경을 받았던 롬멜, 그러나 역시 아군과 적군 양쪽의 공격도 받아야 했던 롬멜, 지휘자로서의 뛰어난 능력만큼 인간적인 약점도 많았던 롬멜, 오랜 시간 히틀러와 함께했지만 결국 그를 제거하려는 사람들과도 함께했던 롬멜, 총통의 제3제국과 군인으로서의 기본적인 자질을 갖추지 못한 이들에 대한 비난을 숨기지 않았던 롬멜, 유대인 학살을 일삼는 나치돌격대를 비겁한 군인이라 했던 참군인 에르빈 롬멜, 그리고 가장 치열하게 싸우고 가장 많은 것을 기록으로 남겨두었던 롬멜…. 이제 신화가 되어버린 이 완벽한 총사령관의 전역을 한 발자국씩 따라가보자.

Contents

적마저 경의를 표한 천재 지휘관

윈스턴 처칠Winston Churchill은 제2차 세계대전 중 가장 암울한 시기에 영국의 수상으로서 전쟁을 이끌고 있었다. 늘 낙관적이고 자신만만했으며 원기 왕성한 지도자였던 그는, 영국군이 북아프리카의 사막전에서 최고의 난적인 '사막의 여우'에게 패배하자 절망에 빠졌다. 그 '사막의 여우'는 다름 아닌 독일의 아프리카군단 사령관인 에르빈 롬멜 장군이었고, 그의 군단은 계속해서 영국군을 패퇴시키며 막다른 골목으로 몰아붙이고 있었다. 1942년 초, 마침내 처칠은 측근들을 향해 소리쳤다.

"롬멜, 롬멜, 롬멜! 놈을 무너뜨릴 수 있다면 무슨 짓이든 하겠어!"[1]

롬멜이라는 문제는 1941~1942년 내내, 전쟁을 지휘하던 처칠을 지배하고 또 집착하게 만든 숙제였다. 자신의 곁에서 이 눈엣가시 같은 독일인을 제거하는 것이 너무 절실했던 처칠은, 롬멜의 아프리카 본부에서 그를 납치하거나 살해한다는 매우 비밀스럽고 은밀한 작전을 계획하기도 했다. 1941년 11월에 개시되었던 이 작전은 결국 실패했다.[2] 그러나 공식적으로는 전쟁에서 처칠이 그러한 방식을 허용한 적도 없고 또 허용하려 하지도 않은 것으로 되어 있다. 1942년 초 영국 의회에 출석한 처칠은 보기 드물게 너그러운 태도로 롬멜에 대해 평가했다.

"우리에게는 대담하고 솜씨 좋은 적이 있습니다. 나는 그에 대해 이렇게 말하겠습니다. '전쟁의 재앙인 그는 그러나 장군으로서 더없이 위대하고 훌륭하다'라고."[3]

역사를 통틀어 영국인에게 '사막의 여우' 롬멜만큼 상찬의 대상이면서 동시에 격렬한 증오의 대상이 된 독일 장군은 없었다. 무엇이 롬멜을 그렇게 특별하게 만들었을까? 제1차 세계대전 때 알프스 전선에서 연일 요란한 승전고를 울렸던 그는, 앞장서서 지휘하고 대담한 공격으로 적이 항복할 때까지 끊임없이 추격하는 뛰어난 보병 지휘관이었다. 1940년 초에 전설적인 제7기갑사단을 이끄는 동안 이미 타고난 지휘자임이 입증된 롬멜은, 같은 해 5~7월 프랑스 전선에 출정하면서 뛰어난 기갑부대 지휘관임을 다시 한 번 증명했다. 프랑스 전선에서부터 대담하고 예상을 뛰어넘는 지휘로 명성을 날리면서 두각을 나타냈지만, 그가 전설적인 '사막의 여우'가 된 것은 북아프리카에서였다. 롬멜과 롬멜만큼 전설적인 독일의 아프리카군단 병사들은 전투마다 영국군의 허를 찌르면서 압도적인 승리를 이끌어냈다. 영국군은 곧 전쟁의 천재가 이끄는 대단히 유능하고 끈질긴 군대와 상대하고 있음을 깨달았다. 더구나 '사막의 여우'에게 패배하게 되자, 훌륭한 스포츠맨십을 지녔던 영국군은 롬멜과 롬멜의 아프리카군단에 대해서도 칭찬을 아끼지 않았다.

아군에게도 적에게도 롬멜은 훌륭한 전사였다. 거칠지만 자비로웠던 롬멜은 휘하 부하들에게 존경을 받았던 것은 물론, 자신의 적으로부터도 찬사를 받았던 진정한 군인이었다. 조국에 대한 그의 애국심과 충성심은, 자신의 오늘을 있게 한 사람에 대한 감사의 마음을 압도했다. 그는 언제나 마음속 깊은 곳으로부터 군인이었으며, 병사들의 장군이었다. 아마 그와 같은 사람을 다시 보기는 어려울 것이다.

이 책은 롬멜과 그의 기갑부대, 그리고 두 번의 세계대전과 2개의 대륙에서 그의 지휘하에 싸웠던 사람들에 대한 이야기로 꾸며지게 될 것이다.

"생각이 많아지면 용기는 줄어든다.
적당한 생각은 지혜를 주지만
과도한 생각은
결국 나를 겁쟁이로 만들 뿐.
그것은 생각이 아니라 잡념이다."

Chapter 1

훌륭한 군인

후퇴하거나 여기서 멈추거나 아니면 공격하거나,
롬멜에게는 세 가지 선택지가 있었다.
그러나 그의 결정은 간단하고 단호했다.
가능한 모든 경우에 롬멜은 공격하는 쪽을 선택했다.

부대 기호		
⊠ 보병부대	XXXXX □	집단군
▱ 기갑부대(영국)	XXXX □	군
◣ 기계화부대/기갑부대(독일)	XXX □	군단
▣ 요새부대	XX □	사단
◤ 산악부대	X □	여단
⧄ 기병부대	III □	연대

16쪽 사진

롬멜이 이탈리아의 루마니아전에서 놀라운 승리를 거둔 후 받은 '블루 맥스'와 철십자 훈장을 착용하고 있다. 이 '훌륭한 군인'의 저돌성과 용기, 총명함은 장차 제2차 세계대전을 치르면서 스스로에게 엄청난 명성을 안겨주게 된다. 1918년 정전 이후 촬영한 사진이다.

● 가족과 출생 배경은 개인의 생애에 큰 영향을 미친다. 그 사람의 인격을 형성하는 틀이 바로 가족이기 때문이다. 에르빈 롬멜은 1891년 독일 남부의 슈바비아Swabia 지역 작은 도시 하이덴하임Heidenheim에서 태어났다. 그 지역 사람들은 부지런하지만 성격이 무뚝뚝하고 완고한 것으로 알려져 있다. 평생토록 고향에 대해 강한 애착을 지녔던 롬멜은, 군인으로 살아가는 동안 내내 그곳 출신 특유의 인내심과 강인함, 그리고 영특함을 보여주었다. 롬멜은 슈바비아 특유의 억양을 일생 동안 유지했다.

엄격한 교장선생님이었던 롬멜의 아버지는 아들에게 늘 근면함, 규율, 충성심, 애국심과 같은 청교도적인 가치를 주입시켰다. 롬멜이 군인이 된 데는 그런 아버지의 영향도 적지 않았다. 1910년 7월 뷔르템베르크Würtemberg 제124보병연대(슈바비아는 당시 뷔르템베르크 왕국에 속해 있었다)에 입대한 롬멜은 1년 후 단치히 사관학교를 졸업했다. 사령관은 사관생도 롬멜에 대해 "훌륭한 군인으로 강한 의지력을 지녔다. 또한 총명하고 열성적이며 임무에 대한 면밀한 감각과 함께 훌륭한 전우애를 갖고 있다"고 기록하고 있다.

이 무렵 일생의 연인인 루시 몰린을 만나 사랑에 빠지게 된 롬멜은 1916년에 그녀와 결혼했다. 이탈리아와 폴란드 혈통이 섞인 검은 머리의 독일 미녀 루시는 일생 동안 롬멜의 반려자로 곁을 지켰고, 롬멜은 그녀의 내조에 변함없는 애정과 헌신적인 정절로 보답했다.[1]

롬멜의 연대는 슈투트가르트Stuttgart 인근에 주둔했고, 그는 1914년 3월 제49야전포병연대에 배속될 때까지 그곳에서 신참으로 훈련을 받았다.[2] 그리고 그해 8월에 제1차 세계대전이 발발하자 롬멜의 독일 제5군 소속 연대는 아르덴Ardennes 남쪽에 접한 프랑스 동부지역을 침공했다. 그곳은 이후 제2차 세계대전 동안 프랑스 전선의 롬멜에게 매우 친숙한 곳이 될 지역이었다.

전쟁의 유동적인 상황에 흥미를 느낀 롬멜은, 마치 자신이 보병이 아니라 기병이며 사령관인 것처럼 작전을 지휘했다. 8월 22일, 그는 소수 분견대(본래의 소속 부대로부터 파견되어 나온 부대-옮긴이)를 이끌고 블레^{Bleid}의 작은 마을을 점령해서 30명을 사살하고 12명의 프랑스 포로를 포획하는 전과를 올렸다. 그 개인의 지략과 부대의 용맹으로 롬멜은 2급 철십자 훈장을 받게 되었다. 롬멜에게는 마치 블러드하운드^{Bloodhound}(후각이 예민한 영국산 사냥개-옮긴이)처럼 적의 약점을 알아채는 감각이 있었다. 그는 늘 공격하길 원했으며, 언제나 자신이 작전을 담당하려 했다. 이는 종종 상급자들의 분노를 샀다. 그러나 롬멜은 솔선과 독립성의 가치를 믿었고, 그것은 엄격한 계급 조직의 규율 내에서도 마찬가지였다.[3]

▼ 독일군 보병부대가 아르덴의 숲이 우거진 언덕 위에서 진격 명령을 기다리고 있다. 롬멜의 연대는 아르덴 남쪽으로부터 프랑스 동부를 침공한 독일 제5군 소속 부대였다. 1914년 8월 사진이다.

루마니아 전선에서 전쟁을 배우다

1915년 9월, 롬멜은 뷔르템베르크 산악대대에 합류하게 되는데, 이곳에서의 복무를 통해 가장 험한 환경에서 부대를 이끄는 독자적이고 대담한 지휘관으로 거듭나게 된다. 약간의 망설임 끝에 루마니아 왕국은 1916년 8월 말에 동맹국의 일원이 되어 트란실바니아의 루마니아인 거주지역을 침공한다. 루마니아군은 처음에는 승리를 거두는 듯했다. 그러나 잘못된 지휘와 부족한 보급으로 고생을 하다가, 포위된 오스트리아-헝가리군에 독일이 지원군을 보내자 곧 패배하고 말았다. 삼각형의 쐐기 모양으로 생긴 루마니아는 남쪽으로는 적국인 불가리아, 북쪽으로는 오스트리아-헝가리제국에 둘러싸여 있었다. 그러던 중 불가리아군이 무력으

▼ 카르파티아 산맥에서 행군 중인 루마니아군 부대. 롬멜의 대대는 1916년에 루마니아 전선에 배치되었고, 부쿠레슈티를 향한 팔켄하인 장군의 성공적인 진격에 일익을 담당했다. 1916년 사진이다.

로 도나우Donau강을 넘어오자, 이는 루마니아 남쪽 전 지역에 위협이 되었다. 독일-오스트리아 동맹군은 팔켄하인Falkenhayn 장군의 지휘하에 트란실바니아-알프스Transylvanian-Alps 산맥을 넘어 루마니아 북서쪽으로 진격했다. 러시아의 지원에도 불구하고 루마니아의 수도 부쿠레슈티Bucureşti는 결국 1916년 12월 6일 팔켄하인에게 함락되고 말았다.[4]

롬멜의 대대는 1916년 10월에 루마니아 전선에 배치되어 부쿠레슈티로 향하는 팔켄하인 진영에 가담했다. 그러나 텐트 등 장비의 부족으로 그의 대대원들은 동상과 굶주림에 시달려야 했다. 롬멜은 여기서 부대의 운용에 대한 가치 있는 교훈을 얻었다. 최고 수준의 전투력을 얻기 위해서는 지휘관이 직접 그 부대를 돌보아야 하며, 또한 지휘관은 부대원의 고통과 문제를 함께 나누어야만 그들로부터 존경과 충성심을 끌어낼 수 있다는 것이 바로 그것이다.

"너 자신이 하고 싶지 않거나 할 수 없는 일을 남에게 부탁하지 마라."

이때부터 이 말은 롬멜의 좌우명이 되었다.[5]

1917년 1월 7일, 롬멜은 산악부대 1개 중대를 거느리고 기관총부대의 지원을 받으며 독일 국경으로부터 동쪽으로 약 6.4킬로미터를 전진하여 루마니아 영토 깊숙이 침투했다. 롬멜은 가제치Gagesti 마을을 점령하고 고지를 포위했는데, 작전은 정면의 좁은 지역을 공격하면서 한곳에 화력을 집중함으로써 성공을 거둘 수 있었다. 적진을 통과할 때는 루마니아 레지스탕스를 분쇄하기 위해 발포지점을 설치하고, 공격의 주력을 유지하기 위해 배후와 측면에 있을지도 모르는 적의 공격은 무시하라고 예하 장교들에게 지시했다. 이것이 제2차 세계대전을 치르는 동안 롬멜이 프랑스와 북아프리카 전선에서 보여준 공격 스타일이었다. 트란실바니아의 눈에 띄지도 않는 조그마한 루마니아 마을에서 이후 자신을 주목할 만한 지휘자로 만들어주게 되는 기술과 리더십을 롬멜은 처음으로 적용했던 것이다.[6]

서부전선에서의 짧은 휴식 후, 롬멜은 1917년 8월에 루마니아로 돌아왔다. 그리고 8월 9일, 전 대대는 독일군이 주도하고 있는 루마니아 전선의 최동부 돌출부에 위치한 코스나Cosna산을 공격하라는 명령을 받았다. 바로 그날 롬멜의 부대는 루마니아군을 산 정면의 5개 지역으로부터 몰아내는 데 성공했다. 그리고 다음날 롬멜은 6개 소총중대와 2개 기관총중대의 지휘권을 부여받았다. 이제 목표는 산의 정상으로, 노출된 능선을 따라 대담하게 전진해야 할 참이었다. 롬멜은 2개 기관총중대와 2개 소총중대로 하여금 루마니아군을 포위하게 하여 측면을 확보한 후, 남은 4개 소총중대를 이끌고 적의 거점이 있는 북쪽을 향해 숲이 우거진 능선을 타고 올라가 루마니아군의 허를 찔렀다. 롬멜은 루마니아군이 전열을 채 정비하지도 못하고 혼란 속에서 달아나는 동안 산을 점령했다.[7]

목표 달성을 방해하는 명령은 기꺼이 무시하라

코스나산은 롬멜이 산악에서 처음으로 승리를 거둔 곳이었지만, 그렇다고 그것이 그의 전투사에서 가장 빛나는 승리는 아니었다. 전쟁이 발발하자 이탈리아는 미심쩍은 중립을 취해오다가 독일과 오스트리아-헝가리제국 동맹국, 특히 오랜 적국인 오스트리아-헝가리제국과 척을 지게 되면서 1915년 마침내 전쟁을 선언했다. 그러나 전쟁은 생각대로 되지 않았다. 승리를 장담했던 이탈리아는 이손초Isonzo강과 알프스산에 걸친 전장에서 지독한 교착상태에 빠져 꼼짝도 못 하고 있었다. 롬멜은 독일에서 루시와 짧은 시간을 보내고 1917년 10월 전선으로 돌아왔다.

독일에 큰 빚을 지고 있던 오스트리아도 이탈리아만큼이나 큰 곤란을 겪으면서 다시 독일에 지원을 요청했다. 차츰 병력이 부족해지던 독일로서도 동맹국을 포기할 수는 없었다. 독일 사령부는 남부전선에 파견하기 위해 7개 사단으로 구성된 제14군을 창설했다. 곧 대위로 진급하게 된 롬멜에게는 3개 산악중대와 1개 기관총중대로 구성된 '롬멜 분견대'가 주어졌다. 다른 나라의 군대와는 달리 독일군은 잘 훈련되고 열성적인 젊은 장교들이 다수 지휘를 맡아 다른 나라에서라면 고참 장교에게만 주어지는 임무를 수행하고 있었다.[8] 이렇듯 보편적이지는 않지만 효율적인 독

▼ 독일군은 강력한 탄막을 퍼부으면서 카포레토 전투를 시작했고, 이후 롬멜 분견대는 콜로브라트 능선을 따라 전진하여 이탈리아군 수비대를 기습했다.

일군의 전통이 롬멜의 빠른 진급을 가능하게 했던 것이다.

10월 24일, 독일군은 1,000문의 화포로 강력한 탄막을 퍼부으면서 카포레토^{Caporetto} 전투를 시작했다. 그리고 선봉을 이끌던 롬멜은 몰래 콜로브라트 능선^{Kolovrat Ridge}을 따라 최종 목표인 마타주르^{Matajur}산을 향해 전진했다. 이렇게 하여 그는 기습을 받고 놀란 500명의 이탈리아군을 포로로 잡았다. 그러나 이런 압도적이고 놀랄 만한 승리는 그의 진영을 위험한 지역에 노출시킨다는 문제가 있었다. 후퇴하거나 여기서 멈추거나 아니면 공격하거나, 롬멜에게는 세 가지 선택지가 있었다. 그러나 그의 결정은 간단하고 단호했다. 가능한 모든 경우에 롬멜은 공격하는 쪽을 선택했다. 그는 루이코^{Luico}의 마을을 점령하여 100명의 포로를 붙잡고 또다시 능선을 따라 진격하여 이탈리아군의 보급로를 차단했다. 그에게는 150명의 병력밖에 없었지만, 2,000명의 이탈리아 포로를 감시하기 위해 대대의 나머지 병력이 루이코에 도착하자 롬멜은 다시 밀어붙이기로 결정했다. 롬멜은 크라곤차^{Cragonza}산과 예브첵^{Jevszek}의 마을에 야간공격을 감행했다. 공격은 훌륭했고, 목표는 곧 달성되었다. 그러나 그보다 더 대단한 것은 그의 부대가 후방으로부터의 지원을 전혀 받지 못한 채 압도적인 포화를 뚫고 승리를 이루어냈다는 점이었다. 그런 롬멜의 용기와 기지는 눈부신 결과로 보상받았다. 롬멜은 목숨을 걸고 백기를 소지한 채 이탈리

▲ 카포레토 전투 중 이동하고 있는 독일군 부대.

아군 전선으로 다가가서 항복을 권유하고 설득했다. 이때부터 롬멜의 또
다른 좌우명은 "싸우지 않고 이길 수 있다면 그것이 최선이다"가 되었다.[9]

　롬멜이 잡은 엄청난 수의 포로 때문에 대대 지휘관인 슈프로서^{Sprosser}
대령은 마타주르산이 함락되었다고 잘못 판단하고 롬멜에게 귀대를 명
령했다. 그러나 명령을 받은 롬멜은, 슈프로서 대령이 정보 부족으로 상
황을 잘못 판단했다고 보고 명령을 무시했다. 그러고는 마타주르산을 계
속 공격하여 마침내 점령했다. 이 시기는 롬멜이 가장 반항적인 때로, 그
의 타고난 진취성이 강한 복종심과 규율에 대한 존경을 압도하고 있었
다. 상부의 명령이 목표 달성을 방해한다고 판단되면 롬멜은 기꺼이 명
령을 무시했다. 이후 프랑스와 북아프리카 사막에서도 마찬가지였다. 산
정상 주변지역은 정예인 살레르노^{Salerno} 여단의 제2대대가 장악하고 있었
다. 저항 없이 항복시키거나 후퇴시키려면 다시 약간의 속임수를 써야 한

▲ 52시간 동안의 쉴 새 없는 전투 끝에 롬멜 분견대는 전사자 6명, 부상자 30명이라는 손실을 입었지만, 무려 9,000명에 달하는 이탈리아군 포로를 포획했다.

다고 판단한 롬멜은, 한 번 더 백기를 들고 이탈리아군 앞으로 가서 항복을 권유했다. 그런 롬멜 앞에 깜짝 놀랄 일이 벌어졌다. 격노하고 모욕당한 장교들을 무시한 채 적병 1,200명이 롬멜 앞에 줄을 서서 그들의 무기를 버렸던 것이다. 롬멜은 곧바로 그의 분견대를 이끌고 가서 산 정상을 점령하고 120명의 포로를 더 포획했다. 공격을 시작한 지 이틀 후인 10월 26일 11시 40분, 롬멜의 부하들은 마타주르산이 독일군의 손으로 넘어왔다는 신호로 불꽃을 발사했다. 52시간 동안 계속된 전투에서 롬멜은 6명의 병사를 잃고 30명이 부상을 입었지만, 9,000명의 이탈리아군을 포로로 잡았다. 12월에 롬멜과 슈프로서는 뒤늦게 독일제국 최고 훈장인 '블루 맥스Blue Max(푸어 르 메리테Pour le Mérite 훈장)'를 받았다.[10]

빛나는 패전국 장교

롬멜은 1917년 후반까지 이탈리아 전선에 남았다가 이듬해에는 서부전선에서 복무했다. 이 서부전선에서 롬멜은 사람을 소심하고 굼뜨게 만드는 참호전을 가장 혹독하게 경험했다. 그는 대부분의 시간을 상황이 어떻게 변할지 예측할 수 없는 전방에서 보냈다. 이곳에서 기동전은 여전히 큰 효과가 있었다. 프랑스군이나 영국군과는 달리 롬멜은 다음 주요 전투를 치르면서 기동전의 잠재성과 유효성을 믿게 되었다. 아이러니하게도 제2차 세계대전에서 중요한 동맹이 될 이탈리아 및 루마니아와 싸우면서 롬멜은 담력과 기지로 명성을 얻었다. 당시 이탈리아군과 맞서 싸운 전투는 롬멜에게 다른 한편으로 유익한 경험이 되었다. 알프스 전투에서

▼ 1918년 6월의 수아송 전투. 슈맹데담(Chemin des Dames) 능선에서 일군의 독일군 부대원들이 행군하고 있는 중에 몇몇 병사들은 휴식을 취하고 있다. 롬멜은 제1차 세계대전의 마지막 해인 1918년을 서부전선에서 보내며 급변하는 전장 분위기를 경험할 수 있었다.

이탈리아군의 형편없는 모습을 보고 그는 이후 이탈리아가 독일의 동맹이 되었을 때 이탈리아군을 신뢰하는 데 신중을 기했다. 롬멜이 이탈리아인을 싫어한다고 말하는 사람도 있지만 그것은 사실이 아니다. 그는 사막전 동안 이탈리아인들이 보여준 금욕주의에 찬사를 보냈으며, 그의 딸 게르트루트가 이탈리아인과 결혼하는 것도 반대하지 않았다.

1918년에 전쟁이 끝났지만 그의 빛나는 승리들 때문에 롬멜은 패전국 장교라는 느낌이 들지 않았다. '훌륭하게' 전쟁을 수행해낸 롬멜은 히틀러Adolf Hitler와 달리 개인적인 수치심과 모욕감에 시달리지 않았다. 그는 이미 다음 라운드를 위한 준비가 되어 있었다.

"너 자신이 하고 싶지 않거나 할 수 없는 일을
남에게 부탁하지 마라."

Chapter 2

정치군인
히틀러의 등장

실업과 불안, 그리고 독일을 절망으로 몰고 갔던
전 세계적인 경제공황이 결합되어 국가사회주의독일노동당,
즉 나치는 국민들의 절대적인 지지를 받았고,
1933년 1월 마침내 히틀러는 권력을 획득하여 독일의 총리가 되었다.
거만하고 이기적인 독일 상류층을 혐오했던 롬멜도
히틀러를 대중의 지도자로 인정하고 나치의 급진주의에 호감을 가졌다.

● 1918년에 롬멜은 겨우 스물일곱 살이었으나, 이미 전후의 독일군인 '바이마르 국방군Reichswehr'(바이마르 공화국은 제1차 세계대전 후인 1918년에 일어난 독일혁명으로 1919년에 수립되어 1933년 히틀러의 나치 정권 등장으로 소멸된 독일 공화국이다–옮긴이)에서 고급 훈장을 받은 장교였다. 오직 아내와 일에만 헌신했던 애국심 투철한 이 젊은 장교는 운 좋게도 군에 남아 중용되었다. 1919년 3월에 롬멜은 불만 가득했던 좌익 해군 분견대에 배치되어 이 분견대를 충성심 강하고 호전적인 부대로 바꿔놓았다. 1920년 봄, 롬멜은 베스트팔렌Westfalen의 공산주의 반군과 싸웠고, 1920~1929년에는 슈투트가르트 소총중대의 훈련 지휘관으로 복무했다. 그는 또한 내연기관과 기관총의 전술적 사용을 이해하는 데 많은 시간을 할애했다. 이런 분야에 대한 관심과 기술적 재능은 후일의 경력에 큰 도움이 되었다. 롬멜은 뛰어난 교관이었으며 엄하지만 영감을 주는 훈련 지휘관이었다. 1928년에는 슈투트가르트에서 아들 만프레트가 태어났고, 1933~1934년까지는 고슬라르Goslar에 주둔하는 경보병대대의 지휘관으로 복무했다. 그는 이때를 자신의 인생에서 가장 좋았던 때라고 회고했다. 1934년 12월, 롬멜은 이른바 '롬멜 대대'의 사령관이 되었다.[1]

그즈음 또 다른 고참 군인인 아돌프 히틀러가 정치권에 발을 들여놓고 있었다. 1928년의 히틀러는 5년 전 뮌헨München에서 발생한 실패한 쿠데타 '비어홀 폭동'을 조직하고 이끌었던 것 외에는 내세울 게 없는 무명의 정치적 극단주의자였다. 그러나 1931년에 히틀러의 국가사회주의독일노동당NSDAP(나치)은 독일의 최대 정당이 되어 있었다. 실업과 불안, 그리고 독일을 절망으로 몰고 갔던 전 세계적인 경제공황이 결합되어 국가사회주의독일노동당은 국민들의 절대적인 지지를 받았고, 1933년 1월 마침내 히틀러는 권력을 획득하여 독일의 총리가 되었다. 거만하고 이기적

▲ 1930년대 초 아돌프 히틀러(오른쪽)가 힌덴부르크(Paul von Hindenburg) 대통령과 함께 자동차를 타고 있는 모습이다. 독일의 오만하고 이기적인 상류계층을 혐오하던 롬멜은 대중의 지도자로서 히틀러를 경외하고 나치 급진주의에도 호감을 나타냈다. 그러나 나치의 반유대주의에 대해서는 거부감을 드러냈다.

인 독일 상류층을 혐오했던 롬멜도 히틀러를 대중의 지도자로 인정하고 나치의 급진주의에 호감을 가졌다. 그러나 롬멜은 나치의 반유대주의를 불쾌하게 여겼으며, 1934년 6월에 일어난 '장검의 밤Night of the Long Knives'(유대인과 반나치 세력에 대한 무력행사를 감행했던 나치의 초기 준군사조직 나치 돌격대, 즉 SA 지도부에 대한 숙청-옮긴이) 같은 형태의 대규모 숙청은 완전히 무익한 일이라고 생각했다.

롬멜은 엘 알라메인El Alamein 전투(1942년 10월 이집트의 엘 알라메인에서 버나드 몽고메리 장군이 이끄는 영국군이 롬멜의 독일군을 격파하고 제2차 세계대전의 중요한 전환점을 마련한 전투-옮긴이)까지만 해도 히틀러의 열렬한 지지자였으나 그 이후로는 비판적이 되었다. 어쨌든 1934년 고슬라르에서 롬멜은 히틀러를 처음으로 만났으며, 그때부터 친나치 장교이자 히틀러의 부하로 간주되었다.[2]

롬멜은 베를린 외곽의 포츠담Potsdam에 있는 보병학교로 전출되어 그곳에서 존경받는 교관으로 이름을 날렸다. 생도들은 롬멜의 독립심과 거침없는 개인주의적 성향을 가장 찬탄해 마지않았는데, 이런 요소들은 절도 있는 지도자의 상징과도 같은 것이었다. 그러나 롬멜과 그의 가족들은 베를린 사회에 적응하지 못했고, 고위 관리나 그 파벌과의 관계도 좋지 않았다. 군인 경력 외에는 아무것도 없는 슈바비아 중류층 출신인 롬멜과 히틀러의 제3제국(히틀러가 권력을 장악하고 있던 1934~1945년까지의 독일제국-옮긴이) 하에서도 여전히 군부를 장악하고 있던 프로이센 귀족들 사이에는 공통점이 없었다. 롬멜은 프로이센 귀족들의 보수주의와 윤리, 정치적 견해를 받아들이기는 했지만 평생 동안 아웃사이더로 남아 있었다. 1937년 롬멜은 『보병공격술』이라는 책을 출간하여 큰 호응을 얻기도 했다. 이 저술은 그에게 약간의 명성과 돈을 가져다주었으나, 시기심 많은

동료들은 매우 '상업적인' 책이라고 비판했다. 롬멜은 명성을 기쁘게 여겼으며, 경제적 이득에 대해서도 그저 만족스럽게 생각했다.[3]

1937년에 롬멜은 매력적이지만 거만한 발두르 폰 쉬라크Baldur von Schirach 휘하의 히틀러 유겐트Hitler Jugend(1933년에 히틀러가 청소년들에게 나치의 신조를 가르치고 훈련시키기 위해 만든 조직. 아리아인 독일 소

▲ 히틀러 유겐트의 지휘관 발두르 폰 쉬라크는 매력적이지만 거만한 인물로 미국에서 교육받은 장교였다. 1937년에 롬멜은 그의 휘하에서 연락장교로 근무했다.

년은 의무적으로 가입했다-옮긴이) 연락장교로 임명되었다. 두 사람은 서로를 좋아하지 않았다. 미국에서 교육받은 쉬라크는 딱딱한 롬멜을 보고 전형적인 프로이센 장교로 여겨 싫어했다. 그런데 롬멜이 마음을 열고 심한 슈바비아 억양으로 그에게 서슴없이 말하자, 자신이 생각한 것보다 롬멜이 덜 뻣뻣한 사람이라는 것을 알고는 깜짝 놀랐다. 그보다 히틀러와의 관계가 훨씬 더 돈독했던 롬멜은 곧 히틀러의 경호대장으로 승진했다. 1939년 3월의 보헤미아 점령 기간 동안, 롬멜은 망설이던 히틀러를 설득하여 혹시 있을지도 모르는 암살 기도를 정면으로 돌파하여 소규모 경호대만 대동한 채 차편으로 프라하Praha를 방문하도록 했다. 체코의 수도에 히틀러가 입성한 것은 선전적인 일격이었다. 이 일로 히틀러는 롬멜을 배짱과 '필요한 자질'을 지닌 장교로 인정하게 되었다.[4]

장비도 넘쳐나고 시대에 뒤떨어진 개념도 넘쳐나는 시대

대담한 전차 지휘관이자 전형적인 기갑부대 전략가로 다른 장교들보다 더 유명해졌음에도 불구하고, 롬멜은 양차 세계대전 사이의 기간 동안 독일 기갑부대 창설에 실질적으로 관여하지 않았다. 이는 또 다른 명민한 이단자인 하인츠 구데리안Heinz Wilhelm Guderian 장군과 그 동료들의 작품이었다. 독일의 전차 개발 이전에 먼저 영국과 프랑스의 전차 개발과 사용 경과를 살펴보자.

영국은 전차 개발과 설계 및 생산, 그리고 실제 적용에 있어서 선구자였다. 1916년에 사상 최초로 플랑드르Flandres에서 전차를 실전에 사용했고, 1917년 11월에는 캉브레Cambrai에서 최초로 대규모 전차 공격을 실시했다. 반면 독일군은 전쟁 전에는 전차에 대해 거의 관심이 없었다. 그리고 제1차 세계대전 중에만 해도 전차 사용에 그리 익숙하지 않았다. 따라서 1918년까지만 해도 전차를 능숙하게 사용할 수 있었던 영국군이 그 활용 면에서 다른 참전국들의 선두에 서 있었다. 그러나 1918년 이후 전차에 대한 영국군의 사고는 후퇴하여 말과 보병에 대한 전통적인 편애가 기계화라는 개념과 전차의 사용을 앞지르게 되었다. 1925년 헤이그Douglas Haig 육군원수의 말이 이런 분위기를 대변하고 있다. 그는 "전차와 항공기는 유용하기는 하지만 전장에서는 병사와 말의 단순한 보조물에 불과하다"고 주장했다.[5]

헤이그의 편견에 맞서 전차와 항공기의 유용성을 강조하며 군사력의 기계화를 옹호하던 존 풀러John F. C. Fuller와 리델 하트Basil Liddell Hart 대위 같은 군인들은 소외되고 배척당해 결국 모두 군대를 떠나야 했다. 영리하고 심오한 사색가였던 풀러는 제1차 세계대전 때 창설된 기갑부대를 유지해

▲ 기갑부대의 규모와 역할을 증대시켜 군의 현대화를 앞당겨야 한다고 주장한 리델 하트 대위. 존 풀러 대령 등 영국군의 기계화를 역설하던 선구자들은 군 내부의 보수주의자들에게 밀려 대부분 군을 떠나야 했다.

야 할 뿐만 아니라 부대의 규모와 역할을 증대시켜야 한다고 영국군의 보수주의자들을 설득하려 했다. 그러나 기갑사단을 기갑군단으로 바꾸어 군을 대대적으로 기계화시켜야 한다는 그의 의견은 받아들여지지 않았다. 달갑지 않은 현대화에 대한 호소만큼 풀러의 예언자적인 태도도 군 수뇌부의 심기를 불편하게 했을 것이다. 의심 많고 돈 문제에 신중했던 영국의 군부는 풀러의 건의를 거부하고 대신 그의 개념이 적의 군대에서 실현되는 것을 지켜보기만 하고 있었다.

독일의 구데리안 장군과 투하쳅스키Tukhachevsky 원수 같은 소련의 전차전 전문가들은 풀러의 개념을 받아들여 부분적으로 그것을 실제에 적용했다. 풀러는 독일과 소련 양국에서 존경받는 인물로, 후일 클라우제비츠 Carl von Clausewitz(1780~1831. 프로이센의 군인이었으나 후일 러시아군에 투항하여 나폴레옹으로부터의 해방전쟁에 진력함-옮긴이)와 어깨를 나란히 하는 군사적 권위자이자 천재로 추앙받았다.[6]

인습주의자의 득세와 자금의 부족은 1918년까지 영국군이 가졌던 군사력의 우위를 서서히 빼앗아갔다. 1920년대만 해도 외관상으로는 세계 평화에 대한 어떤 위협의 징후도 없어 보였기 때문에 이런 침체는 거의 문제가 되지 않았다. 그러나 소련과 독일 양국이 군사적 역량을 회복했던 이후 10년 동안에는 문제가 달라졌다. 1926년에는 차량화보병의 지원을 받은 왕립기갑군단의 2개 대대가 솔즈베리 평원Salisbury Plain에서 행해진 훈련에 참가하여 화력과 기동성 그리고 속도 면에서 현대의 전장에서 기갑부대가 가지는 가치를 보여주었다.

1931년에는 95대의 경전차와 85대의 중형 전차로 이루어진 제1전차여단이 창설되었으나 1년이 못 되어 해체되고 말았다.[7] 제1전차여단의 실패는 잘못된 지휘관 선택 때문이라고 할 수 있었는데, 당시 제1전차여단의 지휘관은 전차에 대한 경험이 전혀 없었기 때문에 훈련에서 전차를 다루는 데 있어 아무런 확신도, 능력도 보여주지 못했던 것이다.[8] 그러다가 영국군은 독일에서 히틀러가 권력을 잡고 난 후인 1933년 11월이 되어서야 퍼시 호바트Percy Hobart 대령이라는 뛰어난 지도자의 지휘 아래 230대의 마크Mark II 경전차로 이루어진 전차여단을 창설하게 되었다. 풀러와 마찬가지로 호바트도 얼간이들을 잘 견뎌내지 못했으며, 기계화에 대한

▼ 1940년 프랑스 전투에 투입된 영국군의 마크 VI 전차. 1927년까지 영국은 전차 설계와 생산의 선두 주자였지만 1930년대를 지나면서 우방국과 적국 모두에게 뒤처졌다. 사실상 전쟁의 승패를 좌우할 수 있는 혁신적인 신병기에 대해 영국은 너무나 유약하고 단순한 사고를 가지고 있었다.

견해와 의지 또한 솔직하고 과격했다. 이런 태도는 어김없이 적을 만들었고, 이로 인해 1936년에 호바트는 이집트로 전출되어 그곳의 기갑부대 지휘를 맡게 되었다.[9]

1927년까지도 영국은 전차 설계와 생산에서 여전히 선진국의 위치에 있었지만, 1930년대에는 우방국이나 적국보다 뒤처지게 되었다. 마크 I 이나 마크 II 같은 전차는 속도가 시속 27킬로미터에 달했지만 방어력과 무장이 약했다. 마크 III 역시 속도는 빨랐으나 무장이 빈약했다. 마크 III 의 무장은 2파운드 포(40밀리)와 비커스Vickers 경기관총 1정이 전부였다.[10] 영국군의 유약함은 전차 또는 전차에 탑승한 전차병 때문이 아니라, 발상의 빈약함에서 그 이유를 찾을 수 있었다. 그들은 마치 전차 사용법을 잊어버린 사람들 같았다. 그러니 1930년대에 기갑부대를 지휘하게 된 기병 장교들이 전차를 기계화된 말의 일종으로 간주했던 것도 이해 못 할 일은 아닌 것이다.

기관총과 연발소총, 그리고 후장식 대포가 도입되면서 전차는 정찰, 엄호, 적 병참선 습격 등 기존의 기병이 맡아왔던 역할을 넘겨받았다. 사실상 전쟁의 승패를 좌우할 수 있는 혁신적인 신병기인 전차에 대한 견해 치고는 너무나 치명적인 결함을 가진 유약하고 단순한 접근이었다. 전차의 제대로 된 역할은 적을 한곳에 몰아 집단으로 공격하고, 허를 찌르고, 포위하여 식수·식량 및 탄약을 고갈시킨 후 항복하게 만드는 것이다. 그러나 이런 목표는 기계화된 보병 및 포대의 지원과 항공 전력의 긴밀한 협력에 의해서만 성취될 수 있었다. 그러나 영국군은 프랑스군과 마찬가지로 공군을 지상군과 전차 전력에 통합시키는 데 완전히 실패했다. 영국 공군은 전략적 병기로서 공군의 독자체제를 확보하는 데만 진력하여 육군과의 긴밀한 협조체제가 공군의 독립성을 해칠 것이라는 우려를 떨쳐

내지 못했다. 따라서 적 지상군에 대한 기총소사와 급강하 폭격은 공군의
전략적 독립에 대한 위협으로 간주되었다. 그리하여 공군 사령부는 고고
도 폭격과 1 대 1 공중전, 그리고 정찰에만 몰두하기로 결정을 내리고 말
았다.

1937년 후반, 영국의 항공기 제조사인 비커스의 수석 시험비행사가
독일에서 돌아왔다. 독일에서 융커스Junkers의 Ju87 슈투카Stuka 급강하 폭
격기를 시험했던 그는 영국도 그와 대등한 항공기를 생산해야 한다며 그
필요성에 관해 열정적인 보고서를 제출했다. 그러나 공군은 "귀관의 일에
나 신경 써라"는 답변을 보내왔다.[11] 항공지원 및 육군과 공군 간의 협력
부족으로 인해 프랑스와 북아프리카 전선에서 영국군이 참혹한 패배를
수없이 겪게 될 것은 자명했다. 사실 전차를 기병처럼 운용하려 고집했기
때문에 영국군은 전차를 제대로 다루는 법도 배운 적이 없었다. 더구나
급강하 폭격기가 절대적으로 부족했기 때문에 독일군은 수많은 함정을
피해갈 수 있게 될 터였다.

자원의 양과 품질을 제외하고는 프랑스의 상황도 별로 나을 것이 없었
다. 제1차 세계대전의 승리로 스스로를 특별히 영리하다고 생각하고 있던
프랑스군이 전후 군사력 정비에서 패전국 독일을 참고할 이유는 없었던
것이다. 프랑스는 독일이나 러시아처럼 정치 상황이나 군사정책에 의문을
가질 필요도 없었고 또 그럴 마음도 없었다. 프랑스군에는 제1차 세계대
전에서 획득한 장비도 넘쳐나고 시대에 뒤떨어진 개념도 넘쳐나고 있었
다.[12] 따라서 영국과 마찬가지로 프랑스에도 감히 전차와 군의 현대화에
대한 논의를 제기하는 목소리는 거의 없었다. 1922년 초에 제1차 세계
대전에 참전했던 에스티엔Estienne 대령이 10만의 병사와 4,000대의 전차
로 이루어진 전차군단의 창설을 요청한 적이 있고, 1928년에는 나중에 프

랑스 총리가 되는 폴 레노Paul Raynaud의 지원 하에 두망Doumenc 장군으로부터 비슷한 요청이 제기되었으나, 이에 대한 반응은 완전한 침묵이었다.[13]

그 대신 프랑스군은 당시까지 아직 현실화되지 않은 독일군의 위협에 대한 대응책으로 스위스 국경에서부터 말메디Malmédy까지 마지노선Maginot Line(독일군의 공격을 저지하기 위해 양국 국경을 중심으로 구축한 대규모 방위 요새선. 당시의 육군장관 마지노André Maginot의 이름을 따서 붙였다-옮긴이)을 구축하는 전략적 방어를 채택했다. 3,000만 파운드의 비용을 쏟아부은 마지노선이 1934년에 '완공'되자마자,[14] 마지노선을 영국해협까지 확장할지 여부에 대한 논쟁이 불거져 나왔다. 포슈Ferdinand Foch 원수는 이 요새선이 확장되어 해안까지 이르기를 원했으나, 필립 페탱 Philippe Pétain 원수는 선을 북동부지역까지만 연결하고 말메디 북쪽의 국경은 선을 연장하지 않고 남겨두어야 한다고 주장했다. 프랑스 육군이 벨기에 땅에서 침략자 독일군을 상대해야 한다는 것이 그 이유였다.[15]

이 주장은 즉시 어떤 형태의 프랑스 육군이 벨기에에서 어떤 독일군 침략자를 상대하게 될 것인가에 대한 문제를 야기했다. 프랑스 군부의 절대다수는 마지노선이 난공불락이기 때문에 프랑스 동쪽 국경의 안전을 확실하게 보장할 것이라는 완전히 잘못된 결론을 내리고 있었다. 그들은 프랑스군이 세상에서 가장 뛰어나다고 믿고 있었다. 그러니 대대적인 변화가 필요하다는 생각을 할 상태는 아니었을 것이다.

이런 자기만족은 말할 것도 없이 페탱의 두 가지 개념에 근거한 것이었는데, 그 첫 번째는 적군의 어떤 밀집된 전차 공격도 불가능하도록 대전차포와 지뢰를 조합해서 사용한다는 것이었다.[16] 그러나 이런 발상이 완전히 무의미한 것이 대규모 전차와 항공기의 지원을 받는 대전차포와 지뢰를 조합하여 밀집대형의 전차 공격을 저지한 것은 1943년의 쿠르스크Kursk(러시아 쿠르스크주의 주도州都. 제2차 세계대전 당시 독일과 소련의 격전지로, 양군은 가장 강력한 전차와 기갑부대를 집결시켜 거의 공멸하다시피 할 정도의 처절한 난투를 벌였다. 독일의 퇴각으로 마무리됨-옮긴이)의 경우가 유일했다. 또 다른 페탱의 비현실적인 개념은 전차로 아르덴 지역을 돌파할 수는 없다는 것이었다. 그러나 1940년 5월, 밀집대형의 7개 사단이 별다른 노력을 기울이지도 않고 아르덴으로 쏟아져 들어갔다.

시대에 뒤떨어진 페탱의 개념에서 보듯 정책결정자의 부적절한 판단에도 불구하고 프랑스군은 1940년 5월까지 훌륭한 전차 공장을 건설했다. 1932년에 프랑스군은 기계화기병사단DLM, division légere mécanique을 창설했는데, 이 기계화기병사단은 1개 기갑여단, 1개 차량화보병여단, 1개 포병연대, 그리고 1개 장갑차연대로 구성되어 있었다. 사단의 전체 병력은 1만 3,000명의 병사와 4,000필의 말, 그리고 1,550대의 자동차로 이루어졌다.[17] 그러나 사단이 보유한 250대의 전차 중 전투용은 단 90대뿐이었고, 나머지는 '정찰차량'이었다.[18] 이러한 자원의 오용은 영국군의 사고와 별 차이 없는 전차에 대한 프랑스군의 생각을 그대로 반영한 것이었다. 전차는 보병과 기병의 지원 병기로 전투에서 보조적인 역할을 맡았고, 보병과 포병, 그리고 기병에게 적절한 방어막을 제공해줄 뿐이었다. 영국에서와 마찬가지로 전차는 기계화된 '말'로 취급되어 소규모 부대나 기병부대의 일부로서만 쓰일 것이 뻔했다. 말이 전차의 속도를 늦추고 적의 사격에도 취약했기 때문에, 말과 전차의 조합은 실전에서 효과를 보지 못했다. 프랑스군의 전차는 대개 무선장비도 부족했다. 그리하여 1940년 5월에는 보병이나 포병, 또는 항공기의 지원도 받지 못한 채 공격에 취약하기 그지없는 소규모 부대로 밀집대형의 독일군 기갑부대에 맞서 작전을 하게 되었다.

◀ 프랑스 아프리카군단의 경기병이 행진하는 모습이다. 프랑스에서 전차는 동력으로 움직이는 말과 같은 존재로, 소규모 군대나 기병 진형의 일부로서만 운용되고 있었다.

◀ 프랑스군의 H-38 경전차. H-38의 무장은 37밀리 포와 7.5밀리 기관총 각 1문씩으로 이루어져 있었고, 전차병은 단 2명뿐이었다. 이 때문에 실전에서는 효율성이 떨어졌다.

따라서 1940년 5월 프랑스군의 패배는 대부분 시대에 뒤떨어진 발상과 군사적 보수주의에 기인했던 것으로, 당시의 생각처럼 전적으로 프랑스군 전차의 열악함 때문은 아니었다. 1935년 이전까지 프랑스의 전차 대부분이 작고 열악한 장비를 탑재한 느린 르노^{Renault} FT 전차였던 것은 사실이다. 그러다가 독일의 위협이 늘어나면서 1935년 이후부터는 현대적이면서 기능적으로 우수한 전차들을 일괄적으로 생산하기 시작했다. 앞으로 5년 내에 전차의 수에 있어서 프랑스군은 독일군과 대등해질 수 있을 것이며, 나아가 성능에 있어서는 독일군을 압도하게 될 것이다.[19] 1940년 5월, 프랑스군은 세계에서 가장 뛰어난 두 종의 중형 전차 소뮈아^{Somua}(S-35)와 샤르^{Char}-B를 보유했다. 소뮈아는 중량이 20톤에 달했으나 최고속도가 시속 40킬로미터나 되었다. 샤르-B도 만만치 않은 장갑

▲ 1940년 5월 프랑스는 훌륭한 전차 생산 공장을 건설하면서 당시로서는 가장 뛰어난 전차였던 소뮈아(S-35)와 샤르-B(사진)을 보유하게 되었다.

을 장비한 32톤 중량의 전차였으며, 동체의 측면에는 75밀리 포를, 포탑에는 성능이 뛰어난 47밀리 포를 장비했다. 그러나 샤르-B는 소뮈아에 비해 속도도 느렸고, 전체적인 성능은 1명이 배치되는 작은 포탑 때문에 다소 떨어지는 면이 있었다. 그럼에도 두 전차 모두 대부분의 성능 면에서 독일군의 전차보다는 우월했다.[20]

성능이 그렇다면 전차의 수에 있어서는 어땠을까? 1940년 5월 연합군의 방어력에 관한 논의에서 독일군에 비해 전차의 수가 부족하다는 주장이 제기되었다. 그러나 프랑스군이 훌륭한 전차를 다수 보유하고 있었기 때문에 이는 완전히 잘못된 주장이다. 프랑스군은 르노(R-35) 전차 850대에 소뮈아 전차 260대, 샤르-B 전차 311대, 호치키스Hotchkiss H-35 전차 545대, 그리고 H-39 전차 276대를 보유하고 있었다. 프랑스군의 전차는 총 2,242대였고, 여기에 영국군 전차 231대가 더 있었다.[21] 따라서 프랑스군은 전차가 부족했기 때문이 아니라 전차를 잘못 사용했기 때문에 패배했던 것이다. 프랑스군의 전차병들은 전차를 더 효율적인 수단으로 받아들인 적을 맞아 의미 없는 전투를 해야 했던 반면에, 독일군은 월등하게 우수한 화력을 보유했던 프랑스군을 완전히 압도할 수 있었다.

지상에서의 프랑스 군사력은 나쁘지 않았지만, 공중에서는 사정이 달랐다. 질과 양 모두에서 프랑스 공군력의 열악함은 치명적이었다. 독일군이 1,000대의 전투기를 보유한 데 비해 연합군은 모두 합해서 800대의 전투기를 갖고 있었다. 게다가 프랑스는 고작 150대의 중형 및 중폭격기를 보유하고 있었을 뿐인 데 비해 독일군만 해도 그 열 배가 넘는 수를 확보하고 있었던 것이다. 종합하면, 독일군의 항공기가 3,000대에 달했던 데 비해 프랑스군은 겨우 1,200대의 항공기를 보유하고 있었다. 더구나 프랑스군의 항공기가 독일군의 것에 비해 대체로 느리고 신뢰성이 떨

▲ 프랑스군 모랑 소르니에 MS406 전투기. 1940년 5월까지 독일군은 3,000대의 항공기 보유한 데 비해 프랑스군은 1,200대의 항공기를 보유하고 있었다. 더구나 프랑스군의 항공기는 대부분 독일군 항공기에 비해 훨씬 느리고 기계적 신뢰성도 떨어졌다.

▶ 프랑스 공군은 독일 공군에게 거의 상대가 되지 않았지만 영국군의 스핏파이어는 독일군의 Bf109 보다 우월했다. 1938년 여름 스핏파이어 마크 I 편대가 영국 상공에서 시험비행을 하고 있다.

어진다는 점을 고려하면 승산은 낮을 수밖에 없었다.[22]

영국이나 독일과 달리 프랑스는 항공기 생산에 수공을 고집하고 있었다. 1939년 9월에 프랑스군은 단 60대의 항공기를 생산했고, 다음 달에도 속도는 전혀 빨라지지 않았다. 제2차 세계대전 당시 프랑스를 점령한 독일군은 아직 조립되지 않은 채 창고에 가득 차 있는 항공기들을 발견하고 경악했다. 프랑스군은 영국군의 스핏파이어Spitfire와 똑같은 성능으로 독일군의 Bf109를 상대할 수 있었던 드와탱Dewoitine D520 전투기의 설계도도 보유하고 있었다. 느린 생산 속도와 다른 구조적인 문제 때문에 1940년 5월에 프랑스 공군에 배치되어 있던 D520 전투기는 단 79대뿐이었다.[23] 참으로 불행하고 한심한 사태가 아닐 수 없었다.

프랑스가 패배한 것은 단지 항공기의 수나 성능 때문이 아니라, 공군력의 전략적·전술적 적용 실패에도 원인이 있었다. 프랑스의 패배는 프랑스군 총사령관인 모리스 가믈랭Maurice Gamelin 장군의 견해에서 이미 예견되었다. 그는 다른 프랑스군 지휘관과 마찬가지로 항공기나 전차는 모두 전통적인 병기를 지원해주는 보조물에 불과하다고 생각했다. 가믈랭은 프랑스와 독일 공군이 서로에게 타격을 입혀서, 결국 양측 육군에게 지상전을 맡긴 채 전쟁에서 물러나게 될 것이라고 예언했다.[24] 이런 견해를 보면, 영국군보다 더 보수적이었던 프랑스군이 공지협동空地協同의 개념을 발전시키지 못한 것이나 급강하 폭격기를 개발하지 않았던 것은 당연한 것으로 보인다. 5월의 전장에서 프랑스 공군의 역할이 미미하여 처음부터 프랑스와 벨기에 상공은 대부분 독일 공군의 차지였다.

제1차 세계대전의 주요 패전국이었던 독일은 1919년 베르사유 조약Treaty of Versailles에 의해 영토와 식민지, 그리고 식민지의 주민을 빼앗겼다. 조약의 내용 중에서 가장 치명적인 것은 말할 것도 없이 독일의 무장해제였다. 이렇게 독일을 비무장 상태에 둠으로써 장래에 독일이 시도할 공격에 대해 미리 족쇄를 채워둔다는 계산이었다. 바이마르 국방군이라 명명된 새로운 군대는 10만 명 규모로 줄어들었고, 어떤 예비병력도 훈련시키지 못하도록 되어 있었다. 베르사유 조약은 모든 중화기, 화학무기, 항공기, 잠수함, 그리고 전차를 빼앗아갔다.[25] 연합군이 독일의 전차 보유를 금지했기 때문에, 독일군은 연합군 승리의 비밀이 전차라고 잘못 확신하게 되었다. 이에 따라 독일은 금지된 다른 병기보다 전차의 활용에 더 열중했다. 프랑스군이 루르Ruhr(독일 북서부에 위치한 유럽 최대 공업지역. 제1차 세계대전 후 독일의 배상지불 지연을 이유로 1923~1925년 프랑스군이 점령했다-옮긴이)를 점령하면서 1930년대까지 전차 생산시설을 불구로 만

▲ 1920년대 베를린에서 행진하고 있는 독일군 병사들의 모습이다. 베르사유 조약에 따라 독일 국방군은 10만 명 수준으로 감소되었고 어떤 예비병력도 양성할 수 없게 되었다. 또한 모든 중화기와 화학병기, 항공기, 잠수함, 그리고 전차의 보유가 금지되었다. 그러나 베르사유 조약도 롬멜을 포함한 뛰어난 장교들까지 빼앗아가지는 못했다.

든 것을 포함하여 독일 군수산업을 폐지시키기 위한 다른 여러 조치들이 있었지만 무장해제 조치는 효과가 없었다는 것이 증명되었다.[26]

주요 국경지역과 요새를 빼앗긴 독일군은 완전히 노출되면서 스스로를 보호할 수도 없게 되었다. 이런 상황은 독일군이 영국군이나 프랑스군과는 달리 동서로 드러난 광대한 국경을 방어할 기동방어체계와 전략에 의존하게 만들었다. 더구나 제1차 세계대전의 패배로 기동전의 중요성은 더 강조되었다. 패전의 원인을 되짚으면서 전략과 전술, 기술에 대한 고찰과 반성이 뒤따랐던 것이다. 전쟁에서 이긴 연합군과 달리 패전국 독일은 과거의 낡은 방식에 매달릴 이유가 없었다. 더구나 바이마르 공화국은 한스 폰 젝트Hans von Seeckt 장군같이 선견지명이 있는 현대식 지휘관을 얻는 행운도 따랐다. "나는 이제 전쟁의 결과는 기동군의 채택에 달려 있다고 본다. 기동군은 상대적으로 규모가 작으나 병력의 수준이 높으며, 항공기의 지원을 받을 수 있으면 그 효율성은 더 높아진다"라고 젝트 장군은 이미 1920년대에 주장한 바 있다.[27] 프랑스군 장성인 페탱과 가믈랭, 그리고 영국의 헤이그 원수가 가진 견해와 더 뚜렷하게 대조를 이루는 상상 이상의 내용도 있었다.

젝트 장군은 유럽에서 가장 현대적이고 진취적인 사고를 가진 군대인 바이마르 국방군 내부에 작지만 수준 높은 엘리트 간부조직을 만들기로 결심했다. 제1차 세계대전 이후 독일이 겪은 굴욕을 갚아주겠다는 의지는 군부 내의 일반적이고 보편적인 정서였고, 복수를 할 수 있는 유일한 방법은 독일의 군사력을 현대화하는 것이었다. 따라서 젝트는 가용 장교 자원 중 롬멜과 구데리안 같은 최고 엘리트만을 남겨두었다. 그리고 '고목'들은 제거해버렸다.

전차를 확보하기 위해 젝트는 몇 가지 불안한 계획을 추진했는데, 그중 하나는 프랑스군이 떠나자마자 크룹Krupp 사에 의뢰해 루르의 공장에서 '트랙터'를 만들게 하는 것이었다. 그러나 이 계획은 너무 시간이 많이 걸리는 데다 효율적이지도 않았다. 또 다른 계획은 독일의 새로운 우방이자 또 하나의 국제적 외톨이인 소련과 협력하여 지원을 받는 것이었다. 극비기밀에 의하면, 독–소 전차학교가 볼가Volga강 중류 카잔Kazan 인근의 카마Kama에 설립되기도 했다. 전차 구입이나 생산에 제한을 받지 않았던 소련군은 서구의 전차들을 사들였고, 독일군은 소련군과 독일군 전차병들에게 조종훈련을 시켰다. 리페츠크Lipetsk에는 헤르만 괴링Hermann Göring(나치 독일의 공군 총사령관이자 제국원수. 히틀러의 후계자로 지명되기도 했으나 이후 의견 대립으로 모든 관직에서 밀려남–옮긴이)이 이끌던 독일 공군의 기초

▲ 1930년대 바이마르 국방군이 훈련용으로 사용하던 마분지와 나무로 만든 모형 전차. 독일군 최고사령부는 이런 모형 전차로 훈련하는 것에 대해 수치심을 느꼈다.

를 형성했던 비밀 군수공장과 조종사 양성 학교가 설립되었다.[28]

젝트의 영향력과 전차에 대한 열정에도 불구하고, 전차에 대한 바이마르 국방군 내의 관점이나 관심이 그다지 호의적인 것은 아니었다. 전차가 주를 이루는 기계화군으로의 발전을 가로막는 반대자들이 곳곳에 진을 치고 있었다. 수송부대의 감찰감인 오토 폰 슈튈프나겔Otto von Stülpnagel 장군은 기갑사단의 창설을 몽상이라고 비웃으며 가장 심하게 방해했다. 다른 보수적인 장교들처럼 전차를 그저 보병과 기병의 보조물에 불과하다고 생각했던 슈튈프나겔은 연대 규모 이상으로 전차를 사용하는 것을 금지했다. 바이마르 국방군이 훈련에서 사용했던 마분지와 나무로 만든 차량에 대해 노골적으로 혐오감과 경멸을 드러냈던 사람이 슈튈프나겔뿐만은 아니었다. 군부 내의 많은 장성들이 그와 의견을 같이하고 있었던 것이다. 이런 분위기는 1931년 초 감찰감이 슈튈프나겔에서 오스발트 루츠Oswald Lutz 장군으로 교체되면서 바뀌어가게 되었다.

▲ 하인츠 구데리안은 기술적인 이해가 전혀 없었음에도 불구하고 전차의 장래를 확신하는 정력적인 장교로, 수송부대의 감찰감인 루츠 장군의 참모장 자리에 가장 어울리는 사람이었다.

루츠는 자신의 참모장으로 구데리안을 발탁하는 인상적인 선택을 했다. 당시의 구데리안은 전차의 미래와 잠재력을 굳게 믿고 있는 젊고 활기 찬 대령이었다. 엄밀히 말해 구데리안은 유능하기는 했지만, 임명 전까지 전차 내부에 들어가본 적이 없었다. 이러한 경험의 부재에도 불구하고 아니, 어쩌면 그렇기 때문에 구데리안이 전차의 적용에 관한 확립된 관례에 얽매이지 않을 수 있었는지도 모른다.[29]

구데리안과 루츠는 독일 국방군의 미래가 바로 전차에 달려 있음을 확신시키기 위한 어려운 투쟁에 직면했다. 그들은 50밀리 포를 장비한 중전차의 생산을 주장했으나, 군수국 장관과 포병 감찰관은 37밀리 포와 경전차를 제공했다. 그러나 1932년 위터보크Jüterbog에서 있었던 하계훈련 동안 하나의 진보가 이루어졌다. 여기서 처음으로 장갑차를 사용함으로써 많은 젊은 기병장교들에게 기계화전의 개념을 불어넣어주었던 것이다.[30]

현대화를 향한 이런 움직임들은 1933년 1월 히틀러가 권좌에 오르면서 강력한 후원을 받게 되었다. 새 총리는 군부 내의 보수주의자를 숙청하고 개혁주의자로 대체했다. 베르너 프라이헤어 폰 프리치Werner Freiherr von Fritsch는 육군 총사령관이 되었고, 베르너 폰 블롬베르크Werner von Blomberg는 국방장관이 되었다. 두 사람 모두 현대화와 기계화, 그리고 '국방군'이라고 명명된 새로운 독일군에 기갑 전력을 창설하는 것을 지지하는 인물이었다. 이듬해 봄에 루츠는 기갑군 사령부의 사령관으로 임명되었고, 다시 구데리안을 참모장으로 선택했다. 참모총장 직책은 루트비히 베크[Ludwig Beck] 장군이 맡았다. 그러나 불행하게도 그는 슈튈프나겔 못지않게 전차에 적대적이었으며, 여단보다 큰 규모의 기갑부대를 창설하라는 루츠의 요청도 거절했다.[31] 베크는 프랑스군의 경험에 근거하여 전차를 부차적인 지원병기 정도로 간주하고 있었다.[32]

히틀러, 기갑사단 막강 후견인

그럼에도 불구하고 히틀러와 블롬베르크, 프리치는 기갑부대의 창설에 강력한 지원을 해주었고, 그리하여 마침내 1935년 10월경에 3개 기갑사단이 창설되었다. 구데리안은 뷔르츠부르크[Würzburg]에서 제2기갑사단의 지휘를 맡았다. 그러나 이런 진보는 서류상으로는 인상적이었을지 몰라도 사실상 비무장, 비군사화라는 독일 산업의 대명제 때문에 실제 군비생산은 부진한 채로 남아 있었다. 독일의 철강 생산량으로는 독일군을 종이호랑이 이상으로 만드는 데 필요한 만큼의 전차를 만들어내기에는 역부족이었다.[33]

미래를 염두에 두었던 구데리안은 중형 전차와 중전차의 생산을 선호했다. 경전차에 대해서는 현대전에 유용한 도구가 아니라 오히려 성가신 존재로 보았다. 또 전차병이 피로를 느끼거나 과로했을 경우에 대비해 전차에 충분한 전차병을 탑승시켜야 한다고 주장했다. 이는 지난 전쟁에서 경험했던 전차의 문제로, 구데리안은 공군이 조종사를 선발하는 것처럼 전차병도 세심하게 엄선해야 한다는 주의였다. 그러나 연합군은 전차병 문제에 크게 비중을 두지 않았다. 연합군의 전차는 1인 전차병 시스템이거나 충원이 불충분하여 대부분 과로에 시달리고 있었다.

구데리안은 전차병 선발에 자신만의 기준을 갖고 있었지만, 새로운 나치 정부의 요구에 따라 자기 방식을 포기해야 했다. 히틀러는 자신이 거대한 기갑부대를 보유하고 있다는 것을 세상이 알아주길 원했다. 그래서 그는 대량생산된 가볍고 저렴한 장비를 선택했다. 경전차들은 행진에서는 인상적이었으나, 이런 양철로 둘러진 상자들은 실전에서는 거의 쓸모가 없었다. 얇은 장갑을 장착한 1호 전차$^{PzKpfw\ I}$는 기관총 2정으로 무장한 가벼운 소형 전차로, 기껏 장갑차나 대적할 수 있는 정도였다. 이런 결

▼ 1936년 여름 2호 전차가 독일군 기갑부대에 처음으로 배치되었다. 사진 속 모델은 C형으로, 이 전차는 5개의 독립현가장치(차축을 분할하여 양쪽 바퀴가 서로 관계없이 움직이게 하며 승차감과 안정성을 향상시키는 장치)와 대구경의 로드휠을 장착했다. 무장은 20밀리 기관포 1문과 7.92밀리 기관총 1정으로 구성되었다.

정적인 약점에도 불구하고 1939년까지 1,500대의 1호 전차가 생산되었다. 1호 전차의 후계자인 2호 전차는 미봉책의 모델이었다. 2호 전차는 무게가 10톤에 이르렀으나 무장이라고는 빈약한 20밀리 기관포 1문을 장착한 것이 전부였다. 이렇게 시시한 전차를 1,400대나 생산한 것은 전혀 합리적이지 않았지만, 이 장비들은 1940년 5월까지도 여전히 육군에서 사용되고 있었다. 그러나 이 시기에 최소한 1호 전차는 단계적으로 퇴

▶ 히틀러는 스페인 내전 당시 프랑코에게 1호 전차 25대를 지원해주었다. 기갑부대와 함께 스페인 내전에 파견되었던 토마 중령은 1호 전차가 현대전에서는 전혀 쓸모가 없으며 무장이 더 강력한 전차로 가능한 한 빨리 교체되어야 한다고 보고했다.

출되고 있었고, 막대한 경전차의 수량에 비해 단 211대의 4호 전차와 그보다 적은 수의 3호 전차가 1939년 9월경까지 현역에 있었다.[35]

1940년 5월에는 전차병 5명에 5밀리 포 1문과 기관총 2정을 장착하고 주행 속도가 시속 40킬로미터에 달하는 3호 전차가 프랑스군에 대적하는 독일 기갑 전력의 주력 전차였다. 3호 전차도 매우 훌륭한 장비였지만, 3호 전차만큼 빠른 속도에 더 두꺼운 장갑(30밀리)과 더 강력한 포(75밀리)를 장비한 4호 전차는 훨씬 더 매력적이었다. 4호 전차는 프랑스군의 샤르-B와 맞설 수 있는 유일한 독일 전차였다. 독일군은 전차의 장갑 장착에 좀 더 현대적인 접근을 했는데, 장갑은 위치마다 두께가 달랐으며 연합군의 대전차포가 관통할 수 없도록 경사지게 만들었다.[36] 독일군의 가장 큰 문제는 다른 것이 아니라 충분한 전차를 보유하지 않았다는 점이었다.

1940년 5월경 독일군은 3호 전차 388대와 4호 전차 278대만을 보유하고 있었지만, 이런 부족은 1938년 10월에 발생한 체코슬로바키아에 대한 연합군의 근시안적인 배신(영토 확장을 꾀하던 히틀러가 이 지역의 할양을 요구하자 1938년 영국, 프랑스, 독일, 이탈리아가 '뮌헨 협정'을 체결하여 주데텐란트Sudetenland 지역을 독일에 넘겨준다. 1939년에 나치군의 침공을 받은 체코슬로바키아는 독일의 통치를 받게 됨-옮긴이)으로 점차 메워졌다. 체코를 정복하면서 얻은 수많은 전리품 중에는 슈코다Skoda와 브렌Bren을 포함한 거대한 군수산업체뿐만 아니라 1,000대 이상의 현대 체코제 전차도 있었다. T-35와 T-38 전차는 3호 전차에 버금갈 정도의 성능을 지니고 있었다. 두 전차 모두 50밀리 장갑과 37밀리 포 1문에 기관총 1문을 장비했으며, 주행 속도는 시속 56킬로미터에 달했다. 연합군 덕분에 히틀러는 T-38 전차 410대와 T-35전차 829대를 배치할 수 있었다. 이는 1940년에 롬멜의 제7기갑사단이 보유한 전차의 절반에 달하는 수치였다.[37]

▲ 일명 '슈투카'로 불린 독일군 융커스 Ju87 급강하 폭격기. 영국과 프랑스는 특정 목적을 위한 급강하 폭격기의 개발을 쓸모없는 일이라고 생각했지만, 히틀러의 군대는 슈투카가 기갑사단과 조합되었을 때 얼마나 강력한 타격을 줄 수 있는지를 곧 보여주게 된다.

가장 매력적인 조합 전차와 슈투카

전차는 독일 전격전Blitzkrieg 전술의 주력이었다. 그러나 그것이 제대로 역할을 하려면 전차의 주변이나 상공에서 예를 들면 독일의 급강하 폭격기 슈투카Stuka처럼 지원해주는 병기가 필요했다. 1939~1942년 여름 사이에 동부전선과 북아프리카 전선에서 긴밀하게 협력하여 작전을 펼친 4호 전차와 슈투카의 조합은 무시무시했다. 슈투카는 기동전에 있어 독일의 가장 효과적인 병기였다. 급강하 폭격기는 적군의 병참선과 방어 거점에 대해 공중 포대처럼 사용되었기 때문이다. 2명의 조종사를 태운 슈투카는 3,050미터 상공에서부터 70~80도 각도로 공격을 개시해서 984미터 이하에서 폭탄을 투하했다. 투하된 폭탄은 엄청난 화력에 그 정확도도 놀라울 정도였다.[38]

슈투카는 독일 공군의 통제를 받았기 때문에 기갑부대 지휘관의 직속

▼ 1940년 5월 벨기에에서 작전 중인 독일군 포병들의 모습이다. 150밀리 sFH 18 곡사포는 제2차 세계대전 중 독일군 중(重)포대에서 중추적인 역할을 했다.

이 아니었다. 이는 상호간 협력을 어렵게 만들어 전쟁이 진행됨에 따라 신뢰성은 더욱 떨어져갔다. 따라서 기갑사단은 전차의 진격에 맞추어 지원을 해주는 3개 야포대대^{Panzerattellerie}를 보유했다. 대대 중 하나는 거대한 150밀리 sFH 18 곡사포 12문으로 구성되었고, 나머지 2개 대대는 대형 반궤도 차량으로 견인되는 105밀리 곡사포로 구성되었다. 이런 견인포는 말이 끄는 포에 비해서는 속도가 빨랐으나 자주포에 비해서는 느렸다. 그러나 1940년 기갑사단에는 자주포가 심각하게 부족했다.[39]

(위) 독일군 보병은 적의 저항을 제압하기 위해 자체적으로 간단한 화력 지원 장비를 보유하고 있었다. 사진은 150밀리 sIG33 중보병포.

(중간) 기갑사단은 MG34 기관총과 박격포, 경대전차포를 장비한 차량화보병과 함께 투입되었다. 차량화보병의 이런 장비들은 적의 끈질긴 저항에 맞서 화력 지원을 하기 위한 것이었다. 사진은 37밀리 Pak36 대전차포.

(아래) 독일군 보병들이 무시무시한 MG34 범용 기관총을 사용하기 위해 준비하고 있다.

이에 따라 전차와 슈투카, 그리고 차량화포대는 기갑사단의 핵심을 이루었다. 그러나 기갑사단의 진격을 지원하기 위해서는 이외에도 더 많은 병력이 필요했다. 기갑사단은 MG34와 박격포, 특히 적이 끈질기게 저항할 때 효과적인 지원을 할 수 있는 대전차포를 장비한 차량화보병을 보유하고 있었다. 교량을 구축하고, 부대의 도하를 책임지고, 지뢰 설치를 담당해야 하는 선발공병대^{Pioniere}보다 중요한 보병부대는 없었다. 그들은 화염방사기, 폭발물, 발연장비, 지뢰탐지기, 강 건너까지 전차를 운반하는 공기팽창식 보트, 그리고 부교와 같은 여러 장비와 관련된 다양한 임무를 담당하고 있었다. 선발공병대는 기갑사단의 가장 핵심적인 부대였지만,[40] 보병여단에서는 모터사이클대대가 그와 같은 역할을 하고 있었다. 그들은 전선을 향해 질주한 다음 모터사이클에서 내려 전투를 했다. 도로 상황이 좋은 프랑스와 폴란드의 여름 전선에서 모터사이클부대는 기갑부대를 지원하여 훌륭하게 임무를 완수해냈다. 그러나 악천후가 발생하거나 도로 상태가 나쁜 상황에서는 불리하거나 필요가 없어진다는 결점이 있었다.[41]

이러한 병기의 하드웨어적인 측면을 논외로 한다면, 진짜 중요한 문제는 기동전과 전격전의 이론이 실제로 효과가 있느냐 하는 것이었다. 19세기에는 적을 분쇄하여 승리를 달성하기 위해서는 많은 피가 소모되어야 한다는 것이 공식적인 견해였다.

"피는 승리의 대가다. 박애주의자들은 많은 피를 흘리지 않고 적군을 무장해제하고 압도할 수 있는 훌륭한 방법이 있다고 생각할지도 모른다. 그리고 그것이 안전하고 합리적 승리를 지향하는 손자병법 본래의 취지라고 생각할 것이다. 그러나 이는 근절되어야 할 잘못된 생각이다."[42]

제1차 세계대전의 경험, 특히 서부전선에서의 대학살과 같은 경험은 클라우제비츠의 격언이 진실임을 증명하는 것처럼 보였다.

양차 세계대전 사이의 휴지기 동안, 제1차 세계대전에 참전했던 국가들은 소모전의 문제에 대한 해결책을 찾으려 노력했다. 프랑스인들은 프랑스 바깥에서 전쟁을 치르기 위해 마지노선을 건설했고, 독일군은 여느 때와 같이 기동전과 공세전에서 해답을 찾으려 했다. 비스마르크Otto von Bismarck 집권기 동안 프로이센군의 전통적인 전술은 적군을 고립시킨 다음 치명타 한 방으로 적의 야전군 각각을 격파하는 것이었다. 이런 전술은 1864년 덴마크와의 전투에서 효과를 보았는데, 1866년 쾨니히그래츠Königgrätz에서 오스트리아에 대항할 때는 더욱 효과적이었다. 4년 뒤에는 스당Sedan에서 나폴레옹 3세의 군대를 격파하기도 했다. 그러나 프랑스를 쓰러뜨리려는 1914년의 비슷한 시도는 실패했다. 동쪽에서 러시아군이 공격해와 독일군의 공세에 힘이 빠진 데다, 이로 인해 같은 해 9월 프랑스군이 마른Marne에서 반격을 가할 시간적 여유를 주었기 때문이었다. 1940년에는 히틀러가 스탈린과의 동맹으로 후방을 튼튼히 했기 때문에 그런 상황이 반복되지 않았다. 그러나 무적은 아니었다.

기갑사단의 창설은 적에게 결정적인 타격을 가할 수 있는 독일의 능력을 회복시켰으며, 이제 곧 프랑스가 그 희생물이 될 참이었다. 연합군은 독일이 총동원된 전시 경제체제의 뒷받침을 받아서 대규모 전차 전력으로 완벽하게 무장했다고 판단했다. 그들은 히틀러의 허풍 가득한 선전에 완전히 넘어갔다. 독일 군부의 전쟁 지도자들은 1933년에야 정권을 잡은 히틀러가 즉각 완벽한 전시 경제체제를 채택하기는 힘들 것이며, 따라서 자신에게 표를 던진 변덕스러운 독일 대중의 관심을 슬며시 군사 문제로 돌리는 모험을 하기는 어려울 것임을 알고 있었다. 따라서 히틀러는 소비와 생활수준을 '평시' 수준으로 유지하기 위해 1942년까지 평시 경제체제와 같은 정책을 유지했다. 이런 이유 때문에 히틀러 정권은 대중의 인기를 얻을 수 있는 신속하고 비용이 들지 않는 전쟁이 필요했다.

스탈린과의 동맹은 히틀러가 폴란드를 점령하는 것을 도움으로써 이중전선의 악몽을 사라지게 했을 뿐만 아니라 석유, 곡물, 고무, 광물 같은 필수적인 전략적 천연자원을 빼앗는 연합군의 봉쇄도 제거해주었다. 이들 자원은 히틀러의 새로운 우방인 소련으로부터 저렴하고 신속하게 운송되었다. 독일은 소모전이나 긴 분쟁을 감당할 형편이 아니었다.

구데리안과 전차이론가들은 1930년대에 전차전에 관한 소련과 영국의 이론을 받아들였을 뿐 아니라 스스로의 경험에 기초한 새로운 형태의 전격전을 점진적으로 발전시켜나갔다. 전차는 단순히 수적으로 우세하다고 해서 그것 자체가 곧 승리의 열쇠는 아니다. 전차는 사단, 군단, 나아가 군의 형태로 조직되었을 때 비로소 승리의 열쇠가 될 수 있는 것이다. 이러한 기갑부대는 규모에 상관없이 제병협동 전쟁기계에 완전히 통합되어야 했다. 기갑부대는 이런 전쟁기계의 핵심이었으며, 전격전 이론에서는 기갑부대와 그들을 지원하는 공군 전력이 승리를 이끌어내는 관건이었다. 조직화되지 않은 전력을 단순히 전선에 투입하는 것으로는 적을 파괴할 수 없다. 그러나 연속적으로 포위작전을 감행하고 적의 전쟁수행 기반시설을 마비시킨다면 이야기는 달라진다. 그런 전략은 적으로 하여금 싸울 능력과 의지를 잃게 하여 항복을 이끌어내게 된다. 이런 결과는 폴란드와 프랑스, 그리고 이후 유고슬라비아전에서 그대로 증명되었다.

차량화보병과 포대, 그리고 공병대와 결합된 기갑부대는 전선의 후미진 좁은 지역으로 적군을 몰아붙일 것이다. 그들은 빈틈을 뚫고 쏟아져 들어가 적의 후방 깊숙한 곳까지 쳐들어갈 것이고, 적의 전선 부대를 포위하여 병참선과 보급품 집적소, 예비병력 등을 파괴할 것이다. 공격을 받아 불안정해진 적은 이제 괴멸되거나 항복할 때까지 무자비하게 추격을 당할 것이다. 여기서 전차와 장갑차는 최대의 효과를 발휘할 수 있다. 그러나 승리의 관건은 전차 대열과 결합된 공군 전력을 어떻게 효율적으로 사용하느냐에 있다.

고고도 폭격은 적군의 철로, 연락소, 기지, 그리고 교량을 파괴하여 병력과 보급품이 전선에 도달하는 것을 저지할 것이다. 혼란과 공황, 공포를 퍼뜨리고 더 나아가 적의 사기를 저하시키기 위해 피난민과 병력으로 가득 찬 도로 역시 파괴할 것이다. 슈투카는 점령하기 어려운 적의 은신처나 고립지대에 대한 정밀폭격에 사용될 수 있다. 이런 무차별 공격으로 안정을 잃고 방어를 지속할 수 없게 된 적군은 마침내 항복을 결심하게 될 것이다. 프랑스에서처럼 민간인의 사기 저하는 틀림없이 군사 및 정치 지도자들에게 그대로 확산될 것이다. 그러면 항복은 불가피하게 되고 독일은 승리를 거두게 될 것이다.

전차의 미래를 읽어내다

1936년 4월, 프랑코Francisco Paulino Hermenegildo Teodulo Franco 장군은 수립된 지 겨우 5년밖에 되지 않았는데 벌써 기능을 상실한 스페인 공화국에 대항해 스페인 민족주의자들을 이끌고 있었다. 프랑코 편에서 스페인 내전에 개입하기로 결정한 히틀러는 지브롤터Gibraltar 해협을 건너 프랑코의 무시무시한 외인부대Foreign Legion를 수송할 독일군 항공기뿐만 아니라 빌헬름 폰 토마Wilhelm von Thoma 중령이 지휘하는 소규모 기갑부대도 파견했다. 나중에

▲ 스페인 내전은 독일군의 전략과 병기를 위한 실험장이었다. 프랑코 장군(왼쪽)이 이탈리아군의 베르티 장군(가운데), 육군장관인 다빌라 장군(오른쪽)과 함께 전술에 대해 논의하고 있다.

사막에서 롬멜의 주요 지휘관이 되는 토마 중령의 기갑부대는 1호 전차 25대로 구성되어 있었다.

12월 6일, 토마는 이런 경전차들이 현대전에서는 완전히 쓸모가 없으니 가능한 한 빠른 시일 내에 단계적으로 퇴출시키고 대포로 무장한 전차로 교체해야 한다고 보고했다. 그러나 구데리안의 의견과 전적으로 일치한 토마의 판단은 최고사령부 보수주의자들의 생각과는 대립되는 것이었다. 토마는 전차가 최전선에서 결정적인 충격을 가할 수 있으려면 대규모 기동부대, 되도록이면 사단에서 사용되어야 한다고 지적했다.[43]

1938~1939년에 걸쳐 이루어진 체코슬로바키아 병합은 많은 군사 장비를 얻을 수 있었다는 점에서 히틀러에게는 행운이었다. 장비에는 T-38 전차와 T-35 전차(사진)도 포함되어 있었는데, 이 두 전차 모두 1940년 프랑스 전역에서 중요한 역할을 담당했다.

3년 후 폴란드는 새로 정비된 히틀러 군대의 침공을 받아 파괴될 운명에 처하게 되었다. 히틀러와 스탈린 사이의 갈등 가운데 서서 편을 정하지 않았던 폴란드는 결국 독일과 소련의 부도덕한 정책의 제물이 되어버렸다. 1939년 8월에 독일과 소련은 불가침조약에 서명했다. 그리고 9월 1일, 독일군은 폴란드를 침공했다. 모든 반증에도 불구하고 롬멜은 이 전쟁이 정당화된다고 믿었고, 2주 내에 폴란드군이 괴멸될 것이라고 생각했다. 그러나 공중과 지상에서의 독일군의 확연한 우세에도 불구하고 시간은 그 두 배가 소요되었다.

독일군은 53개 사단으로 그 반도 되지 않는 수에 무기도 열악하고 지휘체계도 제대로 서 있지 않은 폴란드 사단을 공격했다. 브주라^{Bzura}에서

▼ 1939년 독일군 전차들이 폴란드로 밀고 들어가고 있다. 이 전역에서 독일 전격전 전술의 효율성이 여실히 드러났다. 독일군은 53개 사단으로 공격을 가했고, 적은 그 반수 이하였다.

용감하지만 무력하고 무익한 반격을 개시한 폴란드 육군은, 거대한 고립지대에 19개 사단이 갇히는 대가를 치르게 되었다. 9월 17일 스탈린이 폴란드 동부를 침공하자 폴란드와 독일 양군은 모두 경악했다. 10월 6일이 되자 폴란드군의 모든 저항은 종료되었다. 롬멜은 히틀러의 신변 보호를 지휘하고 있었기 때문에 폴란드 전장에서 적극적인 역할을 맡지는

▲ 독일 육군 총사령관인 폰 브라우히치 장군. 기갑사단의 지휘를 맡고 싶다는 롬멜의 요청을 거절했지만, 이후 히틀러의 명령에 따라 결정을 바꾸어야만 했다.

않았다. 그러나 이 예리한 관찰자는 기갑부대의 진보에 대해 크게 감명을 받았다. 전격전의 원리는 효과를 보이는 듯했고, 전차는 미래의 병기임이 분명해졌다.

어느 때보다 야심에 찬 롬멜은 히틀러에게 기갑사단을 지휘하고 싶다는 암시를 주었다. 개인에 대한 매섭고 빈틈없는 판단자인 히틀러는 롬멜의 요청을 열성적으로 지원했다. 그러나 육군 총사령관 발터 폰 브라우히치Walther von Brauchitsch 장군은 그의 희망을 거절하고 대신 롬멜에게 산악사단을 제안했다. 브라우히치는 롬멜에게 전차에 대한 경험이 없음을 지적했다. 제1차 세계대전에서의 롬멜의 통솔력을 보면 그가 기갑사단을 지휘할 적임자라는 것은 의심의 여지가 없었다. 이런 사실을 인식하고 있던 히틀러는 브라우히치의 거절을 무시하고" 1940년 2월 6일, 롬멜을 제7기갑사단장으로 임명하는 새로운 명령을 내렸다.

▼ 1939년 폴란드 전역의 독일군 병사들. 롬멜은 폴란드군이 2주 내로 분쇄될 것으로 확신했으나, 지상과 공중에서의 완벽한 우위에도 불구하고 시간은 예상보다 두 배나 걸렸다. 10월 6일 모든 폴란드군의 저항이 종료되었다.

▲ 독일군의 침공에 맞서 폴란드군도 전차를 사용했다. 그러나 병사들의 자질과 장비, 전술, 그리고 한정된 전차 수 등 여러 요인들이 복합적으로 작용하여 폴란드군의 전차는 전혀 효과적인 저항을 하지 못했다. 사진은 격파된 폴란드군의 7TP 경전차.

　　롬멜의 임명은 말할 것도 없이 브라우히치와 다른 고위 장교 및 그보다 더 경험이 풍부한 기갑부대 지휘관들을 노하게 만들었다. 그들은 롬멜을 히틀러의 보호와 후견을 받는, 말하자면 낙하산쯤으로 간주했다. 나흘후 롬멜은 사단의 지휘를 맡기 위해 바트 고데스베르크^{Bad Godesberg}에 도착했다. 사단의 장교들은 평시처럼 무기력하게 생활하고 있었다. 엄격한 반복 훈련이 부대원들을 재난으로부터 보호해줄 뿐 아니라 전시의 사상자 수도 줄여준다고 생각하고 있던 롬멜로서는 달갑지 않은 그림이었다. 원래는 4개 기갑연대를 보유해야 했으나 제7기갑사단은 2개 연대만을 보유하고 있었는데, 그중 하나가 제25기갑연대라는 것은 롬멜에게 행운이었다. 연대장 칼 로텐베르크Karl Rothenberg 대령은 롬멜과 마찬가지로 제1차 세계대전 중에 '블루 맥스'를 받은 비범한 인물이었다.

롬멜 사단의 절반은 3호 전차와 4호 전차로 이루어져 있었고, 나머지 반은 더 가벼운 체코제 T-38 전차였다. T-38 전차는 1호 및 2호 전차에 비해 더 빠르고 무장도 더 강력했다. 롬멜이 석 달 만에 난해한 기갑사단 지휘에 정통하게 된 것은 그의 타고난 지능과 재능 때문일 것이다. 1940년 4월, 이제 롬멜은 기갑부대 지휘관 역할에 몰두하게 되었고, 곧 히틀러의 다음 전격전에서 선봉을 맡게 될 참이었다.[45]

"장교는 부하들의 표본이 된다.
절대로 힘들어하거나
인내심의 한계가 왔음을
알리지 마라.
그리하면 병사들도 힘들어하고
인내심의 한계를
느끼게 될 것이다."

Chapter 3

유령사단

"이번 전쟁에서 지휘관의 자리는 바로 이곳 전선입니다!
저는 탁상 위의 전략은 믿지 않습니다.
그런 것은 참모본부에 맡겨둡시다."

● 프랑스인들은 동력을 이용한 운송수단, 전차, 그리고 다른 현대전의 도구들을 발전시켜왔으면서도 다시 말과 포대, 그리고 요새에 의존하는 쪽으로 후퇴하고 있었다. 그들은 1930년대 초반에 건설한 마지노선이 독일군을 꼼짝 못 하게 묶어둘 것이라고 믿고 있었다. 프랑스군 최고사령부는 전차를 신뢰하지 않았고, 1940년 5월경에 프랑스는 독일군의 10개 기갑사단과 맞설 전차사단을 단 3개만 보유하고 있을 뿐이었다. 샤를 드 골Charles de Gaulle 대령이 6개 기갑사단을 만들자고 호소했지만 프랑스 군부 지도자들은 8,500만 파운드가 소요될 것이라며 이를 거절했다. 이들은 마지노선에 막대한 비용이 들어가는 것에 대해서는 막지 않았었다.[1]

그럼에도 불구하고 프랑스군은 결코 적지 않은 수의 전차를 보유하고 있었다. 더구나 전차 대부분은 동급의 독일군 전차보다 성능 면에서 우수했다. 1940년 5월경에 프랑스와 그 동맹군은 3,000대의 독일군 전차에 맞서 3,600대의 전차를 보유하고 있었다.[2]

그러나 이런 프랑스군의 수적 우세는 전술상의 결함과 통찰력의 부재, 실제 전투 상황에서 대규모 부대를 다룰 수 있는 전차 지휘관의 부족 등의 이유로 빛을 보지 못했다. 드골 대령은 전투에서 기갑여단이나 사단을 지휘할 능력이 있는 극소수의 장교들 중 한 명이었다. 그러나 전차는 단독 병기가 아니라 보조 병기에 지나지 않는다는, 전차에 대한 영국과 똑같은 이런 확신이 프랑스 전차의 명운을 결정짓고 말았다. 앞으로 4년간 프랑스의 운명을 좌우하게 될 다가올 전투에서 소규모 단위로 배치된 프랑스군 전차들은 독일군의 슈투카, 대전차포, 그리고 전차에 의해 산산조각이 나고 말았던 것이다.

황색 작전과 낫질 작전

1939년 후반, 독일군 작전 입안자들이 프랑스 침략과 점령 계획을 모의하기 위해 모였다. 그들이 찾아낸 최선의 답은 슐리펜 계획Schlieffen Plan(제1차 세계대전 초기 참전국들이 구상한 작전으로, 서부전선에서 벨기에와 프랑스 북부를 우회하여 신속히 파리를 점령한다는 계획-옮긴이)의 현대화된 형태였다. 1914년과 마찬가지로 독일군은 북해에서 룩셈부르크 남단까지 뻗은 광활한 전선에서 저지대 국가 벨기에와 네덜란드를 침공할 준비를 했다. 독일군은 벨기에를 점령함으로써 마지노선과 프랑스군과 영국 원정군 사이에 위치한 중부 또는 동부 프랑스의 어디쯤에서 프랑스군과 영국군을 포위할 수 있기를 바랐다.[3] '황색 작전Operation Yellow'이라 명명된 이 계획은 이미 알려진 슐리펜 계획의 단순한 복사판이었기 때문에 특별할 것은 없었고, 오히려 재앙이 될 가능성이 있었다.

연합군은 저지대 국가들을 통해 진격해올 독일군을 방어하기 위해 딜Dyle강 일대에는 에방 에마엘Eben Emael 요새(당시 세계 최강으로 알려져 있던 벨기에의 요새. 1940년 독일 공수부대의 기습으로 36시간 만에 함락됨-옮긴이)를, 네덜란드에는 네덜란드 요새Fortress Holland를 만드는 등 많은 대비를 했다. 게다가 연합군은 소위 딜 기동작전으로 독일군의 진격을 막기 위해 영국 원정군 전체와 33개 정예 프랑스군 사단을 이끌고 벨기에와 네덜란드 남부로 진격할 계획을 세우고 있었다. 이런 분위기에서 황색 작전이 실행되었다면 제1차 세계대전 때 경험했던 교착상태가 그대로 재현되면서 독일군에게는 완전히 재난과도 같은 결과가 초래되었을 것이다.

황색 작전에 대한 히틀러의 반대와 또 다른 작전계획이 제시되면서 독일군은 이런 위험을 피해갈 수 있게 되었다. 에리히 폰 만슈타인Erich von

Manstein이라는 뛰어난 장교가 지헬슈니트Sichelschnitt, 즉 '낫질 작전'을 고안해냈던 것이다. 이는 프랑스 내륙을 향해 북에서 남으로 휩쓸어가지 않고 독일군이 아르덴을 지나 공격하면서 프랑스를 둘로 쪼개고, 벨기에에 있는 연합군을 묶어놓은 뒤에 적의 전선 전체를 에워싼다는 작전이었다. 만슈타인은 독일의 모든 기갑 전력을 아르덴을 향해 집중시켜야 한다고 요구했다. 슈투카와 차량화보병의 근접지원을 받는 기갑사단들은 전력을 다해 공격을 퍼부어야 한다. 아르덴은 전차가 통과하기 부적합한 곳이기 때문에 프랑스군은 그곳에 대한 공격을 예상치 못할 것이며, 따라서 이 지역을 반드시 공격해야 한다고 만슈타인은 자신 있게 주장했다.

이런 기발한 작전을 반기기는커녕 분노한 장성들은 만슈타인이 자신들의 권위를 무시한 채 독자적인 계획을 세우고 있다며 그의 무례함을 질타했다. 그 '대가'로 폴란드 전선에 배치된 만슈타인은, 1940년 1월 10일까지는 군부에서 완전히 잊혀진 인물로 지내게 되었다. 그런데 마침 그때 독일군의 슈토르히Storch 경비행기가 벨기에에 불시착하는 사태가 발생하면서 독일의 황색 작전도 연합군의 수중으로 떨어지고 말았다. 히틀러는 만슈타인을 호출했고, 최고사령부에 낫질 작전을 수용하라고 명령했다.[4]

이 계획에 따르면 폰 보크Fedor von Bock 장군이 이끄는 B집단군이 연합군을 벨기에로 끌어들이기 위한 유인작전으로 저지대 국가들을 침공하여 연합군을 걸려들게 할 것이다. 그러면 A집단군이 44개 사단으로 구성된 5개 군단을 이끌고 아르덴을 통과하여 본 공격을 수행하게 된다. 44개 사단에는 독일군의 10개 기갑사단 중 7개가 포함되어 있다. 또한 후고 슈페를레Hugo Sperrle 장군이 이끄는 제3항공전대는 게르트 폰 룬트슈테트Gerd von Rundstedt의 돌격을 지원한다. 제3항공전대는 무시무시한 슈투카를 포함한 2,000대의 항공기로 구성되어 있다. 폰 클루게Hans Günther von Kluge

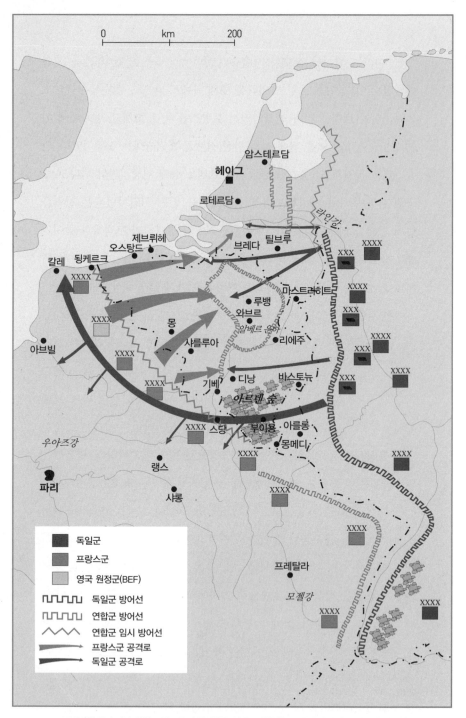

▲ 1940년 5월 초 수비가 약한 프랑스군의 중앙부를 집중공격한다는 독일군의 전략적 선택이 적중했다. 프랑스군이 벨기에와 네덜란드를 보호하기 위해 북쪽으로 이동한다면 독일군의 주공격이 연합군을 몰아붙일 수 있다는 계산에서였다. 독일군이 북쪽으로 이동한다는 연합군의 오인을 유도하기 위해, 독일군은 저지대 국가에 대해 대규모 양동작전을 개시했다. 이 양동작전으로 연합군의 주의가 분산되는 동안 주공격이 아르덴을 지나 쏟아져 들어갔다.

장군의 제4군단은 헤르만 호트Hermann Hoth 장군의 제15기갑군단을 앞세워 공세의 선봉을 맡을 것이다. 호트 장군의 군단에는 하르틀리프Hartlieb 장군의 제5기갑사단과 롬멜의 제7기갑사단이 포함되어 있었다.[5]

뫼즈강 도하를 위한 전투

마흔여덟 살이 된 롬멜은 제2차 세계대전에서 가장 훌륭한 전투 중 하나에서 프랑스를 격침시킨 전차 돌격을 이끈 지휘관으로 명성을 얻기 시작했다. 5월 9일 13시 45분경 암호명 '도르트문트Dortmund'가 롬멜의 본부에 하달되었다. 이는 다음날 새벽에 시작될 벨기에 침공을 의미하는 것이었다.[6] 5월 10일 04시 30분, 롬멜의 전위부대는 국경을 넘어 벨기에로 들어갔으나 교량은 파괴되고 도로는 차단되어 있었다. 이 때문에 사단의 진격이 느려졌다. 그러나 프랑스군과 마찬가지로 벨기에군 역시 다리가 파괴된 것만 믿고 공격에 대비한 인원을 배치해두지 않는 치명적인 실수를 저질렀다. 덕분에 독일군은 마음 놓고 교량을 복구하거나 부교를 설치할 수 있었다. 다음날 아침 독일군은 샤브레즈Chabrehez에서 '아르덴 추격병' 벨기에군의 저항을 격파했다. 이어서 정오에 롬멜의 전위부대는 오르테Ourthe강에 도달했다. 프랑스군이 강을 포기하자 롬멜의 공병대는 신속하게 강을 가로지르는 부교를 설치했다. 마르슈Marche에서 벌어진 첫 번째 전차 조우전에서 전위부대는 열악한 프랑스군의 르노와 호치키스 전차를 연달아 격파다. 롬멜은 "전장에서의 승리는 먼저 공격하는 편의 것이며, 납작 엎드려서 상황을 지켜보는 자는 기껏해야 2등에 그치게 된다"고 말했다.[7] 이번 전역에서 롬멜은 이런 자신의 견해를 그대로 증명했다.

롬멜에게 이번 전쟁은 더 큰 무대에서 더 강력한 무기로 승부를 매듭 짓는, 루마니아와 이탈리아 전장의 연장전 혹은 결정판과 같았다.[8] 여세를 몰아 롬멜은 다음 목표에 집중했고, 포위된 채 저항을 계속하고 있는 프랑스군을 진압하기 위해 사단의 월등한 화력을 사용함으로써 일부러 자신의 측면을 방치했다. 5월 11일 저녁 롬멜은 아내에게 보내는 편지에서 "큰 소리로 명령을 하느라 목이 쉬기는 했지만 승리를 확신한다"고 장담했다.

호트는 롬멜의 진격에 지원이 필요하다는 것을 인지하고 베르너 대령의 제31기갑연대를 몸집이 더 큰 제5기갑사단에서 빼내 롬멜의 제7기갑사단으로 이전시켰다. 베르너의 기갑부대는 롬멜의 다른 기갑부대보다

▼ 1940년 모젤강 도하훈련 중인 롬멜(사진 왼쪽에 챙이 있는 모자를 쓴 이)과 차량화보병들. 롬멜은 부대원 및 휘하 장교들과 늘 함께하면서 언제나 계속 전진하라고 독려했다.

앞쪽에 있었고, 그의 장갑차들은 뫼즈^Meuse강을 가로지르는 이브아^Yvoir의 다리에 도달했다. 그러나 교량을 돌파하려는 전위부대 지휘관의 시도는 벨기에군 장교 드 위스펠레르^De Wispeleare가 목숨을 바쳐 다리를 폭파시킴으로써 실패했다. 독일군은 고무보트로 강을 건너야 했지만 그럼에도 불구하고 롬멜의 차량화보병여단은 5월 13일 해질녘에 디낭^Dinant과 우^Houx 사이에 있는 뫼즈강의 동안東岸 전체를 확보했다.[9]

같은 날 롬멜은 운 좋게도 차량화여단 순찰대가 둑을 발견하는 행운이 따랐는데, 우섬^Houx island의 강을 가로지르는 둑은 놀랍게도 파손되지 않은 채로 버려져 있었다. 순찰대는 도보로 둑 위를 건너가서 작은 강가의 섬을 점령했다. 서둘러 퇴각하느라 프랑스군이 수문 하나를 파괴하지 못하고 남겨놓은 채 빠져나갔던 것이다.[10] 독일군 부대는 서안西岸으로 건너가서 프랑스군의 빗발치는 사격을 받으며 불안정한 기지를 구축했다. 5월 12일 자정, 롬멜은 부대원 27명을 잃으면서 뫼즈강 서안에 작은 교두보를 확보했다. 열악한 병참선과 복잡한 지휘체계 때문에 프랑스 제9군 사령관 코라프^Corap 장군은 다음날까지 이런 사실을 알지 못했다.[11]

롬멜은 아직 전투의 최고점은 경험하지 않은 상태였다. 제6소총연대는 디낭에서 강을 건너려 했으나, 보병은 프랑스군의 지독한 사격에 갇혀 꼼짝 못 하고 있었다. 상황을 살피러 온 롬멜은 도하를 은폐하기 위한 연막용으로 동안東岸의 가옥에 불을 지르라고 명령했다. 대대 지휘관 슈타인켈러^Steinkeller 대령의 지휘하에 연대는 마침내 강을 건넜고 라 그랑주^La Grange 마을을 점령했다.

사단이 전진하지 못한 것이 불만스러웠던 롬멜은 부비뉴^Bouvignes를 향해 남쪽으로 차를 몰았다. 그곳에서는 제7소총연대의 폰 비스마르크^von Bismarck 대령이 강 건너에 1개 중대를 보냈으나 고무보트가 파괴되어 병력을 증강할 수 없었다. 레페Leffé에서도 같은 일이 발생했다. 1개 중대가 도하했으나 부대의 나머지 병력은 환한 대낮에 프랑스군의 지독한 대포와 소총 사격을 받으며 도하를 감행하는 모험을 시도하지 않았다.[12]

마지노선을 뚫다

부상당하거나 전사할지도 모르는 끊임없는 위험에도 불구하고 롬멜은 부대원과 휘하 장교들이 필요로 하는 모든 곳에 있었다. 롬멜은 강을 건너는 제7소총연대를 직접 지휘했으며, 제1진과 함께 도하했다. 그들은 프랑스군 전차 공격을 받았으나, 언제든 허세를 부릴 준비가 되어 있는 롬멜은 독일군에게 대전차포가 있다고 프랑스군이 믿어주기를 바라면서 전차를 향해 조명탄을 발사하라고 명령했다. 허세는 먹혀들었고 프랑스

▼ 이 벨기에 요새도 프랑스 마지노선과 마찬가지로 1940년 독일군의 진격을 저지하는 데 실패했다.

군은 후퇴했다. 그런 다음 롬멜은 반대편 강둑으로 돌아와서 선발 공병대에게 자신의 휘하 전차들을 강의 서안으로 이동시켜 제대로 된 공격을 개시할 수 있도록 18톤의 부교를 세우라고 독려했다.

5월 14일에 비스마르크는 옹아예^{Onhaye}에 입성했고, 그의 휘하 지휘관 중 하나인 로텐부르크^{Rothenburg}는 서안으로 전차 30대를 이동시켰다. 롬멜은 독일군에게 가장 끈질긴 저항을 했던 프랑스 식민지부대의 공격으로 죽기 일보 직전까지 갔고 거의 포로가 될 뻔하기도 했으나 저녁이 되자 옹아예의 마을은 독일군의 수중에 떨어졌다.[13] 11.2킬로미터 깊이로 교두보를 강화한 롬멜은 스당에서 구데리안보다 한 발짝 앞서 나갔다. 5월 15일 02시경, 코라프 장군이 프랑스 제9군에게 뫼즈강을 포기하라고 명령하는 동안 롬멜은 하이트캠퍼^{Heidkämper} 소령에게 직무대행을 맡기고 로텐부르크와 베르너의 기갑부대와 함께 앞으로 달려나갔다.

롬멜은 브루노^{Bruneau} 장군이 이끄는 프랑스군 제1기갑사단의 미약한 반격을 휩쓸고 지나갔다.[14] 같은 날 아침 프랑스 총리 폴 레노는 런던의 윈스턴 처칠에게 전화를 걸어 놀라운 소식을 전했다. 레노는 처칠에게 독일군 기갑부대가 막을 수 없는 급류처럼 뫼즈강을 건너 쏟아져 들어오고 있으며, 그 흐름을 막으려는 시도는 모두 실패했다고 말했다. 처칠이 충고하려 하자, 레노는 "우리는 얻어맞았소. 전쟁에 진 거요."라고 패배를 자인했다. 카이저^{Kaiser}(독일 황제를 지칭하는 말로 제1차 세계대전 당시의 독일 황제 빌헬름 2세의 별칭이기도 하다. 빌헬름 2세는 4년여의 제1차 세계대전 기간 동안 프랑스를 점령하지 못하고 연합군에 항복한 후 네덜란드로 망명했다-옮긴이)가 4년 동안 해내지 못한 프랑스 점령을 히틀러가 단 닷새 만에 해냈다는 것을 처칠은 믿을 수가 없었다.[15]

롬멜과 그의 기갑부대원들이 이런 사실을 알았다면 몹시 기뻐했겠지만, 그들은 자신들이 맡은 구역에서 전진하고 있다는 것만 알고 있었다. 슈투카의 공격에 약화된 프랑스 제9군은 이제 혼란 속에 프랑스 국경을 향해 퇴각 중이었다. 롬멜은 전진하면서 퇴각하는 프랑스군의 후위를 파괴하고 있었다. 롬멜의 기갑부대 보병들은 전차들로부터 16킬로미터 후방에 있었고, 전차병들은 완전히 지쳐 있었다.[16] 그날 오후 파리로 날아가 프랑스 내각과 회의를 가진 처칠은 장관들의 철저한 패배주의적 마인드에 적잖이 충격을 받았다. 처칠은 레노에게 반격을 위해 프랑스군 예비병력을 언제 투입할 것인지 물었다. 이에 프랑스 총리는 남아 있는 예비병력이 전혀 없다고 답변했다. 과거 프랑스 군사력을 대단히 신뢰했던 처칠은 레노의 답변에 경악했다.[17] 저녁이 되자 롬멜은 27.2킬로미터를 전진하여 프랑스 제9군을 격파했다. 그는 병사 15명을 잃었다.[18]

동쪽으로 전진하던 롬멜은 롱위Longwy로부터 영국해협으로 뻗은 마지노선의 연장선과 마주치게 되었다. 연장선이라 주 요새만큼은 강하지 않아도 이는 여전히 큰 두통거리였다. 특히 라인Rhine강에서 롱위에 이르는

◀ 프랑스군의 전차는 강력하고 수적으로도 우세했지만, 실전에 배치되어 롬멜의 전차대와 맞서는 데는 효과가 없어 결국 막대한 손실만 입고 말았다.

▲ 마지노선의 포좌. 마지노선의 정교한 방어체계는 프랑스-독일 국경을 가로지르는 독일군의 공격은 단념시킬 수 있었지만 북쪽으로부터의 우회공격에는 뚫리고 말았다.

지역이 문제였는데, 벙커는 무겁고 강철로 보강된 콘크리트로 만들어졌으며, 대전차호와 철조망이 두텁게 감싸고 있었다. 그러나 롬멜의 부대는 박격포와 화염방사기, 야포 등의 지원을 받아 벙커를 돌파하고 점령하고 또 파괴해나갔다.[19] 그 유명한 마지노선을 뚫고 들어간 것이 롬멜은 몹시 기뻤다.[20]

▼ 1940년 5월 전격전이 실행되고 있는 모습이다. 독일군 전차와 자주포, 그리고 장갑차가 프랑스를 가로질러 서로 뒤질세라 질주하고 있다.

5월 16일 세르퐁텐Cerfontaine 숲에 도착한 롬멜은 기발하게 프랑스군을 속여서 전투 없이 적진을 지나갔다. 그는 전차 바깥에 병사들을 배치하여 백기를 흔들도록 했는데, 이를 보고 놀란 적군이 한 발의 사격도 가하지 않은 채 독일군이 지나가도록 길을 열어주었던 것이다. 진격은 마치 적 진영이 마비된 것처럼 보일 정도로 속도가 붙어,[21] 그날 롬멜의 기갑부대 는 아벤Avesnes에서 프랑스 제1기갑사단을 공격해서 격파하고 지휘관인 브 루노 장군을 포로로 잡았다.[22] 프랑스군은 전차 100대를 잃었고, 롬멜의 진격을 저지할 수 있었던 단 하나의 부대는 완전히 괴멸되었다.[23]

5월 17일 아침 독일군 제7기갑사단은 1만 명의 프랑스군을 포로로 잡 았다.[24] 주변에 있던 많은 장교들이 전사한 터라 롬멜은 마치 불사신같이 보였다. 독일에서 서서히 롬멜의 명성이 떠오르고 있었기 때문에 기자들 도 그에게 많은 관심을 보였다. 롬멜은 기자들에게 말했다.

"이번 전쟁에서 지휘관의 자리는 바로 이곳 전선입니다! 저는 탁상 위 의 전략은 믿지 않습니다. 그런 것은 참모본부에 맡겨둡시다. 지금은 다 시 자이틀리츠Freiherr von Seydlitz(1721~1773. 프리드리히 대왕의 7년전쟁을 도 운 프로이센의 기병대 사령관. 프로이센 기병대의 수준을 월등하게 향상시켰다- 옮긴이)와 치텐Hans von Ziethen(프로이센의 기병대 사령관. 프리드리히의 장군들 중 제일 유명한 사람으로 꼽힌다-옮긴이)의 시대입니다. 우리는 이번 전쟁 을 기병의 전쟁으로 보았고, 그 기병부대의 역할을 기갑사단이 대신 수행 하고 있는 것입니다. 기병대의 사령관이 안장에서 명령을 내렸던 것처럼, 기갑사단 지휘관은 움직이는 전차에서 명령을 내립니다."[25]

프랑스를 가르며 바다로 진격하다

5월 18일 자정이 지나 롬멜은 르 카토Le Cateau에서 캉브레Cambrai로 사단을 진격시키라는 명령을 받았다. 그러나 06시경 로텐부르크의 부관이 도착해서 제25기갑연대에 탄약과 연료가 부족하며 곧 고립될 위험에 처해 있다고 보고했다. 롬멜은 참모장인 하이트캠퍼 소령에게 직무대행을 맡기고 로텐부르크를 지원하기 위해 출발했다. 그러나 로텐부르크 부대의 상황은 생각했던 것만큼 나쁘지는 않았다. 프랑스군의 전차 공격은 그저 성가실 뿐 위협적이지는 않았지만, 나쁜 보급 상황은 캉브레로의 신속한 진격에 큰 장애물이었다. 롬멜은 다시 계산된 모험을 감행했고, 그 모험은 또 성

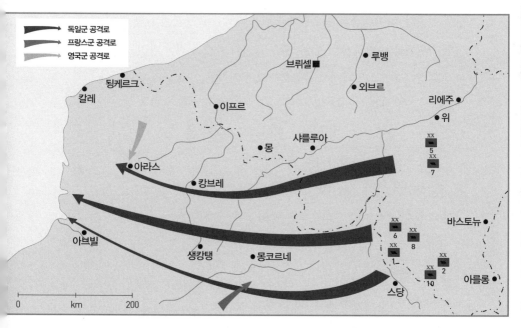

▲ 독일군은 뫼즈강의 교두보를 발판으로 공격을 개시한 후 전광석화 같은 돌격으로 서쪽을 휩쓸어나갔다. 난타당한 프랑스군은 와해되기 시작했고, 바다와 진격하는 독일군 사이에는 소수의 예비병력만이 흩어져 있었다.

공을 거두었다. 그는 전차와 자주포 몇 대를 동반한 차량화보병으로 구성된 혼성대대를 캉브레로 보냈다. 보병은 경장갑차량에 탑승해 있었지만, 누적된 피로와 함께 공황상태에 빠져 있던 프랑스군은 제대로 살펴보지도 않고 빠르게 진격하는 먼지구름을 전차들이 만든 것이라고 추측해버렸다. 그들은 가까스로 저항을 이어갔지만 해질녘에 캉브레는 롬멜의 수중으로 넘어왔다. 캉브레는 사상 최초의 전차전이 벌어진 도시였다.[26]

한편 롬멜의 직무대행 임무를 수행하던 하이트캠퍼가 허둥대는 바람에 사단본부에는 엄청난 혼선이 발생했다. 하이트캠퍼는 롬멜과 로텐부르크, 그리고 제25기갑연대 전체가 무너졌다고 완전히 잘못된 추측을 하여 로텐부르크 부대는 연료를 전혀 지원받지 못했다. 자신이 가장 총애하는 기갑부대 지휘관들인 롬멜과 로텐부르크의 사망 소식에 히틀러도 밤잠을 설쳤다. 하이트캠퍼의 오판과 혼란을 전해듣고 격분한 롬멜은 이 미숙한 지휘관을 파면하기로 결정했다.[27] 그러나 롬멜은 결국 하이트캠퍼의 사과를 받아들이고 일각에서 유능하다고 평가하는 이 장교와 화해했다.[28]

프랑스군의 상황은 아주 좋지 않았다. 7만 명 병력의 프랑스 제9군에 가용 병력은 이제 7,000명 이하로 떨어졌다. 프랑스를 둘로 쪼개기로 결심했던 구데리안과 마찬가지로, 롬멜도 영국해협을 향해 무자비한 진격을 계속하고 있었다. 5월 19일, 롬멜의 본부를 전격 방문한 호트는 독일군의 손실을 줄이면서 프랑스군을 불안정한 상태로 계속 끌고 가기 위해 야간에 진격하자는 롬멜의 방침에 동의했다. 해질녘에 롬멜의 전위부대는 마르캥Marquin을 점령했다. 마르캥에서는 전략적으로 중요한 카날 뒤 노르Canal du Nord가 아라스 가도Arras road를 가로지르고 있었다. 다음날 아침 05시경, 부대원들은 아라스로부터 불과 4킬로미터 떨어진 보랭Beaurains의 마을을 점령했다. 그러나 롬멜은 페트리R. L. Petrie 소장이 지휘하는 영국군

▲ 프랑스군의 막심 베강 장군은 남쪽으로부터 프랑스군의 지원을 받아 영국군 기갑부대가 아라스를 공격한다는 작전을 구상했다. 그 공격이 성공했다면 독일군의 진격은 둘로 쪼개졌을지도 모른다. 그러나 공격은 결국 실패하고 말았다.

수비대의 저항에 막혀 저지되고 있었다. 같은 날 구데리안의 기갑부대는 영국해협이 있는 누아이엘Noyelles에 도달했다.[29] 프랑스는 '낫질'을 당해 반으로 갈라졌는데, 영국 원정군을 포함한 프랑스의 정예부대들은 독일군 전선 북쪽에 있었다.

　연합군이 바라던 대로 마침내 프랑스군 사령부에 변화가 생겼다. 이 변화는 연합군 측에 유리하도록 흐름을 바꿀 수 있을 것으로 기대를 모으고 있었다. 레노의 신뢰를 잃은 프랑스군 총사령관 가믈랭이 막심 베강Maxim Weygand으로 교체된 것이었다. 73세의 쾌활하고 호전적인 장군 베강은 독일군을 분쇄할 새로운 계획을 고안했다.[30] 베강은 프랑스군이 남쪽에서부터 공격을 시작하는 동안 영국군은 기갑여단으로 아라스를 공격해달라고 요청했다. 이 계획이 성공한다면, 영국해협을 향한 독일군의 깔때기 형태의 진격은 둘로 나누어질 것이고, 해협에 도착한 독일군의 기갑부대는 주력 부대로부터 차단될 것이다.

▲ 영국군의 마틸다 전차는 아라스 전투에서 롬멜에게 좌절을 안겨준 몇 안 되는 병기 중 하나였다. 그러나 롬멜은 88밀리 대공포를 대전차용으로 사용하여 이 마틸다의 위협마저 분쇄해버렸다.

연합군 정예사단을 가두다

단일 부대로서는 가장 크고 강력한 연합군 기갑부대가 베강이 계획한 반격을 위해 아라스에 집결했다. 이 '프랭크 부대Frankforce'는 영국군 전차 전문가이자 제50사단의 지휘관인 마텔de Martel 소장의 지휘를 받았다. 롬멜과 마찬가지로 지휘차량에 탑승하여 전선에서 직접 기갑부대를 이끄는 마텔은 기병학교 출신의 진취적인 지휘관이었다.

'프랭크 부대'는 마크 I 전차 58대와 마크 II(마틸다Matilda) 전차 16대로 구성되었는데, 이들은 독일군의 대전차포에도 손상을 입지 않았다. 영국군 기갑부대는 불시에 공격을 감행했는데, 이 괴물들이 자신들의 포격을 튕겨낸다는 것을 알게 된 독일군은 경악했다. 일시적이나마 처지는 역전

되어 이제 사냥꾼은 사냥감이 되고 말았다. 영국군의 공격 때 다른 곳에 있었던 롬멜은 지휘를 하기 위해 부리나케 달려가야 했다.

마텔의 마틸다 전차에 대해서는 롬멜도 잠시 해결책을 찾지 못하고 당황했다. 대단히 신중하고 치밀했던 이번 전쟁 동안 이런 경우는 처음 경험하는 상황이었다. 보랭에서 아그니Agny까지 이어진 방어선을 따라 독일의 유명한 88밀리 고사포가 설치되어 있었는데, 롬멜은 이 88밀리 포를 마틸다에게 돌리기로 결정했다. 그날 전투 막바지에 독일군은 마틸다 9대를 격파했으나 이번 전쟁을 통틀어 가장 심각한 전차 손실을 입었다. 그러나 영국군은 롬멜의 폭주하는 진격을 일시적으로 멈춘 것에 만족해야 했다. 영국군은 롬멜에게 심각한 위협을 주었으며, 동시에 친위 토텐코프 사단SS Totenkopf(히틀러의 경호대에서 출발하여 후에 무장친위대, SS전투부대, SS토텐코프 기갑사단 등으로 발전되고 확대 개편됨–옮긴이)에게도 타격을 입혔다.[31] 아라스 전투 이후 롬멜은 영국군 장교와 병사들에 대해 깊은 존경심을 갖게 되었다. 결연한 영국군의 공격을 고된 전투 끝에 마침내 피비린내 나는 교착상태로 끝나게 한 것은 88밀리 포의 전격적인 사용과 부대원들의 굳은 의지였다.[32] 이런 일시적인 진격 정지는 롬멜에게 영국군 전차와 그 전차병들의 자질에 대한 가치 있는 교훈을 주었다. 그는 나중에 사막에서 이런 정보와 경험을 유용하게 활용하게 된다.

아라스에서의 충격 이후 롬멜은 부대를 재편성했고 그런 다음 자신이 가장 선호하는 기만전술, 즉 양동작전을 사용했다. 기갑부대가 적군을 우회공격하는 동안 보병부대는 영국군 대전차포를 괴멸시켜나갔다. 그리고 진격을 일시 정지하거나 속도를 늦춤으로써 제5기갑사단이 제7기갑사단을 따라잡을 수 있는 여유를 주었다. 저녁 무렵에 베르너의 연대는 아라스 외곽의 로레트 고지Lorette Heights를 점령했다. 고지에는 "로레트를 점령하는 자가 프랑스를 석권할 것이다"라는 문구가 뭔가를 예지하는 듯 프랑스 기념비에 새겨져 있었다. 롬멜의 전위부대는 렝 가도Lens road를 위협함으로써 연합군의 프랭크 부대가 독일군 차량화보병이 점령하고 있는 아라스에 접근하지 못하게 했다.[33] 롬멜은 의기양양해서 루시에게 말했다.

"우리 사단은 디낭을 점령하고 마지노선을 돌파하고 캉브레를 확보했으며 그 다음에 아라스를 손에 넣는 대단한 성공을 거두었소."

연합군의 60여 개 정예사단들이 프랑스 북부에 갇히게 되자 롬멜은 이렇게 결론내렸다.

"내 생각에 프랑스에서의 전쟁은 2주 내에 끝날 것이다."[34]

1940년 5월 벨기에. 침공 초기에 독일군 제36기갑연대의 전차가 전장으로 이동하고 있다. 이런 일련의 전차 기동이 프랑스 조기 함락에 큰 역할을 했다.

또 하나의 훈장을 달고 북부 전역을 종결짓다

롬멜은 새로운 전투, 그리고 어쩌면 마지막 결전이 되리라 예상하는 플랑드르Flanders 전투를 준비하면서 지친 대원들을 쉬게 하고 또 손상된 전차들을 손볼 시간을 가졌다. 따뜻하고 화창한 날씨 덕분에 베튄Béthune 주변에 주둔하는 동안은 좋은 컨디션을 유지할 수 있었다.[35] 매우 간절했던 이틀간의 휴식과 그로 인한 원기회복은, 전역 동안 병력의 12퍼센트에 해당하는 1,500명의 병사와 60명의 장교를 잃은 사단에게 놀라운 효과를 가져다주었다. 롬멜은 이런 희생이 "성취한 것에 비해 매우 경미하다"고 결론 내리고 "최악의 상황은 이제 종료되었다"고 덧붙였다. 이제 프랑스군은 완전히 무너졌다고 롬멜은 판단했다.[36] 이때 롬멜에게 남아 있는 전차는 겨우 86대뿐으로, 그중 좀 더 육중한 4호 전차는 단 4대뿐이었다. 그러나 이제 롬멜은 제7기갑사단뿐만 아니라 제5기갑사단의 통제권도 갖고 있었다. 따라서 롬멜은 진격을 계속할 물리적 힘은 확보하게 되었다. 가장 시급한 임무는 베튄 동쪽에 있는 바세 운하La Bassee Canal를 따라 구축된 영국군 전선을 분쇄하는 것이었다.[37]

5월 26일 짧은 휴식이 끝나자, 롬멜은 보병과 기관총대대에게 운하를 건너라고 명령했다. 그러나 독일군의 도하를 저지하는 영국군의 저격이 거세지자, 롬멜은 영국군을 몰아내기 위한 대응사격을 직접 지휘해야 했다. 오후가 되자 마침내 운하를 가로지르는 2개의 임시 부교를 확보할 수 있었고, 곧 3호 전차와 4호 전차를 장비한 2개 기갑연대가 추가로 부대에 합류했다. 절실했던 병력 보충을 받자, 롬멜은 몹시 기뻤다.

같은 날 한케Hanke 중위는 흡족하여 한껏 의기양양해 있는 '총통 각하'를 대신하여 이미 많은 훈장이 부착되어 있는 롬멜의 가슴에 기사철십자 훈장Knight's Cross을 달아주었다.[38] 롬멜의 한 부관은 루시에게 쓴 편지에서 훈장을 받은 것과 관련해 이렇게 적고 있다.

"사단의 모든 부대원들은 장군님 외에 그 훈장을 받을 만한 적임자는 없다고 생각하고 있습니다. 저는 장군님이 사단을 전례 없는 성공으로 이끄셨다고 생각합니다."[39]

그러나 당시 롬멜은 진격과 릴Lille을 지키고 있는 영-프 연합군을 포위하는 데만 온통 관심을 쏟고 있었다. 남서쪽으로부터 그 요새도시를 공격할 계획을 세운 롬멜은,[40] 18시경 직접 사단을 이끌고 릴을 향해 압박을 가했다. 이번에도 롬멜은 그 대담함 때문에 거의 프랑스군에게 포로로 잡힐 뻔했다.[41]

자정 무렵 전위부대는 연료와 탄약 등 새로운 사단 보급품이 도착한 릴의 서쪽 외곽에 있었다.[42] 독일군 보병연대는 마침내 혼비백산해 달아나는 '연합군 유령사단'을 격파했다. 롬멜은 자신의 사단이 병사 6,900명을 포획하고 전차 49대를 노획했다고 자랑스럽게 보고서에 기록했다.

"튀링엔군Thüringians(튀링엔족은 3~4세기경 나타난 게르만계의 한 종족으로, 민족이동기인 5세기에 지금의 독일 중서부 튀링엔주 일대에 정착한 것으로 봄.

이후 프랑크족 등의 지배를 받다가 1815년 프로이센왕국에 합병되었다-옮긴이)으로서는 나쁘지 않은 성적이다."[43]

프랑스에 대한 마지막 일격

자부심 넘치던 롬멜은 6월 2일 샤를빌Charlesville에서 열린 총통회의에 초대된 유일한 사단지휘관이었다.[44] 총통회의의 의제는 '적색 작전Operation Red'에 관한 것으로, 솜Somme강을 가로질러 공격하여 강의 남쪽 프랑스 나머지 지역을 침공한다는 계획이었다. 회의에서 히틀러는 기쁨과 환희를 한껏 표출했다. 자신이 직접 롬멜을 주요 기갑사단의 지휘관으로 선택했으니 롬멜의 놀랍고 뛰어난 전과에 대해 기뻐할 이유가 충분했다. 롬멜은 히틀러가 자신을 특별대접하며 추켜세우자 과찬이라면서 기뻐했다.[45]

회의를 마친 롬멜은 사단으로 돌아왔다. 솜강을 향해 남쪽으로 이동한 사단은 엿새간의 휴식과 재정비로 사기가 충만해 있었다. 이런 충분한 휴식은 사단의 효율성 제고에 놀라운 효과를 주곤 했다. 잘 수리해서 손질해놓은 장비와 재충전 후 정비된 병력으로 남부전선과 마주한 롬멜은 프랑스가 다시 회복할 시간을 갖기 전에 공격을 감행해야 한다고 생각했다.[46] 이번 전역에서는 시간이 핵심 무기가 될 것이라는 롬멜의 예감은 그대로 들어맞았다. 이미 집결해 있던 기갑부대와 결합하여 엄청난 공중 공격력을 과시한 슈투카의 충격에 넘겨졌던 프랑스는 이제 전투에 대한 이전의 열정을 되찾는 중이었다. 전쟁의 다음 국면, 즉 베강이 '프랑스 전투'라고 적절하게 이름 붙인 결전에서, 프랑스군은 훨씬 더 강한 투지와 함께 제1차 세계대전 때 보여주었던 맹렬한 결의를 회복하고 있었다. 배

▲ 롬멜(오른쪽)과 독일군 장교들이 프랑스 침공 도중 휴식을 취하고 있다. 롬멜은 항상 일선에서 부대를 지휘하는 지휘관이었다.

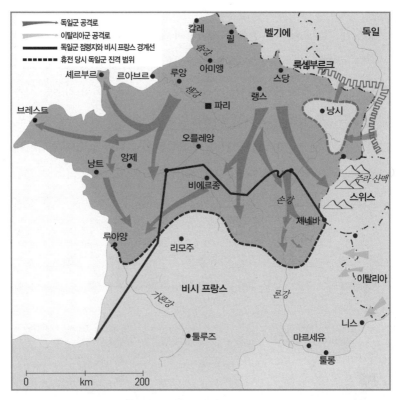

변 프랑스 북부의 대부분의 지역에 구축한 거점을 바탕으로 독일군은 프랑스군 잔여병력을 토벌하기 위해 적색 작전을 발동했다. 프랑스군 잔여병력에 대한 이 두 번째 공격은 수비대의 맹렬한 저항에 부딪혔지만, 결국 베강은 독일군을 밀어붙일 충분한 힘을 갖고 있지는 못했다. 곧 전선 전체에 대해 전략적 철수 명령이 내려졌으며, 프랑스는 수일 후 휴전에 합의했다.

수의 진을 친 프랑스군은 1914년 9월의 마른에서처럼 갑작스런 반격으로 공격자를 놀라게 할 수도 있을 것이다. 그러나 영국 원정군이 철수했고 프랑스군이 기계화사단과 기갑사단을 모두 잃었기 때문에 이런 기습은 가능성 없는 희망처럼 보였다. 더구나 프랑스는 보병사단 중 정예 24개 사단 역시 벨기에와 스당 전투에서 잃고 난 뒤였다. 독일군으로부터 322킬로미터가 넘는 전선을 지켜내기 위해서 베강은 지치고 엉망으로 망가진 50개 사단을 지휘해야 했다.

이 상태로는 오랫동안 전선을 유지할 수 없다는 것을 베강도 인식하고 있었다. 따라서 그는 완전히 다른 전략으로 생각을 돌렸다. 베강은 부대원들에게 적에게 포위되더라도 무슨 일이 있어도 요새화한 거점은 지켜내라고 지시했다. '고슴도치'라는 별명의 이 거점들은 대전차포와 야포, 그리고 기관총으로 가득 차 있었다. 부대원들은 후퇴란 없으며 침략자에 대항하여 죽을 때까지 싸우라고 지시받았다.

프랑스군에게 베강의 기대대로 싸움이 전개된다는 만족을 주고 싶지 않았던 롬멜은 '고슴도치'를 완전히 우회할 작정을 하고 있었다. 6월 5일 16시경 독일군은 솜강의 좁은 지류를 가로질러 공격을 개시했다. 프랑스군의 맹렬한 사격에도 불구하고 롬멜은 버려진 철교 둘을 가로질러 강의

▼ 제25기갑연대의 전차들이 솜강을 건너기 전에 휴식을 취하고 있다. 6월 5일 공격을 개시한 롬멜은 프랑스군의 맹렬한 사격을 뚫고 2개의 철교를 건너 강의 남쪽에 작은 교두보를 확보했다.

남쪽에 작은 교두보를 확보했다. 프랑스군의 '고슴도치'를 피하기 위해 롬멜은 기갑연대를 박스형 진형으로 진격시키는 편제Flachemarsch로 방해물 없는 한적한 시골 동네를 가로질러 진격했다.

박스형 진형의 전방과 측면은 전차대대로 이루어져 있었고, 후방은 대전차 및 정찰대대로 구성되어 있었다. 그리고 차량화보병은 중앙에 위치했다. 이런 진형으로 사단은 하루 평균 64~80킬로미터를 전진했다. 롬멜의 진격은 너무나 신속했기 때문에 프랑스 민간인들도 군인들처럼 평정을 유지하기 힘들기는 마찬가지였다. 엘뵈프Elbeuf에서는 약간 눈이 나쁜 어떤 프랑스 여인이 몹시 당황해하며 롬멜에게 다가와 팔을 붙잡고 물었다. "댁은 영국군인가요?" 롬멜은 고개를 저었다. 그제야 여인은 자신

이 누구와 이야기하고 있는지를 깨닫고는 경악하며 공포에 찬 비명을 질렀다. "세상에, 야만인들이 왔어!" 그러고는 그 여인은 재빨리 자신의 집으로 사라졌다. 놀라서 어리벙벙해진 롬멜의 얼굴에 프랑스인에 대한 연민이 묻어 나왔다.

세상에서 가장 아름다운 '아가씨'를 점령하다

6월 8일 자정 제7기갑사단은 소트빌Sotteville의 센Seine강에 제일 먼저 도착했다. 서둘러 롬멜은 근처의 성城에서 2시간 동안 잠을 청했다.[47] 프랑스군은 잠깐 동안 맹렬하고 용감하게 저항했지만 곧 보급도 희망도 똑같이 소진되어버렸다. 이제 프랑스군은 와해되기 시작하고 있었다.[48] 롬멜은 바다를 향한 신속한 진격을 계속하면서 동시에 디에프Dieppe 주변의 거대한 고립지대에 다시 한 번 연합군을 압박하여 가두고 있었다.[49] 96킬로미터에 이르는 지역을 점거하면서 롬멜은 마침내 디에프 서쪽의 영국해협에 도달했다. 그곳에서 롬멜은 다수의 프랑스 사단과 빅터 포춘Victor Fortune 장군이 이끄는 영국군 제51하이랜드 사단을 궁지로 몰아넣었다.[50]

롬멜의 부대는 매우 신속하고 또 예상을 뛰어넘는 진격을 감행하여, 당황하고 혼란에 빠진 프랑스 시민들이 종종 롬멜의 기갑부대를 영국군으로 오인하고 환호를 보내기도 했다. 자신이 지휘하는 전차에 탑승한 롬멜은 전위에서 진격을 이끌었다. 늘 그렇듯 앞장서 돌격에 나섰던 로텐부르크의 제25기갑연대는 6월 10일 영국해협에 도달했다. 로텐부르크는 매우 지친 나머지 방벽의 바깥, 바다를 향한 쪽에서 전차를 몰았다. 롬멜은 6월 11일에 생발레리Saint-Valery에 도착했다.

▲ 1940년 6월, 롬멜과 신임이 두터운 장교 로텐부르크(오른쪽에서 두 번째). 로텐부르크가 지휘하는 제25기갑연대는 프랑스를 가로지르는 제7기갑사단의 선봉을 맡아서 6월 10일 영국해협에 도달했다.

영국의 자랑스런 하이랜드 연대는 진격하는 독일군에 대항하여 맹렬한 저항을 시도했다. 그러나 급강하 폭격기 슈투카의 지원을 받은 포대와 전차 포화의 조합은 그들의 저항 의지를 완전히 꺾어놓고 말았다. 됭케르크Dunkirk(1940년 5월 말 독일 기갑부대의 전격전에 포위된 영국군과 프랑스군 35만 명이 중화기 차량과 소총까지 버리고 대대적인 철수작전을 감행했던 프랑스 북부의 해안도시-옮긴이)에서와는 달리, 이번에는 그들을 고향으로 돌려보낼 작은 배조차 없었다. 다음날 아침 프랑스 제9군은 롬멜에게 항복했고, 승리를 쟁취한 그는 마을로 진입했다. 프랑스군 장성들은 매우 우

▲ 체코제 T-38 전차. 독일군에게 접수된 T-38 전차는 프랑스 침략 기간 중 롬멜이 지휘하는 제7기갑사단 전차 전력의 거의 절반을 차지했다.

아하게 자신들의 운명을 받아들였다. 심지어 장성 중 한 명은 '유령사단'의 지휘를 맡고 있는 롬멜의 빛나는 공훈에 찬사를 보내기도 했다. 그러나 포춘 장군은 이런 낙천적인 동맹군에 동조하지 않았다. 자신이 이토록 젊고 경륜도 짧은 신참 장군에게 제대로 된 싸움 한 번 못 해보고 항복한 것에 대해 그는 분노하고 있었다.[51]

롬멜은 8,000명의 영국군을 포함하여 모두 4만 6,000명의 적군을 포로로 잡았다. 전투의 충격이 가시자마자 평상심을 회복하는 영국군 장교들의 냉정함에 내심 롬멜은 놀랐지만, 그들의 훌륭한 기질은 휘하 장교들과 함께 야외에서 점심식사를 하자는 롬멜의 초대 제의를 받아들이는 데까지는 이어지지 않았다.[52] 6월 12일 롬멜은 아내 루시에게 편지를 썼다.

"전투는 끝났소. 항복 압력을 받고 있던 군단장과 사단장 넷이 오늘 생말 레리의 시장 광장에서 내게 모습을 드러냈소. 멋진 순간이었소."[53] 롬멜은 영국군 장성과 사단을 사로잡은 것과 르아브르Le Havre를 저항 없이 점령 하게 된 것을 특히 기뻐했다.[54]

한편 이에 앞서 6월 10일에 프랑스 정부는 서둘러서 보르도Bordeaux로 철수했다. 이는 프랑스가 몰락해간다는 확실한 징조였다. 베강은 사령 본부를 브리앙Briane으로 옮겼으며, 이탈리아의 무솔리니Benito Amilcare Andrea Mussolini는 무너져가는 프랑스에 마침내 선전포고를 했다. 그러나 프랑스 령 리비에라Riviera에 대한 무솔리니의 침공은 웃음거리가 되고 말았다. 무 너져가던 프랑스군이 그의 진격을 저지했을 뿐 아니라 파시스트 군대를 국경 너머로 물리쳤기 때문이었다.

6월 11일 독일군은 센강 건너편에 3개의 교두보를 확보했다. 그리고 11시경 파리는 무방비도시open city(적의 공격이 임박한 도시가 대항할 의사를 포기한 상태로 비무장도시라고도 함. 선언 후에는 국제법상의 보호를 받게 되어, 파리는 독일군 점령 후에도 큰 파괴를 면할 수 있었다-옮긴이)로 선언되었다. 사흘이 지나자 자만심에 찬 독일군은 군악대를 동반하고, 가수 모리스 슈 발리에Maurice Auguste Chevalier가 빛의 도시이자 '세상에서 가장 아름다운 아가 씨'라고 불렀던 땅을 점령하기 시작했다. 이제 30개 완편사단(전시편제표 상의 조직대로 규모를 100퍼센트 갖춘 사단 편제-옮긴이) 규모로 줄어든 프 랑스군이지만, 최소한 뫼즈강 전투에서와는 달리 밀려드는 독일군의 쇄 도를 저지하기 위해 최선을 다했다는 사실만큼은 떳떳하게 말할 수 있을 것이다.[55] 베강마저 급격히 용기를 잃어갔다. 사령본부와 정부 내에서는 "이렇게 계속 갈 수는 없다. 강화조약에 서명해야 한다"는 거슬리는 목소 리가 끊임없이 들려왔다.[56]

프랑스의 이런 처참한 상황을 알지 못한 채 롬멜과 그의 지친 부대원들은 나흘간 바닷가에서 일광욕과 해수욕, 그리고 훌륭한 프랑스 와인과 음식을 즐기고 있었다.[57] 그런 다음 그들은 진격을 계속했다. 6월 16일 롬멜의 기갑부대는 센강을 건넜고 파리는 함락되었다. 그리고 움직임이 없던 레프Wilhelm Ritter von Leeb 장군의 C집단군은 마침내 자르브뤼켄Saarbrücken에서 마지노선을 돌파했다. 사실상 롬멜의 진격은 전쟁의 영향을 거의 받지 않은 듯한 프랑스의 시골마을을 평화적으로 점령해가는 양상으로 변했다.[58] 6월 17일까지 이틀에 걸쳐 제7기갑사단은 약 322킬로미터에 이르는 지역을 점거하게 되었다.

히틀러는 프랑스가 휴전 조건을 요청하기 전에 가능한 한 프랑스의 많은 영토를 점령하고 싶어했다. 이런 히틀러의 명령에 따라 롬멜은 자신의 기갑부대를 셰르부르Cherbourg로 돌렸다. 셰르부르는 콩탕탱Contentin 반도의 북쪽 끝에 있는 전략적이고 대단히 요새화된 항구였다.[59] 6월 18일 롬멜은 셰르부르를 공격해서 도시를 둘러싼 30개 요새와 함께 점령했다. 대규모 수비대는 미약한 저항을 했지만 결국 백기를 들고 말았고,[60] 롬멜은 3만 명의 프랑스군 포로를 잡았다. 롬멜의 사단은 6주 동안의 진격에서 총 9만 7,000명의 연합군 병사를 포로로 잡은 것이었다.[61]

프랑스는 치명적인 손상을 입었고, 프랑스군은 서서히 죽어가고 있었다. 독일군의 진격은 아무도 막을 수가 없었다. 동요하는 내각에 활력을 불어넣기 위해 페탱 원수[62]를 불렀던 레노 총리는 이 늙은 원수가 가장 큰 패배주의자라는 사실에 경악했다. 영국과 연합하여 전쟁을 계속하고 싶어했던 레노는 프랑스군의 남은 병력을 북아프리카 전선으로 빼내자고 제안했다. 레노의 이 용감한 계획은 그러나 내각 다수에 의해 묵살당했고, 6월 17일 그는 페탱에게 총리 자리를 넘겨주게 되었다.

이제 프랑스군이 맞서고 있는 대독일 전선은 루아르Loire 전선뿐이었다. 6월 22일에는 집단군(제3·5·8군)으로 마지노선을 지키던 콩데Conde 장군이 항복했다. 이에 따라 구데리안의 기갑부대는 손쉽게 스위스 국경에 도달하여 스위스와 프랑스의 남은 병력을 차단시킬 수 있었다. 동요하던 40만 프랑스 병사들은 독일군의 포로가 되었고 이로 인해 전투 병력으로서의 프랑스군은 이제 더 이상 존재할 수 없게 되었다.[63]

▼ 프랑스를 휩쓸고 지나는 동안 롬멜의 제7기갑사단은 9만 7,000명의 연합군 병사를 포로로 잡았다. 이들 중 3만 명 이상의 프랑스 병사들이 셰르부르 함락 당시 포로로 잡혔다. 사진은 프랑스군 포로들.

▲ 프랑스의 굴욕. 1940년 6월 22일 프랑스 강화협정 사절단의 대표인 윙치제르 장군과 히틀러를 대리하는 카이텔 장군이 휴전협정에 서명하고 있다. 프랑스를 항복시키는 데 롬멜과 그의 사단은 중추적인 역할을 담당했다.

같은 날 06시 30분경 프랑스의 강화 사절 대표인 윙치제르Charle Huntziger 장군과 히틀러를 대리하는 카이텔Wilhelm Keitel 장군이 강화조약에 서명했다. 프랑스는 완전히 분쇄되었다. 프랑스 동부의 알자스Alsace와 로렌Lorraine 은 나치 독일에 합병되었고, 군 잔여병력의 60퍼센트는 차후 4년간 점령군인 독일군의 관할 하에 놓이게 되었다. 프랑스의 남부는 페탱이 이끄는 협력자 비시Vichy 정부(반동적인 파시스트 독재 정부로, 독일에 예속되어 독일군이 점령하지 않은 명목상의 자치지역인 비점령 지대를 다스림-옮긴이)가 통치하게 되었다. 일찍이 프랑스가 독일의 손 안에서 이렇게 엄중하고 가혹한 굴욕을 견뎌야 했던 적은 없었다.

대서양 해안을 따라 남으로 진격하던 롬멜은 사흘 뒤 자신이 스페인 국경에서 322킬로미터 떨어져 있다고 기록했다. "지금까지 모든 게 얼마나 놀라웠는가?"라고 그는 글을 마무리 짓고 있었다.[64] 프랑스를 함락시키는 데 있어서 롬멜은 자신과 자신이 이끌었던 사단의 역할에 자랑스러워하고 자부심을 가질 만한 이유가 충분했다. 전략 면에서 롬멜은 전방위에 걸쳐 눈부신 성과를 거뒀으며, 제7기갑사단은 프랑스의 놀랍도록 빠른 몰락에 대단히 중요한 역할을 했다.

호트는 공개적으로는 롬멜을 칭찬했지만 등 뒤에서는 더 많은 경험과 더 나은 판단이 필요하다면서 매우 감정적으로 그를 비난했다. 클루게는 롬멜이 그저 하르틀리프의 제5기갑사단으로부터 물자와 병력, 그리고 전차를 지원받으면서 슈투카 조종사와 보병대원들 같은 다른 여러 사람들의 희생으로 얻은 모든 영광을 독차지하려 한다고 불평했다. 또한 롬멜은 나치당과 그 추종자, 예를 들어 한케와 같은 정치군인들에 대해 너무 긍정적이라는 비난도 받았다.[65]

이런 비난 중 일부는 진실을 담고 있는 측면도 있었지만, 거의 대부분은 시기하는 사람들의 불평불만에 불과했다. 롬멜은 훌륭한 군인이자 지휘관이었기 때문에 주목을 받았다. 그는 자신의 능력이나 성취에 대한 긍지를 과시하는 것을 부끄러워하지 않았다. 그러나 롬멜을 겨냥한 질투와 비난의 '전장'은 사막에서 보낸 2년 동안에도 계속된다.

"태풍을 휘어잡으려면
태풍의 눈 속까지
들어가지 않으면 안 된다."

Chapter 4

북아프리카의
회오리바람 속으로

롬멜은 지금까지의 진척 상황에 대해서는 만족하고 있었지만,

독일 아프리카군단의 성공이 전적으로 공격의 선봉에 서 있는

자신의 존재와 리더십에 달려 있다는 생각을 지울 수가 없었다.

그의 지휘 방식은 직접적이고 간결하며 과감했다.

상황에 의심이 들 때는, 공격과 맹공격 둘뿐이었다.

110쪽 사진
1941년 트리폴리에서의 롬멜(왼쪽). '사막의 여우'로 불린 롬멜은 교활한 수법과 사막에서 특히 효율적이라는 것이 증명된 기동 속도전으로 사막을 자신의 전장으로 만들었다. 하지만 그는 전역 내내 보급 문제로 어려움을 겪어야 했다.

● 1924년부터 이탈리아의 파시스트 독재자가 된 무솔리니는 그 자신과 국가를 위한 야심에 차 있었다. 그는 아프리카에 있는 이탈리아의 영토를 이집트와 수단에 걸친 영국 점령지까지 확장시키고 싶었다.[1] 무솔리니는 이집트에서 영국을 물리침으로써 자신의 동아프리카 제국을 완성하기를 진정으로 갈망했다.[2] 광

▲ 무솔리니의 장군들 중에서 가장 공격적인 성향의 소유자였던 루돌포 그라치아니. 리비아 민족주의자들을 토벌하면서 명성을 쌓은 그는 1922~1923년에 트리폴리타니아 내륙을 제압하고 쿠프라로 진군했다.

대한 영역을 방위하는 중동의 빈약한 영국군을 상대하는 것은 과도한 자신감에 차 있던 이탈리아에게는 무척이나 쉬워 보였다. 영국군은 단 3만 6,000의 병력으로 이집트를 방위하고 있었던 것이다. 이탈리아는 무솔리니가 가장 신뢰하는 맹장 루돌포 그라치아니Rudolfo Graziani 원수의 지휘 하에 리비아에 약 25~30만의 병력을 보유하고 있었다. 그라치아니의 명성은 우마르 알 무크타Umar al Mukhtar가 이끄는 리비아 민족주의자들을 토벌하면서 확립되었다. 그라치아니는 1922~1923년에 걸쳐 트리폴리타니아Tripolitania(리비아의 전 국토를 셋으로 나누어 수도 트리폴리를 중심으로 한 서부지역을 이렇게 부른다-옮긴이)의 내륙을 제압하고 쿠프라Kufra로 진군했다. 이런 대담한 작전에도 불구하고 이탈리아군은 1932년까지 무크타를 체포하여 제거하지 못했다. 무크타의 제거는 20년에 걸친 식민지 전쟁의 종식을 의미했다.[3]

영국의 식민지를 탐하다

제대로 무장도 되어 있지 않은 리비아와 에티오피아를 토벌하는 동안 노출된 이탈리아군의 문제점 때문에 영국군은 무솔리니 군대에게 더 곤란한 상대로 여겨졌다. 그러나 리비아의 병력만으로 이집트를 제압할 수 있을 것이라고 철석같이 믿고 있던 무솔리니는 6~8월 사이에 그라치아니에게 반복해서 공격 명령을 내렸다.[4] 그렇지만 전장의 그라치아니는 리비아에 주둔하고 있는 이탈리아군이, 제대로 무장된 유럽의 군대가 아니라 현지의 반란분자와 전투를 벌일 정도의 무장과 훈련밖에 되어 있지 않다는 사실을 잘 알고 있었다. 병력은 숫자만 많을 뿐 그 외에는 아무것도 볼 게 없었다. 기갑 전력과 기동성을 전혀 갖추지 못한 리비아 주둔군과 장교들에게 기갑전은 그저 신기한 것일 뿐이었다. 이런 상황에서 그라치아니는 계속 공격을 미루고 있었다. 1940년 6월에 이집트 국경에서

▼ 북아프리카에서 이탈리아군은 수적으로는 월등했지만 적정 규모의 경전차 및 중형 전차부대는 오직 하나뿐이었으며, 기갑 전력의 운용에 대해서도 제대로 이해하지 못하고 있었다.

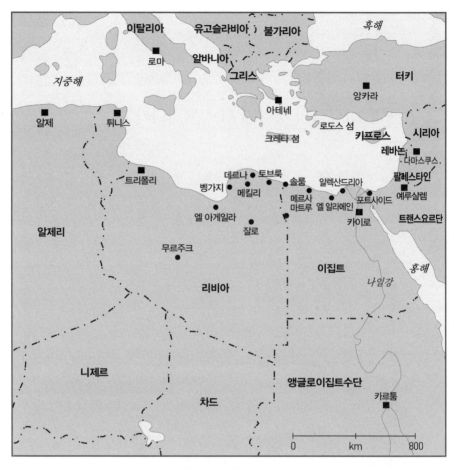

북아프리카 작전구역 지도

발생한 작은 충돌에서 영국군은 이탈리아군을 손쉽게 물리쳤다. 이탈리아군의 장갑은 정말 빈약해서 영국군은 중기관총으로 안살도^Ansaldo(이탈리아 기갑 전력의 주요 생산업체-옮긴이)의 이탈리아군 소형 전차를 조각낼 수 있을 정도였다. 마침내 9월이 되어서야 움직일 준비를 시작한 그라치아니는 베르티^Berti 장군이 지휘하는 제10군에게 이집트를 침공하라고 명령했다. 공격이 약간 지연되긴 했지만 9월 13~16일에 걸친 공격은 신중하게 이루어졌다. 베르티의 병력은 영국군이 '철책선'이라고 부르는 이집

트 국경 인근의 서부 외곽 도시 시디 바라니^{Sidi Barrani}를 점령했다.[5]

탄두는 마틸다의 장갑판 위로 튕겨나가고

영국군 지휘체계는 좀 복잡했다. 아치볼드 웨이벌^{Archibald Percival Wavell} 대장은 영국 육군의 중동지구 총사령관이었고, 그의 휘하에는 이집트를 책임지고 있는 덩치 큰 '점보' 메이틀랜드 윌슨^{Maitland Wilson} 중장이 있었다. 그리고 이탈리아의 침공으로부터 이집트를 방어하기 위해 리처드 오코너 ^{Richard O'Connor} 중장이 지휘하는 서부 사막군이 파견되었다. 거칠고 정력적이고 진취적이었던 아일랜드인 오코너는 파시스트를 박살내기에 아주

▼ 영국군 중동지구 총사령관 아치볼드 웨이벌(가운데).

적합한 인물이었다. 서부 사막군은 숫자에 있어서는 이탈리아군에 밀렸으나, 경전차 200대, 중형 전차 75대, 그리고 중전차 45대로 완전히 무장되어 있었다. 이탈리아군은 경전차 240대와 중형 전차 60대에 중전차는 단 한 대도 보유하지 않았으나 영국군보다 훨씬 많은 항공기와 야포를 갖고 있었다. 그러나 영국군이 기갑 전력을 사용할 줄 안다는 것이 그라치아니와 오코너의 결정적인 차이점이었다.

영국군 부대 중 사막전에서 가장 유명했던 제4기갑사단은 1936년 메르사 마트루Mersa Matruh(알렉산드리아에서 동쪽으로 약 300킬로미터 지점에 있는 작은 항구 마을-옮긴이)에서 창설되었다. 그리고 같은 해 9월 이집트 기동사단으로 개명한 후 퍼시 호바트Percy Cleghorn Stanley Hobart 소장을 새로운 지

▼ 이탈리아군은 경전차 240대와 중형 전차 60대를 보유하고 있었고, 중전차는 한 대도 없었다. 그들의 적인 영국 서부 사막군은 경전차 200대와 중형 전차 75대, 중전차 45대를 보유하고 있었다. 사진은 M 11/39 전차 종대의 모습이다.

휘관으로 맞았다. 마텔 소장의 말에 따르면 그는 영국군 내에서 몇 안 되는 뛰어난 전차 지휘관 중 한 명이었다. 전차가 현대전의 미래라는 개념에 푹 빠져 있었던 호바트 역시 여느 선구자들과 마찬가지로 친구보다는 적이 더 많았다. 호바트는 자신의 부대를 사막에서 싸울 수 있게 훈련시켜 현대적이고 신속하게 기동하는 기갑사단으로 만들었다. 그러나 안타깝게도 1939년 9월 윌슨과 다투게 되었고, 똑똑하지만 괴짜인 호바트에게 화가 났던 '점보'는 그를 영국으로 돌려보내고 말았다.[6]

만일 해임되지 않았다면 과연 호바트가 사막에서 무엇을 이루어낼 수 있었는지는 알 수 없다. 그러나 윌슨은 오코너 소장이라는 훌륭한 교체요원을 찾아냈다. 그는 사막에서의 기동전과 기계화전에 정통하다고 알려진 인물이었다. 여러 달의 준비 끝에 마침내 영국군은 이탈리아군을 공격했다. 1940년 12월 6일, 영국 공군이 이탈리아군 비행장을 공습하는 동안 영국군 기갑부대는 이탈리아군 전선으로 진격했다. 독일군이 이미 6개월 전에 경험한 그대로, 이제 이탈리아군은 자신들의 미약한 대전차포가 마틸다 전차에 전혀 효과가 없다는 사실을 알게 되었다. 이탈리아군의 탄두는 장갑판 위로 그저 튕겨나갈 뿐이었고, 영국군의 기갑부대와 포대 사이에는 훌륭하게 연대가 이루어지고 있었다. 반면 이탈리아군 포대는 영국군 전차에 으깨지고 박살이 나는 순간에도 제자리에서 고스란히 당하거나 항복해버리는 것 외에 달리 어찌해볼 도리가 없었다. 운송수단의 부족으로 후퇴가 전혀 불가능했기 때문이었다.

12월 16일 70대의 순항전차와 120대의 경전차를 보유한 영국군 제7기갑사단이 키레나이카Cyrenaica(리비아 동부의 주州로 주도主都는 벵가지. 시레나이카라고도 함-옮긴이)로 가로질러 들어갈 준비 중이던 바로 그날 시디 오마르Sidi Omar는 영국군에게 함락되었다. 마틸다 전차들을 앞세운 제16

▲ 1941년 1월 영국군이 토브룩을 점령하면서 검고 짙은 연기가 항구를 뒤덮고 있다. 앞에 보이는 것은 노획된 이탈리아 기갑전투차량들.

▲ 이탈리아의 이집트 침공 시 영국 마크 IV 경전차 한 대가 서부 사막군의 일원으로 임무를 수행하고 있다.

기갑여단은 1941년 1월 16일 바르디아Bardia를 괴멸시키고 4만 명의 포로를 획득했다. 1월 21일에는 오스트레일리아군이 2만 5,000명의 이탈리아군이 지키는 토브룩Tobruk에 도착했다. 당시 그라치아니는 4만 명의 야전병력을 지휘하고 있었다. 다음날 토브룩은 200문의 화포와 70대의 전차와 함께 모든 병력이 영국군의 손에 떨어졌다. 이탈리아군은 이전의 실수에서 교훈을 얻지 못한 채 전차에 대한 병사들의 공포가 사라지자 다시 돌아와서 싸우기 시작했다. 1월 24일 아침에는 바비니Valentino Babini 장군의 기갑여단이 120대의 구식 M-13 전차로 제7기갑여단을 격퇴하려 들었다. 영국군은 야포 지원과 증원부대만으로 이탈리아군을 격파했다.[7]

여우가 사막에 도착하다

1월 29일에는 데르나Derna(리비아 북동부의 항구도시-옮긴이)가 오스트레일리아군에게 함락되었으며 이탈리아군은 후퇴를 계속했다. 영국군은 놀랍도록 끈질기게 이탈리아군을 추격하여 2월 15일 키레나이카 전역을

장악했다. 2월 3~5일의 베다폼$^{Beda\ Fomm}$ 전투에서 영국군은 약 13만 명의 이탈리아군과 850문의 화포, 400대의 전차와 1,000대의 트럭을 포획하는 큰 승리를 거두었다.[8] 이는 하나의 부대가 올린 전과로는 실로 엄청난 규모였다. 이탈리아 1개군의 숫자에 불과한 병력으로 압도적으로 많은 수의 적군을 상대하여 얻은 결과이기 때문에 더욱 그랬다. 오코너의 훌륭한 지휘하에 6주간의 공세로 322킬로미터를 진격하여 막 트리폴리를 점령할 태세를 취하고 있던 영국군은 사막전이 시작되기도 전에 전쟁을 끝낼 것처럼 보였다.[9]

독일은 점점 북아프리카의 상황이 우려되기 시작했다. 일찍이 히틀러는 무솔리니를 지원할 준비를 하기 위해 빌헬름 폰 토마를 이탈리아군의 사막전 운용에 대한 연구차 아프리카로 보냈다.[10] 이탈리아군의 상황에 실망한 토마는 적에게 북아프리카를 잃지 않기 위해서는 독일의 개입

▲ 사막전에서 이탈리아군은 전반적으로 영국군에 미치지 못해 수많은 병사들이 포로로 잡히곤 했다. 호송병 한 명이 이탈리아군 포로들을 인솔하고 있다.

이 불가피하다고 보고했다. 히틀러는 1940년 11월에 제3기갑사단의 지원을 이탈리아군에 제안했다. 이 제안은 처음에는 받아들여졌으나 로마에서 곧 거절했다.[11] 아직 사막전에 완전히 관여하고 있지 않았던 롬멜은 1월 8일 루시에게 다음과 같이 편지를 썼다. "나는 우리 동맹국 이탈리아가 북아프리카에서 모든 것을 다 쏟아붓지 않는 것이 별로 놀랍지 않소. 그들은 아마도 전쟁을 쉽게 생각하는 것 같소. 그리고 자신들이 무엇을 할 수 있는지 이제부터 보여주려 하고 있소. 그들은 스페인에서도 똑같이 시작했지만 나중에는 아주 훌륭하게 싸웠거든."[12]

이탈리아가 북아프리카에서 실패한 데 대해 독일이 그다지 관심을 갖지 않았던 큰 이유는, 베를린이 이미 영국 침공 계획에 몰두해 있었기 때문이었다. 만일 '바다사자 작전Operation Sea Lion'이 성공한다면 북아프리카에 무게를 실을 필요는 없게 될 것이다. 그러나 결국 영국 침공은 1년 후에 벌어진 소련 침공 때문에 취소되었다. 소련 침공은 영국의 생존을 확실하게 해주었지만, 롬멜은 어떤 위험을 감수하고라도 영국 침공은 감행되어야 한다고 믿고 있었다.[13]

그러나 이것이 히틀러가 무솔리니의 운명을 버려두었다는 의미는 아니다. 1941년 2월, 이탈리아 정부는 공식적으로 독일에 지원을 요청했다. 그리고 바로 나흘 뒤, 히틀러는 트리폴리타니아를 어떻게든 지킨다는 조건으로 1개 기갑사단을 제공했다. 다음날 히틀러는 베를린에서 롬멜을 만나 그에게 독일 아프리카군단의 지휘를 명했다. 1개 기갑사단과 1개 경사단으로 이루어진 독일 아프리카군단은 즉시 아프리카로 출발하게 되었다. 롬멜은 명목상으로는 이탈리아의 지휘하에 있었지만, 히틀러와 직접적으로 접촉할 수 있는 권한을 갖고 있었다.[14]

전반적으로 히틀러는 남쪽의 동맹들과의 관계가 그리 순조롭지 못했다. 영국을 무력화시키는 방법의 일환으로 프랑코의 스페인을 자신의 편에 두고 싶어했던 히틀러는 1940년 11월, 스페인 국경의 엔다이^{Henday}에서 카우디요^{Caudillo[15]}와 회의를 가졌다. 히틀러는 프랑코를 설득하여 스페인을 이탈리아처럼 영국에 대항하는 독일의 완전한 동맹으로 만들고 싶었다. 히틀러가 우선 원했던 것은 지브롤터를 공격하는 것(펠릭스 작전 Operation Felix)이었고,[16] 그 다음에는 스페인이 영국을 지중해로부터 내쫓아 주는 것이었다. 회의에 늦게 도착한 프랑코는 낮잠 시간까지 요구하는 데다 모든 논의에서 완전히 고집불통이었다. 회의가 끝난 후 히틀러는 고집불통 스페인 녀석과 다시 회의를 할 바에는 차라리 이빨을 몇 개 뽑는 게 더 낫다고 불평했다.

1941년 2월 11일 로마에 도착한 롬멜은 이탈리아의 최고사령관으로부터 다소 김빠진 듯한 환영을 받았다. 그럼에도 불구하고 로마는 트리폴리의 병력을 시르테^{Sirte}로 이동하자는 롬멜의 제안에는 마지못해 동의했다. 롬멜은 영국이 트리폴리로 진격한다는 소식을 듣고, 제10공군 사령관인 가이슬러^{Geissler} 중장에게 벵가지^{Benghazi}(리비아 북부 지중해에 면한 도시. 제2차 세계대전 중 다섯 차례나 점령군이 교차되고 1,000회 이상의 공습을 받아 크게 파괴됨-옮긴이) 항구에 대규모 폭격을 가해줄 것을 요청했다. 다음날 롬멜은 트리폴리로 날아가서 독일군 연락장교인 헤겐라이너^{Heggenreiner} 소위를 만났다. 그는 롬멜에게 이탈리아군이 붕괴 직전이라고 보고했다. 이후 롬멜은 그의 명목상 상관인 가리볼디^{Gariboldi} 장군을 만나러 갔다. 가리볼디는 물러난 그라치아니의 후임으로 임명된 이탈리아 아프리카군의 총사령관이었다. 그는 시르테에 주둔하자는 롬멜의 제안을 너무 멀다는 이유로 받아들이지 않았다. 롬멜은 가리볼디를 간단히 무시하고는 그날 오후 곧바로 시르테로 날아갔다. 이탈리아의 장군과 고위 사

① ②

령부의 의견에는 거의 관심을 기울이지 않았던 롬멜은 순방을 마친 후 이탈리아 제10군단 브레시아Brecia와 파비아Pavia 사단에 시르테로 이동하라는 명령을 내렸다.[17]

이틀 후 독일 아프리카군단의 첫 번째 분대, 다시 말해 1개 경보병대대와 1개 대전차포대대가 트리폴리에 도착했다.[18] 부대가 모두 도착하면 롬멜은 제15기갑사단과 나중에 제21기갑사단으로 이름이 바뀌는 제5경사단을 보유하게 된다. 자신의 병력을 신속히 전장으로 이동시키고 싶었던 롬멜은 진격을 서둘렀다. 그는 영국의 공습 위험을 무릅쓰고 강한 서치라이트로 크리스마스트리처럼 불을 밝힌 채 야간에도 하역작업을 계속했다. 독일 아프리카군단의 퇴역군인인 빈리히 베어Winrich Behr는 당시 겨우 스물한 살이었는데, 대부분의 부대원은 사막은 고사하고 전쟁 경험조차 없었다고 회상했다. 빈리히 베어를 포함한 많은 병사들이 사막전을 놀라운 모험의 시작 정도로 생각하고 있었다. 그들에게 롬멜은 그저 여러 장군들 중의 하나였을 뿐이었다.[19] 첫 전차를 해안에서 수령했을 때 성대한 퍼레이드로 부대의 사기를 고조시키는 한편, 적의 첩자들에게도 세를 과

❶ 1941년 2월 트리폴리에 아프리카군단이 도착했다. 북아프리카에 엄청난 독일군 병력이 들어온 것으로 영국군이 오인하게 하고 싶었던 롬멜은 전차들을 주변 구역으로 여러 차례 돌렸다. ❷ 1941년 롬멜의 트리폴리 사령부 ❸ 롬멜은 트리폴리 사령부에 도착하자마자 영국군 공격 준비에 착수했다.

시하여 오판을 유도하는 것은 롬멜의 전형적인 패턴이었다. 트리폴리 주위에 스파이들이 어슬렁거리고 있을 거라고 확신했던 롬멜은 주변 구역으로 수차례 전차들을 보내서 일종의 군대식 회전목마를 보여주게 했다. 이후 기만과 허세는 롬멜의 사막 전역의 상징이 되었다.

　소련 침공을 준비하고 있던 히틀러는 다른 지역에서 손발이 자유로울 필요가 있었기 때문에 북아프리카에서 독일군이 주요한 역할을 하는 것을 원치 않았다. 이런 생각은 점차 히틀러의 강한 확신이 되어, 지원이 너무 늦어 북아프리카 전쟁이 이미 패배나 다름없는 상황을 맞았을 때까지도 변함이 없었다. 후일 롬멜의 놀라운 승리에도 불구하고 독일군에게 사막 전역은 언제나 부차적인 것이었다. 결국 독일군의 지원 부족과 보급품 부족은 롬멜의 전쟁에 언제나 걸림돌이 되었다. 이제 롬멜에게 다가올 2년간은 빈약한 전차와 연료, 부족한 병력으로 수행해야 할 전쟁이 될 것이다.

롬멜이 아프리카에 도착할 당시 추축국의 상황은 상당히 불안정하고 신뢰할 수 없는 형편이었다. 중요성이 좀 떨어지는 약소한 동맹국은 전쟁을 포기해버릴 것처럼 보였다. 그가 도착한 다음날인 2월 15일에 영국군은 서부 사막군 2개 사단의 뛰어나고 맹렬한 공세로 13만의 이탈리아군 포로와 850문의 화포, 400대의 전차와 수천 대의 자동차를 획득하는 전과를 올린 끝에 키레나이카를 장악했다.[20] 실질적으로 이탈리아의 아프리카 군대는 소멸되었으며, 트리폴리로 가는 길은 영국군을 향해 활짝 열려 있었다.

같은 달 자유프랑스(런던으로 망명한 드골이 독일에 대항하여 세운 임시 정부. 비시 정부를 괴뢰정권으로 규정하여 본국의 레지스탕스를 후원하고 국내외 전투에 참가함-옮긴이)군은 리비아의 동남쪽 구석에 위치한 전략적으로 중요한 오아시스 도시 쿠프라를 점령했다. 이로써 추축국은 다시는 회복되지 않을 또 다른 큰 좌절을 겪게 되었다. 1940년에 대부분의 프랑스 식민지들은 아직 새로운 비시 괴뢰정부에게 충성하고 있었지만, 그러나 콩고를 포함한 중앙아프리카의 몇몇 식민지들은 특별한 예외에 속해 있었다. 1941년 2월 초 자크 필립 르클레르Jacques-Philippe Leclerc(본명은 오트 코크Haute Coque 자작)는 100명의 프랑스인과 300명의 아프리카계 프랑스인으로 이루어진 작은 부대를 이끌고 프랑스 식민지 차드Chad(리비아 남쪽으로 국경을 접하고 있는 아프리카 최빈국 중 하나로 1885년 이후 프랑스의 지배를 받음-옮긴이)로부터 쿠프라로 진격했다. 선봉대는 2월 7일 쿠프라를 공격하여, 열흘 뒤 주력부대가 도착할 때까지 이탈리아 수비대를 꼼짝 못하게 했다. 이탈리아 수비대는 많은 탄약과 대포와 기관총으로 무장하고 있었으나 늘 그렇듯 사기가 부족했다. 무자비하고 잔인한 아프리카 야만인이라고 소문난 프랑스 식민지부대에 잔뜩 겁을 먹고 있던 이탈리아군은 마침내 항복을 선택했다. 10년간에 걸친 이탈리아의 식민지 지배는 종언을 고했고, 사하라 사막을 횡단한 프랑스군의 배짱 덕분에 연합국은 추축국 전선 뒤로 깊숙이 쳐들어가 공격할 수 있는 중요한 작전 거점을 확보하게 되었다. 쿠프라가 없었다면, 장거리 사막정찰부대와 영국 공수 특전단은 추축국의 통신망에 그렇게 대담한 공격을 가할 수 없었을 것이다.[21] 이탈리아군이 쿠프라에서 보여준 모습은, 앞으로의 전역에서 좀체 신뢰할 수 없는 병력을 지휘해야 하는 롬멜에게 좋은 징조는 아니었다.

오코너가 새로이 공격을 개시한다면 롬멜과 그의 빈약한 병력은 아마 북아프리카에서 곧바로 축출될 수도 있을 것이다. 오코너는 베다폼 전투의 승리 후 "이제 여우는 죽었다"고 선언했다. 그러나 사실 여우는 이제 막 도착했고, 여전히 잘 살아 있었다. 불행히도 영국군은 2월 12일 시르테에서 진격을 멈추었다. 바로 트리폴리로 진격했다면 도시를 손에 넣을 수 있었겠지만, 독일의 침공에 대항하는 그리스와 유고슬라비아를 지원하기 위해 영국군이 그리스에 개입하면서, 리비아의 수도를 점령하고자 하는 당당한 아일랜드인 장군의 희망은 이제 끝나버린 것 같았다. 영국이 트리폴리를 점령하지 않는 바람에 그는 2년 더 사막전을 치르면서 지독하고 고통스런 시간을 보내야 했다.

놀랍게도 영국군은 3월 8일까지 롬멜이 독일의 북아프리카 원정군 사령관이라는 사실을 인지하지 못하고 있었다.[22] 두 적수는 아직 접촉해본 적이 없었으나, 2월 27일 독일군 순찰대가 해안도로 비아 발비아$^{Via Balbia}$를 따라 동쪽으로 이동하고 영국군 순찰대가 반대방향으로 가던 도중 마주치면서 마침내 접촉하게 되었다. 그러나 각 군의 호위 장갑차량은 서로를 알아차리지 못하고 지나쳤다. 영국군 지휘관은 이 '이탈리아군'들이 왜 이런 이상한 제복을 입고 돌아다니는 걸까 의아해하다가 갑자기 무언

가를 깨닫고 소리쳤다.

"맙소사, 자네가 방금 본 게 뭔지 아나? 독일군이야!"

상황을 파악하자 영국군과 독일군은 각각 방향을 바꿔서 전속력으로 서로에게 달려들었다. 오로지 지휘차량들만 발포를 했고, 다른 차량들은 도로를 벗어나 길가의 모래언덕에 충돌했다. 사상자는 없었으며 두 주인공은 체면을 잃지 않고 돌아갈 수 있었다.[23]

사막, 가장 부적합한 전장

현대전을 수행하기에 불편하고 부적절한 환경이라는 점에서 북아프리카 사막과 비길 수 있는 곳은 아마 극지방[24] 정도밖에 없을 것이다. 영국군은 프랑스령 북아프리카를 따라 뻗어 있는 나일^{Nile}강의 서쪽 사막지역을 '서부 사막'이라고 불렀다. 250만 제곱킬로미터에 달하는 면적은 인도 대륙의 넓이와 맞먹었으며, 나일강으로부터 튀니지까지 걸쳐 있는 길이는 1,930킬로미터에 달했고, 지중해에서 남쪽의 아프리카 사바나 사이의 거리는 1,600킬로미터가 넘었다.

또 리비아 동부의 키레나이카로부터 나일강 입구의 알렉산드리아까지 64킬로미터의 폭으로 해안을 따라 펼쳐진 좁고 긴 땅은 남쪽에 있는 사막보다 고도가 높았다. 석회암 모래로 이루어진 이 지역은 관목덤불에 야자나무도 있었고 작으나마 듬성듬성 경작지도 있었다. 키레나이카와 토브룩 인근으로는 무장한 차량이 이동할 수 있고 접근하기도 쉬운 사막이 넓게 펼쳐져 있었지만, 다른 곳은 그렇지 않았다. 따라서 3년간의 전쟁 기간 동안 롬멜의 밀고 당기는 전투는 2개의 중요한 병목지역 사이 공간

▼ 사막에서 기갑전을 치르는 부대들은 사막 자체가 주는 숱한 역경들 역시 이겨내야 한다.

에서 이루어졌다. 이는 남쪽의 적 점령지역에 대해서는 보통의 광범위한 작전이 적용될 수 없다는 것을 의미했다.

길이 966킬로미터, 폭 241킬로미터의 대사해Great Sand Sea(이집트의 시와 Siwa 아래로 펼쳐진 사막. 세계에서 세 번째로 큰 이 거대한 불모의 모래언덕이 리비아와 이집트 사이에 자연스레 국경선을 형성하고 있다-옮긴이)에서 가장 서쪽에 있는 병목지역인 엘 아게일라El Agheila는 지중해 해안에 거의 인접해 있었다. 이로 인해 이집트와 리비아의 경계는 지중해에서 대사해까지의 거리가 322킬로미터로 줄어들었다. 동쪽에 있는 또 다른 병목지역은 엘 알라메인El Alamein이었다. 바다와 카타라Qattara 저지低地 사이의 해안을 따라 형성된 좁고 긴 땅 엘 알라메인은 깔대기 모양으로 좁아지는 회랑지대였다.

카타라 저지는 질퍽하고 흐물흐물한 모래와 염분이 있는 습지로 악명 높은 곳으로, 자동차와 전차가 통행할 수 없는 지역이었다. 자동차로 횡단하려던 사람들은 마치 라이스 푸딩 위에서 운전하는 것 같다고 말했다. 그러므로 전투는 이 두 지역 엘 아게일라와 엘 알라메인을 우회하여 가운데 지점인 훌륭한 요새도시 토브룩에 집중될 수밖에 없었다. 그러나 북아프리카에는 현대전의 수행에 필수적인 포장도로와 철로 등의 시설이 충분하지 않았다. 영국군은 알렉산드리아로부터 철로를 부설했으나 철도는 리비아 국경에서 241킬로미터 떨어진 메르사 마트루까지만 연결되어 있었다. 트리폴리에서 이집트 국경까지 연결된 리비아의 비아 발비아가 이탈리아 기술의 진수를 보여준 진정한 작품이었던 데 비해, 1차선인 해안도로는 너무 얇게 포장되어 많은 교통량을 지속적으로 견뎌내기에는 역부족이었다. 그나마 다른 경로는 가끔 있는 폭우에 진흙탕이 되어버리는 단순한 소로에 불과했다. 비는 와디wadi(사막의 개울. 우기 외에는 말라 있음-옮긴이)를 사나운 진흙탕 길로 바꾸어놓곤 했다. 더구나 사막의 모래는 흙가루와 같아서 조그만 움직임에도 흰 구름을 일으키기 때문에, 자욱한 먼지는 군대의 존재를 수마일 떨어진 곳에서도 알아챌 수 있게 했다.[25]

전술의 천국, 보급의 지옥

이곳은 전투에 참가하는 모든 이에게 많은 것이 요구되는, 그야말로 도전적인 환경이었다. 병사들은 뜨겁고 건조하고 호의적이지 않은 상황에 적응하거나, 그렇지 않으면 자연의 손에 정말로 죽을지도 모르는 처지에 직면해 있었다. "사막은 전술가에게는 천국이지만 보급장교에게는 지옥이다"[26]라는 롬멜의 말만큼 그 분위기를 잘 요약한 말은 없다. 초기에 롬멜은 그 자신의 전술적 천재성과 대담한 리더십으로 놀라운 성공을 거두었다. 그러나 그런 성공도 심각한 보급 상황과 죽도록 일하고도 그 수고를 인정받지 못하는 병참장교들의 문제에 무관심했던 롬멜의 실책을 보상해주지는 못했다. 이런 문제들 때문에 롬멜은 1942년 10월 엘 알라메인 전역에서 승리를 이끌어내는 데 결국 실패하고 말았다.

롬멜의 병력은 어떠한 방해도 받지 않은 채 약 563킬로미터 동쪽으로 전진했다.[27] 아직 영국군이 공격하지 않을 것이라고 판단한 롬멜은 3월 19일, 키레나이카 침공에 대한 히틀러의 재가를 받기 위해 독일로 날아갔다. 허가는 내려졌으나 육군 총사령관 브라우히치는 롬멜에게 추가 증원을 받지 못할 경우 엘 아게일라까지만 진격하라고 말했다. 그러나 브라우히치는 발칸과 후일 소련을 침공하려는 히틀러의 계획에 대해서는 말

▲ 첫 번째 공세에서 롬멜(왼쪽)의 부대는 아무런 저항을 받지 않은 채 동쪽으로 563킬로미터를 전진했다. 영국이 공격하지 못하리라고 판단한 롬멜은 1941년 3월 키레나이카 침공에 대한 히틀러의 재가를 받아냈다.

해주지 않았다. 3월 11일, 중전차 105대와 경전차 51대로 구성된 제5기 갑연대가 도착했다. 독일 공군은 약 50대의 슈투카와 20대의 전투기를 보유했으나 북아프리카의 독일 공군 부대가 롬멜의 지휘권한 밖에 있었기 때문에 공조는 그가 원하는 만큼 원활하게 이루어지지 못했다.[28]

영국군도 나름의 문제점을 안고 있었다. 웨이벌이 윌슨 장군을 키레나이카의 군사장관으로 임명하는 한편 서부 사막군을 필립 님Philip Neame 장군의 휘하에 두었기 때문에 지휘체계가 뒤엉켜 있었다. 더구나 서부 사막군은 그리스로 보낸 영국 원정군에 정예부대를 빼앗긴 상태였다. 제2기갑사단은 매우 허약했으며, 영국 공군도 마찬가지였다. 님에게 좋은 인상을 받지 못한 웨이벌은 님의 생각을 좋아하지 않았고, 이런 님의 비관주의는 웨이벌을 계속 화나게 했다. 윌슨은 5월이나 되어야 롬멜이 공세를 취할 준비가 될 것이라고 판단했기 때문에 아직 독일군이 공격할 위험은 없다고 보았다. 윌슨의 이런 판단은 제5경사단이 4월 중순에야 트리폴리

로 이동을 마칠 것이고 5월에야 제15기갑사단이 도착할 것이라는 정보에 근거를 두고 있었다.[29]

윌슨의 주장은 일반적인 독일 장군에 대해서라면 맞는 말이었을지 모른다. 그러나 참을성 없는 롬멜은 영국군이 준비도 채 갖추기 전에 서둘러 공격을 감행했다. 3월 24일, 롬멜은 번개같이 공격하여 엘 아게일라를 점령하면서 영국군을 경악케 했다.[30] 이틀 후 처칠은 웨이벌에게 전보를 보냈다.

"우리는 아게일라로 향한 독일군의 빠른 진격에 물론 우려하고 있다. 저항이 없으면 몰아치는 것이 독일군의 습관이다. 내 생각에 귀관은 거북이가 목을 충분히 뺄 때까지 기다려서 치려고 때를 보고 있는 것으로 판단된다. 물론 놈들에게 우리의 실력을 탐색할 기회를 주는 것이 매우 중요하다고 본다."[31]

그러나 처칠은 웨이벌의 적이 느리고 신중하게 움직이는 거북이가 아니라 재빠르게 이동하는 여우라는 사실을 미처 모르고 있었다.

3월 31일, 독일군 제21기갑사단은 메르사 브레가Mersa Brega에서 영국군 제2기갑사단을 공격했다. 여기서 영국의 서부 사막군이 얼마나 약해졌는지 여실히 드러나버렸기 때문에 이 전투는 독일군의 사기를 한껏 북돋아주는 역할을 하고 말았다. 다음날 독일 아프리카군단은 키레나이카를 가로질러 세 방향에서 부채 모양으로 공격을 가했다. 그리고 4월 1일 롬멜은 아게다비아Agedabia를 점령했다. 이번 사막전에서 롬멜의 독일 아프리카군단은 새로운 제7기갑사단 같은 형태를 갖추거나 혹은 원하는 정도의 전투력을 구비하지는 못했다. 독일군 종대가 전진하며 일으키는 먼지구름 위로 슈토르히Storch 경비행기를 타고 날아가면서 롬멜은 끊임없이 휘하 지휘관들에게 공격과 더 빠른 전진을 독려했다. 제5경사단의 지휘관인 슈트라이히^{Streich}가 전차의 급유와 수리를 위해 나흘의 시간을 요청하자, 롬멜은 그만 자제심을 잃고 말았다. 그는 퉁명스럽게 대답했다.

"24시간 안에 끝내게."

4월 3일 영국군은 현지의 보급품을 모두 파괴한 뒤 벵가지에서 철수했다. 같은 날 루시에게도 썼듯이, 롬멜은 독일과 이탈리아의 최고사령부를 깜짝 놀라게 할 독일 아프리카군단의 '빛나는 성공'에 몹시 기뻐했다.

"영국군은 뿔뿔이 흩어져서 도망갔고 아군 피해는 매우 경미하오. 노획물은 셀 수가 없을 정도요."[32]

의심할 여지 없이 롬멜은 프랑스에서와 같은 상황이 또다시 전개되고 있다고 생각했으며, 프랑스군의 경우처럼 영국군도 몇 번 강펀치를 먹이면 괴멸될 것이라고 판단했다. 공군이 메킬리^{Mechili}로 향하는 가도가 열려 있다고 보고하자, 롬멜은 독일과 이탈리아의 혼성군을 이끄는 슈베린^{Schwerin} 대령에게 명령했다.

"빨리 가라. 명심해."[33]

이런 명령은 전형적인 롬멜식 스타일이었다. 그의 지휘 방식은 직접적

▼ 1941년 3~4월, 롬멜의 아프리카군단이 2호 전차를 앞세우고 영국군이 예상치 못한 첫 공격을 감행하고 있다.

이고 간결하며 과감했다. 상황에 의심이 들 때는, 공격과 맹공격 둘뿐이었다.

다음날 슈트라이히는 메킬리로 가는 길 중간에서 연료가 고갈되었고, 키르히하임Heinrich Kirchheim 장군의 부대는 오스트레일리아군의 반격을 받았으며(오스트레일리아군의 강인한 전투력은 독일군에게도 존경을 받았다), 올브리히트Friedrich Olbricht 대령의 부대는 안텔라트Antelat를 출발하지도 않았다. 롬멜은 휘하 장교들의 무능함과 굼뜬 행동에 격노했다. 4월 5일 롬멜은 슈트라이히의 부대에 대한 직접 지휘권을 행사하면서 포나트Ponath의 기관총대대에게 올브리히트의 기갑대대에 합류하여 데르나로 진격하라고 명령했다.[34] 롬멜은 지금까지의 진척 상황에 대해서는 만족하고 있었지만, 독일 아프리카군단의 성공이 전적으로 공격의 선봉에 서 있는 자신의 존재와 리더십에 달려 있다는 생각을 지울 수가 없었다.[35] 물론 그의 생각이 옳았다.

4월 5일 슈트라이히가 속해 있는 슈베린의 부대가 텐게데르Tengeder를 점령했다. 그리고 다음날인 4월 6일에 메킬리는 독일군의 수중에 들어갔

▼ 벵가지 항구 주변에서 포로로 잡힌 영국군 병사들

▲ 전쟁 중이라고 유머가 완전히 사라진 것은 아니었다. 독일은 롬멜의 빠른 진격으로 영국 수중에 있던 지역을 점령하게 되었다.

다. 이 당시, 진작 님과 교체되었어야 할 오코너는 장군의 고문을 맡고 있었다. 이런 상황은 영국군의 지휘체계를 더 심하게 혼란시켰다. 영국군 제2기갑사단은 장갑차량을 모두 잃었고, 오직 오스트레일리아군 제7사단만이 단호하게 반격하고 있는 중이었다.

데르나 근처에서 영국군 참모진의 차량이 독일군에 나포되는 사태가 발생했는데, 차량에는 2명의 장군 님과 오코너가 타고 있었다.[36] 오코너가 포로가 된 것은 대단한 재난이었다. 그는 롬멜에게 심각한 타격을 줄 수 있는, 기동화전에 대한 역량과 경험을 갖춘 유일한 사막전 장군이었다. 자신의 오른팔과 같은 존재를 잃은 데 충격을 받은 웨이벌은 오코너와 6명의 이탈리아 장군을 교환하자고 제안할 정도로 절박감을 느꼈다.

그러나 영국 정부는 웨이벌의 제안을 승인하지 않았다.[37] 오코너는 그보다 최소한 열 배 이상의 가치가 있는 인물이었으므로 영국 정부의 이런 결정은 중대한 실책이라고 볼 수 있었다. 이 용맹한 아일랜드인은 1943년에 탈출할 때까지 이탈리아 포로수용소에 갇혀 있었다. 그리고 그 후 노르망디에서 롬멜의 기갑군을 무너뜨리기 위해 복귀하게 된다.

롬멜 역시 진격 도중에 구사일생의 탈출을 경험한 일이 있었다. 슈토르히를 타고 비행하던 중 롬멜은 올브리히트의 부대를 발견하고 조종사에게 착륙을 지시했다. 독일군 병사들이 익숙한 사막용 철모를 쓰고 진격 중인 것을 보았던 것이다. 그러나 비행기가 하강하자 부대가 착용하고 있는 것은 영국군의 전형적인 수프 접시 모양 헬멧임이 뚜렷하게 보였다. 경악한 롬멜의 비행기는 급상승했지만 꼬리날개에 총탄이 관통하고 말았다.[38] 4월 7일에 데르나는 함락되었으며, 다음날 제2기갑사단의 지휘관인 갬비어 페리Gambier-Perry 장군이 나포되었다. 롬멜은 갬비어 페리와의 대화 장면을 사진으로 촬영했다.[39]

지금 단계에서 웨이벌은 무너져가는 서부 사막군을 지휘할 장군이 있는지를 생각해보아야만 했다. 웨이벌은 몰아치는 듯한 롬멜의 세찬 공격으로부터 병력을 지키기 위해 토브룩 요새를 포함한 키레나이카 전역을 포기할 용의가 있었다. 롬멜로서는 어쩌면 영국군이 애써 키레나이카에서의 우세를 지키려 하지 않으려는 것이 다소 실망스러웠을지도 모른다. 그러나 롬멜은 가차 없이 공격을 계속한다면 서부 사막군을 괴멸시킬 수 있을 것이라고 확신했다. 그는 최종적인 목표를 수에즈 운하로 잡고 있었다. 이탈리아 최고사령부의 명령과 가리볼디의 어쭙잖은 반대를 무시한 롬멜은 데르나-메킬리 선에서 머무르지 않고 토브룩을 향해 휩쓸어 올라갔다. 그러는 동안 폰 베흐마르von Wechmar의 제3정찰부대는 바르디아로 진격하고, 크나베Knabe 중령의 차량화보병부대는 솔룸Sollum과 메르사 마트루를 향해 다가갔다.[40] 4월 12일 독일 아프리카군단은 바르디아를 점령하고 이집트 국경에 도달했다.[41]

막강 요새도시 토브룩

2주 동안 640킬로미터 이상을 후퇴한 영국군은 키레나이카의 대부분을 독일군에게 넘겨주었다. 그러나 토브룩의 항구와 요새는 여전히 모스헤드L. Morshead 장군이 이끄는 오스트레일리아군이 지키고 있었다. 모스헤드 장군은 허튼소리는 하지 않는 보수적인 지휘관으로, 그의 부대원들로부터는 '악당 밍Ming'(1936년의 공상과학영화 〈플래시 고든Flash Gordon〉 시리즈에 등장하는 몽고 행성에서 온 악당-옮긴이)으로 불리고 있었다. 도시 수비대는 오스트레일리아군 제9사단과 제18보병여단으로 구성되어 있었다.[42] 4월

▼ 토브룩 외곽에 있는 3호 전차와 SdKfz 251 반궤도차. 막강한 전차 전력과 차량화보병, 그리고 풍부한 경험에도 불구하고 롬멜은 토브룩의 오스트레일리아군을 몰아낼 방법을 찾지 못했다.

7일 처칠은 웨이벌에게 아주 명확한 메시지를 전달했다. "따라서 토브룩은 포기 없이 사수해야 할 곳으로 보인다." 웨이벌은 메르사 마트루 동쪽으로 약 322킬로미터 떨어진 지점에 방어선을 구축하고 싶었으나, 이제는 처칠의 명령에 따라 계획을 바꾸어야만 했다.[43]

오스트레일리아군에게 자신감과 투지를 불어넣어주기 위해 웨이벌은 모스헤드와의 회의를 토브룩에서 하기로 하고 부대를 방문했다. 회의에서 웨이벌은 오스트레일리아군의 강인함과 모스헤드의 군은 결의를 확인하고, 특히 주둔군이 풍부한 물과 식량, 그리고 탄약과 계속해서 충원되는 강한 방어병력을 보유하고 있음을 재확인했다. 오스트레일리아군과 영국군이 토브룩의 중요성에 대해 충분히 인지하고 있다면 롬멜 역시 모르고 있을 리가 없었다. 그는 휘하 지휘관들에게 이렇게 말했다.

"우리는 모든 힘을 다해 토브룩을 공격해야 한다. 영국놈들이 준비를 갖추기 전에 귀관들의 전차들이 거점을 확보해야 한다."[44]

무엇이 롬멜과 처칠로 하여금 토브룩을 그처럼 중요한 곳으로 여기도

▼ 토브룩으로 진격하는 아프리카군단의 SdKfz 251 하노마그 반궤도식 장갑차. 12명이 탈 수 있었다.

록 만들었을까? 인구가 고작 4,000명밖에 되지 않는 토브룩은 도시 그 자체로는 별로 중요하지 않았다. 그러나 그곳은 트리폴리와 알렉산드리아 사이에 있는 유일하게 쓸 만한 항구였다. 벵가지에도 항구가 있었으나 토브룩의 절반 정도 크기밖에 되지 않았다. 롬멜이 동쪽으로 진격을 계속하려면 부대에 충분한 보급을 해줄 수 있는 크기의 항구가 트리폴리나 벵가지보다 좀 더 이집트에서 가까운 곳에 반드시 있어야 했다. 더구나 토브룩에는 하루에 18만 2,000리터의 물을 생산하는 탈염脫鹽공장이 있었다. 그 정도라면 독일 아프리카군단이 사용할 물의 보급량을 채우기에는 충분했다. 결국 모스헤드 같은 과감하고 능력 있는 지휘관이 장악하고 있는 토브룩은 롬멜의 측면과 통신망에 지속적인 위협이 될 수밖에 없었다. 그러나 토브룩은 슈투카 편대와 중포병대와 기갑부대의 무시무시한 조합으로도 무너뜨리기 쉽지 않은 대상이었다.

토브룩은 자연 그대로의 동굴 안에 구축된 두터운 콘크리트 엄폐호 라인으로 둘러싸여 있었고, 각각의 엄폐호는 박격포와 기관총의 화점火點(기관총 같은 자동화기를 배치한 개개의 군사진지-옮긴이)으로 이루어진 참호들로 연결되어 있었다. 각각의 엄폐호는 30~40명의 병사를 수용할 수 있었는데, 참호의 정면에는 철조망이 있고 철조망 앞에는 깊고 넓은 대전차호가 구축되어 있었다. 더구나 이 만만치 않은 첫 번째 방어선을 뒷받침하는 두 번째 방어선이 약 1,830~2,740미터 뒤에 위치해 있었다. 두 번째 방어선도 처음 것과 같은 종류이기는 했지만 대전차호가 설치되지 않았다는 차이가 있었다. 이런 모든 면에서 볼 때 토브룩은 대영제국의 가장 뛰어난 부대 오스트레일리아군[45]이 수비하고 있는 아주 막강한 요새도시였다.

사막에서의 돌격으로 자신감이 충만했던 롬멜은 별다른 고생 없이 토브룩을 점령할 수 있을 것으로 확신했다. 그러나 착실히 준비하고 끝을

▲ 1941년 4월 토브룩에서 작전 중인 오스트레일리아군 제9보병사단 부쉬 포병대(Bush Artillery). 오스트레일리아군의 거센 저항은 이 중요한 요새와 항구를 접수하려는 롬멜의 노력을 계속 좌절시켰다.

▼ 부대가 이들 오스트레일리아 병사들처럼 용감하고 과감하기만 하다면 토브룩은 상대적으로 방어하기 쉬운 곳이었다. 참호들 사이는 이처럼 천연동굴로 이어져 있어 오스테레일리아군이 거주할 수 있게 되어 있었다.

볼 때까지 싸우기로 결심한 적 앞에서는 그도 어쩔 도리가 없었다. 솔직히 말해서 롬멜은 지구전에서는 그다지 훌륭한 지휘관이 아니었으며, 더구나 진지전에는 거의 경험이 없었다. 4월 11~12일에 방어선까지 파견된 슈베린의 선발 탐색대가 별다른 성과를 거두지 못하자, 다음날 롬멜은 별로 신뢰하지 않았던 슈트라이히에게 토브룩 가도를 따라 엘 아뎀^{El Adem}을 직접 공격하여 실력을 보이라고 명령했다.

한편 포나트의 제8기관총대대는 야습을 감행하여 대전차호를 깨뜨리고 독일군 제5기갑연대가 반격해 들어올 수 있도록 길을 열어주었다. 보병이 전선을 방어하고 있는 동안 오스트레일리아군 포병대는 전진하는 독일군 기갑부대에 정교한 사격을 퍼부었다. 보병과 포대와 순항전차의 협공은 독일 전차의 진격을 완전히 차단했다. 롬멜은 이렇게 기록을 남겼다. "나는 전차들이 보병을 사지에 내버려두고 왔다는 사실에 몹시 분노했다." 그리고 아리에테^{Ariete} 사단(1939년 2월 1일 이탈리아 최초로 편성된 기갑사단. 아리에테는 숫양이라는 뜻이다-옮긴이)이 토브룩에서 날아온 경포 사격을 받고 패주했다. 롬멜은 공군에게 항복을 요구하는 전단을 살포하라고 명령했고, 이에 분노한 오스트레일리아군은 화장실 휴지로 사용하느라고 흰 손수건이 다 떨어졌다고 답해왔다. 롬멜 덕분에 이제 그들은 '뒷간'에서 사용할 종이 뭉치를 충분히 갖게 되었다.

처음 경험하는 심각한 좌절

롬멜은 4월 16~17일에 걸쳐 단독으로 두 번째 공격을 시도했으나 소득은 아무것도 없었다. 롬멜은 실패의 원인으로 이탈리아군의 빈약한 무장과 훈련을 지목하고 그들을 비난했다.[46] 영국의 전차와 화포사격을 두려워하고 있는 이탈리아군이니 그들의 투지에 대해서는 도무지 신뢰할 수가 없었던 것이다. 이탈리아군에 대해 롬멜은 "빨리 항복을 인정한다"라고 1917년에 이미 비관적으로 적어놓은 바 있다.[47]

롬멜의 이탈리아군에 대한 비판은 어떤 면에서는 불공평했다. 그의 즉흥적인 공세가 저지된 것은 오스트레일리아군이 예상보다 더 끈질기게 저항했기 때문이었다. 먼지와 열기, 그리고 사막이 주는 불편함에 자신들의 적보다 좀 더 익숙했던 오스트레일리아군은 야전에 강한 부대였지만 콘크리트와 철조망 뒤에서는 더욱 견고했다. 다른 군대와 달리 오스트레일리아군은 포격과 슈투카, 그리고 전차의 협공에도 굴복하지 않았고, 오히려 가능한 모든 무기로 반격을 가했다.[48] 다른 독일 병사들과 마찬가지로 롬멜 역시 이 키 크고 구릿빛으로 그을린 거친 용사들에게 감탄하지 않을 수 없었다. 그들은 가장 모진 포탄 세례 속에서도 냉철한 용기를 보여주었다. 포위 공격을 계속하고 있던 어느 날, 롬멜의 운전병 하인츠 슈미트는 참호에서 기어 나온 한 오스트레일리아군 병사가 난간에 걸터앉아 특유의 축 늘어진 모자를 독일군을 향해 명랑하게 흔드는 것을 보고 깜짝

▼ 1941년 4월 롬멜의 전설적인 아프리카군단 병사들이 뜨겁고 건조한 북아프리카의 사막을 가로질러 행군하고 있다. 들고 있는 것은 양각받침대가 달린 MG34 기관총이다.

놀라고 말았다. 그 오스트레일리아
병사 주위로 총탄이 성난 벌떼처
럼 빗발치고 있었기 때문이다.[49]

　롬멜이 전장에서 처음으로 경험
한 이 심각한 좌절은 독일 고위사
령부 내의 비판자들에게 그의 위
험한 아프리카 원정에 대해 수군
거릴 절호의 기회를 제공했고, 거
침없던 경력에 큰 흠이 되었다. 가
장 혹독한 비판을 가한 사람은 육
군 참모총장 프란츠 할더Franz Halder
장군이었다. 할더는 사실에 근거
해서라기보다는, 롬멜이 히틀러의

▲ 독일의 육군참모총장 프란츠 할더. 할더는 롬
멜이 히틀러의 비호 아래 있다는 것과 명문가 출
신이 아니라는 점 때문에 그에게 좋지 않은 감정
을 갖고 있었다. 히틀러는 1942년 9월에 할더를
해임했다.

보호와 지원을 받고 있으며 명문가 출신이 아니라는 점 때문에 그를 좋
아하지 않았다. 할더는 이제 '완전히 미쳐버린 이 군인을 해고하기'를 원
했다. 그는 신뢰할 만한 장교인 프리드리히 파울루스Friedrich Paulus 장군을
북아프리카에 보내서 상황을 확인하고 베를린에 보고하도록 할 작정이
었다.[50] 4월 26일에 도착한 파울루스는 독일 아프리카군단 사령관으로부
터 다소 냉랭한 영접을 받았다. 파울루스의 변명과 해명에도 불구하고 롬
멜은 그의 방문을 최고사령부의 간섭이며 언제 있을지 모를 해임의 전조
라고 판단하고 있었다.[51]

　파울루스는 토브룩 공격에 비판적이었으나 전역이 어떻게 수행되어야
하는지에 대한 롬멜의 견해에는 곧 동조하게 되었다. 그러나 파울루스는
독일 아프리카군단이 토브룩에 대한 무의미한 포위공격을 중단하고 대

신 이탈리아군에게 맡기는 것을 제안했다. 즉, 가잘라Gazala로 후퇴하라는 것이었다.[52] 롬멜은 그리스 전역이 끝난 뒤 영국군이 이집트에 들어오면서 토브룩 외곽에 있는 자신의 부대가 드문드문 보일 정도로 영국군 병력이 충원된 것에 분통을 터뜨렸다.[53]

4월 30~31일에 마지막 공격을 가한 롬멜은 전차 35대를 잃으면서 가까스로 경계선의 서남쪽 모퉁이를 돌파했다.[54] 그러나 보급과 예비병력이 줄어드는 시점에서 그다지 성공적이지 못했던 공격은 크게 성과를 내지 못했다. 5월 6일이 되자 이제 롬멜은 지속적인 슈투카 공격과 토브룩 내부의 물 부족이 연합군의 사기를 떨어뜨릴 것이라는 희망을 접기 시작했다.[55] 아마 롬멜도 깨달았겠지만 그것은 가망 없는 소망이었다. 영국군은 동쪽에 있는 롬멜의 주요 전선을 공격해오기 시작했고, 이런 공격은 곧 롬멜이 절망적인 상황에서 벗어나 그의 장기인 치고받는 기동전으로 돌아갈 구실을 주었다.

▼ 1941년 4월 말경 롬멜의 아프리카군단 병사와 차량들. 독일군은 영국군을 상대로 사막에서의 첫 번째 전역을 훌륭히 수행해냈다.

"할 수 없어도
할 수 있다고 말하지 않으면
기회는 없다."

Chapter 5

공격 아니면 맹공격

베를린의 상부가 외면하는 전선에서 빈약한 보급으로
전쟁을 지휘하고 있던 롬멜에게 선택의 여지라고는 거의 없었다.
롬멜은 적시에 공격하고 확실히 치명타를 날리는 데 있어서
육식동물과 같은 본능을 가지고 있었다.

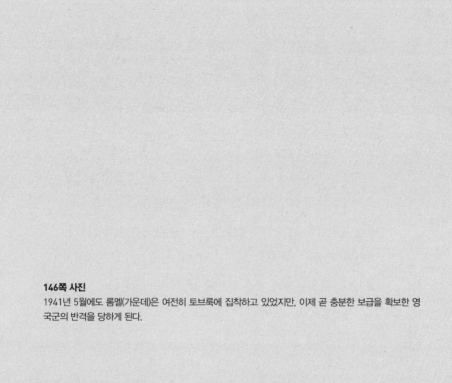

146쪽 사진
1941년 5월에도 롬멜(가운데)은 여전히 토브룩에 집착하고 있었지만, 이제 곧 충분한 보급을 확보한 영국군의 반격을 당하게 된다.

● 롬멜은 줄곧 빛나는 승리를 이끌어왔다. 그러나 준비가 덜 된 상태에서는 제대로 된 공격을 행할 수 없으며, 그럴 경우 임시변통과 즉흥적인 지휘관의 능력에 너무 큰 비중을 두고 과도한 요구를 하게 된다는 것이 롬멜의 주장이었다. 그런 롬멜도 휘하 장교들이 전차와 차량의 급유와 수리에 너무 많은 시간을 낭비하는 것에는 분노했다. 이에 대해 롬멜을 비난하는 사람들은 실전 상황에서 중요한 것은 지휘관의 지능이 아니라 추진력과 결단이라는 점을 간과한 듯하다. 언제나 고삐를 쥔 채 공세를 유지하고 있어야 한다고 생각했던 롬멜은, 따라서 첫 번째 공격 때 휘하 지휘관에게 내린 명령이 절대 비현실적이라고 생각하지 않았다.[1] 불행하게도 독일 최고사령부에게 있어 북아프리카 전선은 지엽적인 문제에 불과했지만, 롬멜은 지중해 전선의 주력은 발칸이 아니라 아프리카 전선이라고 믿었다. 크레타 섬의 격렬한 전투에 퍼부어진 자원이 롬멜에게 제공되었다면 과연 어땠을까?[2]

제1차 헬파이어 전투

토브룩에 대한 집착은 심각한 실책이었다. 그 집착이 흩어진 영국군을 모아 반격을 준비할 수 있도록 했던 것이다. 보급과 병력과 전차가 좀 더 확보되면 반격을 하기로 결심한 웨이벌 장군은 5월 초 '브레비티Brevity'라는 새로운 계획을 들고 나왔다. 이 작전은 롬멜을 뒤로 밀어붙이고 솔룸과 카푸초Capuzzo 항에 있는 독일군 거점을 공격하여 토브룩을 해방시키는 것을 목표로 하고 있었다.[3] 5월 12일, 타이거 수송선단Tiger Convoy(15노트짜리 군용 수송선 5대로 구성된 선단. 처칠의 명령으로 독일 공군과 잠수함이 장악하

▲ 영국군의 브레비티 작전의 목표는 솔룸과 카푸초 요새의 독일군을 공격하여 롬멜을 몰아내고 토브룩을 지켜내는 것이었다.

고 있는 지중해를 직접 통과하여 무기와 물자를 수송함. 수송선 한 대는 기뢰에 걸려 전차 57대와 비행기 10대를 실은 채 침몰했다. 작전명 타이거-옮긴이)이 이전의 서부 사막군인 제8군을 위한 결정적인 보급품을 싣고 알렉산드리아에 도착했다. 보급품은 마틸다 전차 135대와 크루세이더Crusader 전차 82대, 그리고 경전차 21대 등이었다. 크루세이더는 기능이 뛰어나고 속도도 빨랐지만, 전쟁 초기의 다른 병기들과 마찬가지로 화력이 약하고 기계적 신뢰성이 떨어졌다.[4]

4월 25일 헤르프Herff 대령은 영국군이 붙인 헬파이어Hellfire, 즉 지옥의 불이라는 별명으로 더 잘 알려진 할파야 협로Halfaya Pass를 점령했고, 그동안 롬멜은 토브룩 전선으로부터 독일 아프리카군단을 빼내 솔룸 주위에 부대를 집결시켰다. 이는 할더가 직접 내린 명령이었다. 할더는 사상자 수를 지나치게 우려하여 포위전을 이탈리아군에게 넘기고 싶어했다. 한편 웨이벌은 제7기갑사단의 지휘권을 '신사 고트'라는 별명으로 불린 스

▲ 헬파이어 협로에서 처음으로 실전 배치된 영국의 크루세이더 전차는 전장에서 너무 쉽게 고장이 나면서 놀라움과 실망을 동시에 안겨주었다.

트라퍼 고트[Straffer Gott] 준장에게 넘겼고, 선봉인 제4근위전차연대는 마틸다 전차를 장비하고 있었다. 제4근위전차연대와 제32근위여단은 5월 14일 헬파이어 협로를 공격했다. 카푸초 항의 수비대를 교체해서 들어간 이탈리아군 사수들은 완강하게 저항했다. 그러나 이어서 더럼[Durham] 경보병대까지 공격을 개시하자 맹렬한 전투 끝에 마침내 카푸초는 함락되고 말았다. 롬멜은 악화되어가는 전황을 보고 비로소 심각하게 걱정하기 시작했다. 이 상황을 영국군의 전면적인 공세의 전조로 판단했던 것이다.[5]

헬파이어 협로에서의 헤르프의 손실을 염려한 롬멜은 무너져가는 전선을 강화하기 위해 제8기갑연대의 크라머[Cramer] 중령과 활용이 쉬운 88밀리 고사포를 보냈다. 헤르프는 카푸초를 탈환하려 애썼으나 오히려 영국군에게 해안을 습격당해 100명의 병사가 나포되고 말았다. 더구나 영국군은 곧 이 지역을 공격할 것이라고 독일군이 오인하게 만들었다. 그러나 롬멜이 더 신경을 쓰고 있는 것은 협로 쪽이었다. 협로가 영국군의 수

▲ 1941년 5월 독일 아프리카군단의 장교들. 오른쪽의 장교를 보아 방금 전투를 치른 것 같다.

중에 들어가면 웨이벌은 이를 토브룩을 해방시키고 더 나아가 키레나이 카를 탈환하는 데 이용할 것이다. 고트는 병력을 후퇴시켰으나 협로의 수 비를 위해 제3왕실근위대를 남겨두고 있었다. 이 협로를 매우 중요하게 본 롬멜은 5월 26일 헤르프에게 160대의 전차를 주고 협로를 탈환하라 고 명령했다. 독일군의 계획은 간단했다. 바흐Bach의 경보병연대가 협로의 서쪽에서 정면공격을 가하는 동안 크라머는 협로 아래쪽과 남쪽에서 공 격한다는 작전이었다. 따라서 왕실근위대는 제때 후퇴하지 않으면 바로 포위될 것이다. 왕실근위대가 전멸하게 놔둘 생각은 없었기 때문에 고트 는 철수 명령을 내렸다. 영국군은 이어진 소규모 전투에서 6대의 전차와 대포, 그리고 150명의 병사를 잃었다. 다시 한 번 자신의 군사적 우월성 을 영국군에게 보여준 롬멜은 이제 자유롭게 88밀리 포로 보강된 지뢰지 대로 리비아 국경을 강화하고 요새화할 수 있게 되었다.[6]

제2차 헬파이어 전투

롬멜은 곧 영국군이 공격할 것이라고 확신하고 있었다. 그것은 옳았지만 공격은 몇 주 뒤에 시작되었다. 1941년 5월에 웨이벌은 롬멜보다 더 절박한 문제들에 시달리고 있었다. 친나치 성향의 이라크군이 바그다드를 장악하는 바람에 영국군 공군기지와 유전이 위협받고 있는 데다 시리아의 비시 프랑스군이 위험한 친독일 성향을 보이고 있어서 무력을 동원하는 방법으로 처리할 수밖에 없게 되었다.[7]

타이거 콘보이의 도착으로 영국군 기갑부대가 강화되면서 웨이벌은 성공의 희망을 가지고 다음 공격을 준비할 수 있게 되었다. 그의 새로운 계획 '배틀액스 작전Operation Battleaxe'은 매우 야심 찬 작전이었다. 토브룩을 해방시키는 데 그치지 않고 롬멜을 완전히 무너뜨리고 싶었던 웨이벌은 롬멜이 그의 병력을 토브룩으로 이동시키기 전에 국경에서 독일 아프리카 군단을 격멸하려 했다. 롬멜이 토브룩 전선에서는 2만 5,000명의 병력과 200대의 전차를, 그리고 국경을 따라서는 1만 3,000명의 병력과 100대의 전차를 보유하고 있다고 웨이벌은 예상하고 있었다.[8] 사실 롬멜은 6월 중순까지 200대의 전차를 갖추고 솔룸 지역을 강화한 상태로, 이 지역은 헬파이어 협로와 하피드 능선Hafid Ridge의 전투지역을 포함하고 있었다. 롬멜은 제15기갑사단을 국경에, 제5경사단을 토브룩 외곽에 배치했다.

300대의 전차를 가진 웨이벌은 초반의 전투에서 170대의 전차를 가진 롬멜에 비해 상당한 수적 우위를 점하고 있었다. 이는 다른 무기가 개입되지 않은 전차만의 전투를 원하는 영국군에게 유리한 상황이었다. 그러나 독일군은 포대와 보병이 전차를 지원하는 방식으로 전투를 진행했기 때문에 이는 곧 치명적인 실수임이 드러나고 말았다. 전차 전력의 차

▲ 1941년 중반 독일군 제5경사단의 전차와 병사, 그리고 병사 수송 장갑차.

▲ 롬멜의 제5경사단이 보유한 4륜구동차. 1941년 할파야 지역이다.

이는 롬멜이 88밀리 포를 능란하게 사용할 더 좋은 기회가 될 수 있었다. 그것이 바로 롬멜의 대전차 전술에 있어 가장 비밀스럽고 결정적인 요소였다.[9]

사막의 여왕 마틸다를 관통하다

6월 15일 새벽 영국군은 헬파이어 협로에서 세 갈래로 공격을 시작했다. 협로에는 롬멜이 잘 위장된 88밀리 포를 배치해놓고 있었다. 카메론 하이랜더Cameron Highlanders 연대의 지원을 받은 제4왕립전차연대의 C편대는 이 포대의 사격을 받고 산산조각이 났다. 10시경 편대에는 단 2대의 전차만이 남았고 하이랜더 연대는 독일군 보병의 반격을 받고 퇴각했다. 한편 제7왕립전차연대는 전투 개시 몇 시간 만에 연기 나는 폐허로 변해버린 카푸초를 점령했고, 신형 크루세이더 전차로 무장한 제7기갑여단 역시 공격을 가했다. 독일군에게 이 신형 전차에 대한 보안을 유지하기 위해서 A9와 A10 전차를 장비한 제2왕립기갑연대가 전투의 선봉에 나섰는데, 연대는 크루세이더 전차가 후위를 유지하는 동안 독일군의 남쪽 측면을 때리는 것이 목적이었다. 그러나 하피드 능선을 공격하는 동안 제2왕립기갑연대는 2대를 제외한 모든 전차를 잃고 말았다.[10]

  헬파이어 협로에서는 마틸다 전차가 88밀리 포에 얻어맞았다. 포탄은 마틸다의 두꺼운 장갑을 손쉽게 관통했고, 이제 사막의 여왕이라는 마틸다 전차의 명성은 끝이 나고 말았다. 지도의 206 포인트 지점에서는 크루세이더와 맞붙은 독일 보병과 대전차포병 간에 치열한 전투가 벌어졌다.[11] 크루세이더는 기계적 결함 때문에 멈춰버리기 일쑤였고 더구나 포격을 맞으면 화재에도 아주 취약했다. 제6왕립기갑연대는 독일군 3호 전차, 그리고 위력이 더 센 75밀리 포를 장비한 4호 전차와 교전하면서 17대의 크루세이더를 잃고 말았다. 크루세이더의 이런 실패는 전차병들이 전투에 투입되기 전에 전차에 대한 훈련을 충분히 받지 않았던 것에 그 원인이 있었다. 첫날 교전에서 거의 손실이 없었던 롬멜의 기갑부대는 토브룩에서 온 대전차포와 제5경사단으로 병력을 더 충원했다.[12]

'끈질긴 친구들'의 통신을 낚아채다

이 무렵 영국군은 전선을 따라 드문드문 옹색하게 배치된 단 100대의 전차만을 보유하고 있었다. 전차 지휘관인 노엘 베레스포드 피어스Noel Beresford-Peirse 중장은 시간을 벌기 위해서 현지에서 전차를 수리하라고 명령하여 사태를 더욱 악화시키고 말았다. 시간을 벌 수는 있었지만 전차와 수리 요원들은 여기저기 쑤시고 다니는 지독한 독일군 순찰대에게 손쉬운 목표가 되고 말았던 것이다. 롬멜은 영국군보다 많은 전차 전력과 훨씬 더 많은 휴식을 취한 전차병들과 함께 6월 16일 아침을 맞았다. 더구나 롬멜은 영국군의 부주의한 통신 습관 덕에 이 '끈질긴 친구들'이 무엇을 하려는지에 대해서도 완전히 파악하고 있었다. 내용은 번역되어 신속하게 독일군 본부로 송신되었고,[13] 이제 롬멜은 적의 모든 움직임을 예견할 수 있게 되었다.

크리그Creagh 장군은 제7기갑사단으로 하여금 야포 지원을 받는 제4기갑여단을 선봉으로 세워 하피드 능선을 다시 한 번 치도록 결정했다. 제4기갑여단에는 마틸다 전차를 붙였다. 그리고 제7기갑여단은 제4기갑여단을 지원하거나, 시디 오마르 주변 영국군 전선의 측면을 포위하려는 독일군 전차를 막도록 했다. 그러나 불행하게도 롬멜이 선제공격을 감행함으로써 영국군의 이 모든 계획은 쓸모없게 되어버렸다. 독일군 제15기갑사단은 카푸초를 공격했고, 제5경사단은 제4인도사단을 고립시키기 위해 영국군의 왼쪽을 포위했다. 제4인도사단의 지휘관인 메서비^{Messervy} 장군은 제4기갑여단만으로 카푸초의 수비를 유지하라는 명령을 받았다.[14] 이어서 시디 오마르와 카푸초 사이에서 벌어진 치열한 전차전에서 영국의 제4기갑여단은 독일의 제5경사단과의 5시간 반에 걸친 전투에서 전차 80대 중 50대를 잃는 손실을 입었다. 그러나 어쨌든 시디 오마르에 대한 독일군의 전차 공격은 저지되었다.[15]

압승

그날 밤, 롬멜은 당황하여 흥분해 있는 영국군의 통신 내용을 바탕으로 적이 완전히 혼란에 빠져 있음을 확인했다. 롬멜 부대의 감청요원은 크리그가 베레스포드 피어스에게 전선으로 와달라고 하는 메시지를 입수했고, 이를 보고받은 롬멜은 자신의 직감을 확신했다. 크리그는 상황을 통제할 능력을 상실한 것 같았다. 그리하여 모든 전차들을 영국군 제7기갑사단의 왼쪽 측면에 쏟아넣기로 작전을 세운 롬멜은 전차들과 함께 북쪽으로 이동하여 시디 오마르를 점령하고 영국군 기갑사단을 향해 진격했다. 궁지에 몰린 영국군은 이제 달아날 구멍을 찾아야 할 지경이 되었다. 협로의 서쪽으로 영국군을 몰아 가두려던 롬멜의 계획은 대성공이었다. 롬멜의 압승이었다. 그나마 알렉 게이트하우스^{Alec Gatehouse} 준장의 제4기갑

여단 마틸다 전차들이 후위를 막아준 덕분에 영국군의 퇴각은 완전한 패주에서 벗어날 수 있었다.[16]

대공포를 대전차용으로 활용하다

전투가 끝나자 영국군은 침울해졌다. 이번 전투에서 영국은 보유 전차의 절반과 병력 900명을 잃었다. 이에 비해 롬멜은 전차 25대와 병사 700명을 잃었다.[17] 패배의 주요한 원인은 영국군이 전차를 다른 병력과 분리해서 운용했기 때문으로, 그로 인해 영국군의 군사적 역량은 상당히 약화되었다. 전차연대와 군의 다른 부대 간의 부실한 협력 관계는 많은 영연방국가 부대의 합류로 더욱 악화되고 말았다. 게다가 영국군 지휘관들에게는 의견 통합이 되지 않은 채 전투를 수행하는 한심하고 치명적인 습관도 있었다.[18] 그러나 더 결정적인 원인은 원래 대공포로 만든 육중한

▼ 헬파이어 협로에서 포획된 영국군 포로들. 헬파이어 전투가 끝난 후 영국군의 분위기는 침울해진 반면, 롬멜의 부대는 사기가 올랐다. 이 전투에서 영국군은 보유 전차 절반과 병력 900명을 잃었다.

▲ 롬멜이 가진 비장의 무기 88밀리 대공포. 영국군의 전차를 격파하는 데 상당히 효과적이었다.

88밀리 포를 롬멜이 그렇게 유용하게 사용할 것이라고는 미처 예상치 못했다는 점이었다. 또 영국군 전차들과 보병은 눈에 띄지 않게 잘 숨겨진 50밀리 대전차포의 공격을 받으면서, 이 모든 화포가 독일군 전차에서 발사된 것으로 믿고 있었다. 이렇게 영국군이 적의 전차 전력을 과대평가하면서 부대의 사기는 급격히 저하되고 말았다.[19]

이렇게 되면서 88밀리 포 역시 롬멜 장군처럼 위험한 매력을 지닌 놀라운 무기라는 명성을 얻게 되었다. 나포된 영국군 대위는 독일군에게 88밀리 포로 자신들을 상대하는 것은 불공평하다고 말했고, 독일군은 영국군 전차의 장갑이 너무 두꺼워서 88밀리 포를 사용해야 한다고 유쾌하게 대답했다. 이 일화를 증언한 롬멜의 운전병 슈미트는 마치 축구경기를 마친 후의 학생들 모임처럼 전체 분위기가 우스꽝스러웠다고 전했다.[20]

부대원들 사이에서 영웅으로 추앙받게 된 롬멜은 훌륭하게 싸우며 전투의 포화 속에서 보기 힘든 배짱과 결의를 보여준 휘하의 독일군과 이탈리아군을 위로하고 치하했다.[21] 그러나 영국군은 병사들의 용맹함과 강인함 외에는 내세울 만한 것이 없었다. 슈미트에 따르면 독일 아프리카군단의 퇴역군인들은 대부분 이 배틀액스에 대해서는 기억조차 못 하고 있다고 했지만,[22] 그것이 영국군 작전 방식의 취약점을 모두 드러내는 작전이었다고 결론 내리는 역사가도 있다. "북아프리카 전역의 이야기가 알려지면 영국군의 미숙함은 독일군의 전문성과 분명하게 대조를 이루게 될 것이다. 당시의 전역에서 롬멜의 부대는 변화하는 사막전의 환경에 적응하기 위해서 서로간 긴밀한 협력 하에 새로운 전술을 고안해내는 놀라운 감각을 보여주었다. 롬멜은 단독결정권을 가지고 군대를 이끌 수 있는 지휘관의 이점을 보여주었고, 영국군이 그와 같은 절대적인 지휘관을 찾아내기 전까지 이런 현상은 계속될 수밖에 없었다."[23]

처칠의 위협에 들볶이고 회유당한 웨이벌은 6월 21일 마침내 지휘권을 빼앗겼다. 그리고 아시아로 배속되어 인도와 극동의 새로운 영국군을 지휘하는 사령관이 되었다.[24] 처칠은 딱딱하고 말수 적은 웨이벌을 신뢰하지 않았다. 지적이고 뛰어난 이 군인에 대한 처칠의 낮은 평가는 그러나 롬멜의 평가와는 사뭇 달랐다. 롬멜은 뛰어난 전략 기획력과 전략적 감각, 그리고 절제된 용기를 겸비하고 있는 웨이벌을 다른 영국군 지휘자들보다 몇 수 위의 존재라고 생각하고 있었다. 롬멜은 크루세이더와 같은 성능이 떨어지는 전차와 휘하 장교의 실수들 때문에 빛을 보지 못한 웨이벌의 간결하고 명쾌한 작전에 찬사를 보냈다.[25]

▼ 1941년 사막의 전장을 누비는 롬멜의 아프리카군단 병사들. 뒤로 연기에 휩싸인 영국군의 전차가 보인다.

병사는 배가 불러야 진군한다

뛰어난 장비와 훌륭한 퍼레이드로 이름난 독일 아프리카군단의 고참병들은 곧 좀 더 실용적인 외관을 받아들이게 되었다. 그들의 튜닉 재킷과 머리카락은 사정없는 뙤약볕 때문에 금방 희게 바랬다. 부대원들은 대부분의 시간을 재킷을 입지 않고 돌아다녔다. 이런 것은 본국에서는 들어본 적조차 없는 일로, 독일군에게는 있을 수 없는 일이었다. 반바지를 선호할 수밖에 없었으니 자연히 긴바지는 버림받았고, 악명 높은 독일군의 긴 장화 대신 독일 아프리카군단은 부드럽고 가볍고 실용적인 편상화에 무릎까지 올라오는 녹색 스타킹을 신었다. 텐트에서 기거하는 부대원들은 텐트의 고정과 위장을 위해 측면과 위쪽에 모래를 덮어야만 했다. 낮 시간에는 정말로 달걀이 부화하기에 딱 좋았다.[26]

사방에 위험과 골칫거리가 널려 있었다고 랄프 링글러^{Ralph Ringler} 중위는 증언했다. 매일 아침 병사들은 신발 속에 기어들어가는 습성이 있는 전갈과 함께 장화에서 모래를 털어내야 했다. 잘못하면 전갈의 독침에 쏘여 죽을 수도 있었다. 또 순진하게 수조나 우물의 물로 빨래하는 사람을 성가시게 하는 거머리도 있었다. 그리고 피 빨아먹는 벌레들을 막기 위해 밤마다 모기장을 세워야 했다. 모기들은 해안의 사막지대에 산재한 부패한 소금호수와 소금늪에 수백만 마리씩 번식하고 있었다. 바다와 인접해서 유일하게 좋은 점은 아침마다 지중해의 차갑고 맑은 소금물로 몸을 씻을 수 있다는 것이었다.[27] 부대원들에게는 다음과 같은 지침이 떨어졌다. "튼튼한 신발을 신고, 맨발로는 절대로 모래밭에 가지 마라. 뿔뱀(북아프리카산 독사-옮긴이)이나 독이 있는 뱀에 물리면 즉시 혈행이 멎도록 동여매고 상처 부위를 물로 씻어내 독이 피와 함께 흘러나오게 한다. 전갈의 독침에 찔리면 즉시 동여맨 후 상처 부위를 칼로 찢어 독을 빨아낸다. 유일한 해독제는 혈청주사다. 가능하다면 추가 의료 지원을 받아라."[28]

위대한 나폴레옹이 말하길 "병사는 배가 불러야 진군한다"고 했다. 그 말은 진리다. 여자도 없고 술도 없고 오락거리도 없는 사막에서 병사들의 유일한 즐거움은 음식이었다. 그러나 독일군은 그들의 맛없고 단조로운 식단에 심하게 불평했다. 부대원들은 기름에 절인 정어리와 '비어부르스트^{Bierwurst}'라는 커다란 통조림 소시지, 그리고 독일군 사이에서 '늙다리^{Alter Mann}' 또는 '멍청한 무솔리니^{Asinus Mussolini}'라고 불리는 것을 먹었다.[29] '멍청한 무솔리니'는 이탈리아어 AM이라는 이니셜이 찍힌 작고 둥근 깡통에 들어 있는 질기고 힘줄투성이인 쇠고기였다.[30] 식단이 이렇게 단조롭고 우울한 형편이니, 독일군이 언제나 영국군 보급품 더미를 훔치고 습격할 기회를 노린 것은 이상한 일이 아니었다. 1942년에 토브룩을 함락했을 때 독일군은 남아프리카산 파인애플, 아일랜드산 감자, 쇠고기 통조림, 영국산 돼지고기 소시지, 담배와 튀긴 감자 같은 일찍이 들어본 적도 없는 진수성찬으로 가득 찬 육·해·공군 후생기관 NAAFI^{Navy, Army and Air Force Institutes}의 주방을 발견하고 환호했다. '멍청한 무솔리니'를 먹던 독일군에게는 심지어 오스트레일리아산 쇠고기 통조림조차도 호화스런 별미로 느껴졌던 것이다.[31] '지독한 통조림 고기'에 지쳐 있던 오스트레일리아군이 들었다면 기절할 일이었을 것이다.

신선하고 깨끗한 물을 확보하는 것은 지속적인 골칫거리였다. 다행히 그들의 적과는 달리 독일군은 제리캔jerry can을 고안해내서 적절하게 잘 활용했고, 영국군은 제리캔을 훔쳐가거나 자기 식대로 복제품을 만들어 사용했다. 튼튼하게 잘 만들어진 금속용기 제리캔은 전선으로 휘발유와 물을 운반하는 납작한 네모난 통이었다. 사막의 열기로 계속 땀을 흘리기 때문에 병사들은 물을 많이 섭취해야 했다. 마시지 않고 남겨두거나 통속으로 다시 뱉어놓은 물은 나중에 면도를 하거나 세면을 할 때 사용했다. 그나마 부족한 물과 비누 대신에 부대원들은 모래로 옷을 문질러 닦거나 소량의 휘발유로 벌레와 해충을 막았다. 휘발유 역시 귀하기는 마찬가지였다. 사치를 좋아하는 이탈리아 장교들이나 휘하의 몇몇 독일군 장교와는 달리 롬멜은 부대원들과 고락을 함께했다. 그는 부대원들과 동일한 환경에서 먹고 자고 생활했다. 이는 그 자신의 선택이기도 했고, 한편으로 신중하게 고려한 정책적 행동이기도 했다. 롬멜은 물질적인 풍요에 무관심했고 그런 쪽으로는 한결같이 검소했다. 그리고 대개 사람들이 필수적이라고 생각하는 안락함을 그다지 필요로 하지 않는 편이었다. 편안한 막사에서 좋은 음식을 먹으면서 지내는 것보다 적게 먹고 검소한 야전침대에서 생활하면서 건강을 지키는 편이 육체적으로나 정신적으로

◀ 병사들은 마시지 않고 남겨두거나 통 속에 다시 뱉어놓은 물로 면도와 세면을 했고, 세탁은 물 대신 모래로 했다.

◀ 지역주민들 사이로 제15기갑사단 병력의 모습이 보인다. 독일군은 바퀴형 장갑차가 사막의 급경사나 모래사구를 횡단하기 어렵다는 것을 곧 알게 되었다.

더 좋은 상태를 유지할 수 있게 해준다고 롬멜은 믿고 있었다. 이런 견해
는 이탈리아 최고사령부와는 차이가 좀 있었지만, 그의 지위에서 보면 영
리한 리더십 방법이기도 했다. 부하들과 함께 여러 가지 다양한 고통을
나누면서 롬멜은 자신이 하고 싶지 않은 상황을 부대원들에게 감수하라
고 요구하지 않았다. 그것이 부대원들의 사기를 진작시킨다는 것을 그는
잘 알고 있었다. 부대원들이 롬멜에 대해 엄청난 존경심을 갖게 된 것은,
그가 병사나 휘하 장교들보다 상당히 나이가 많으면서도 사막전의 혹독
한 환경을 기꺼이 견뎌냈다는 데서도 상당 부분 이유를 찾을 수 있었다.
그것은 의심할 여지 없는 사실이었다.

▲ 보급 문제로 끊임없이 어려움을 겪어야 했던 롬멜에게는 물보다 연료가 훨씬 더 중요했다.
사진은 연료저장소에 독일군의 제리캔이 쌓여 있는 모습.

롬멜은 지긋지긋한 빈대를 잡기 위해 종종 매트리스와 이불을 걷어낸 다음 철제 침대틀에 휘발유를 붓고 불을 붙이곤 했다.[32] 위장병으로 고생 하던 사람에게는 힘든 일이었겠지만, 롬멜은 부대원들이 먹는 음식을 같 이 먹었다. 1941년 10월 6일, 롬멜은 그날 먹은 닭이 람세스 2세의 닭장 에서 가져온 것이 틀림없다고 불평했다. 닭이 너무 늙고 형편없어서 무려 6시간 동안 조리했는데도 먹기가 곤란했다는 것이었다.[33]

힘차고 사납게 파리채를 휘두르며 긴장을 풀던 롬멜은 이동본부가 바 다 근처에 있을 때는 참모들과 함께 수영을 즐겼다. 그러나 롬멜이 가 장 좋아하는 오락은 바쁜 작전 중 시간이 날 때 가젤 사냥을 가는 것이었 다.[34] 롬멜에게 사냥은 휴식이고 운동이면서 동시에 실전을 위한 전투 기 술의 연마이기도 했다. 사냥감을 쫓고 있는 한 그것이 가젤이든 영국군이 든 롬멜에게는 사실 별로 중요하지 않았다.

영국, 북아프리카로 힘을 모으다

사막에서의 교착상태는 오래가지 않을 것이 분명했다. 머지않아 선제공 격을 가할 만큼 대담하고 강한 쪽에 의해 교착상태는 붕괴될 것이다. 누 구보다도 이런 사실을 잘 알고 있던 롬멜은 영국군이 곧 행동에 돌입하 려 한다는 것도 예감하고 있었다. 스탈린의 소련은 극심한 곤경에 처해 있었고, 영국은 소련을 도와주어야 할 의무가 있었다. 그러나 독일이 프 랑스를 점령하고 있는 상황에서 유럽 대륙에 상륙하는 것은 대단한 모험 이었기 때문에, 결국 영국에게 남은 단 하나의 공격 대상은 북아프리카였 던 것이다.[35]

롬멜의 계산은 정확했다. 그러나 롬멜도 독일에 대해 영국이 집중하는 단 하나의 전선이 북아프리카라는 것까지는 깨닫지 못했다. 이것은 영국군에게는 대단한 이점이었다. 영국군은 단일 전선에 그들의 모든 주의를 집중할 수 있었고, 그렇기 때문에 독일 아프리카군단과는 달리 제8군에 전폭적인 지원을 할 수 있었다. 그러나 히틀러의 모든 관심은 동부전선에 있었고, 그곳의 상황은 독일에게 끔찍하게 돌아가고 있었다. 이런 여러 정황들이 롬멜이 사막전에서 승기를 잡는 데 나쁜 영향을 줄 수밖에 없었다. 더구나 영국군이 희망봉을 경유해서 비교적 안전하게 보급품과 보충 병력을 운반한 데 비해 롬멜의 보급로는 더 짧기는 했으나 몰타^{Malta}에서 출격하는 영국 공군의 공격에 그대로 노출되어 있었다.[36]

새로운 사령관과 새로운 병기들

영국군과 달리 롬멜은 병사와 전차, 식량의 보급이 감소되고 있는 문제에 직면해 있었다. 그중 최악은 전차의 수가 눈에 띄게 줄어드는 데다가 전차의 성능도 좋지 않다는 점이었다. 롬멜은 대부분이 3호 전차인 약 174대의 독일 전차와 164대의 구식 이탈리아 전차를 보유하고 있었다.[37] 속도가 느릴 뿐 아니라 화력도 약하고 힘도 부족했으며 얇은 장갑을 장착한 이탈리아 전차들은 1930년대에 보병의 지원병기로 생산되어 현대전에 전혀 적합하지 않았다. 이에 반해 독일의 3호 전차는 어떤 이탈리아 전차에 비해서도 월등히 뛰어났으나, 더 강력하고 육중한 4호 전차보다는 성능이 떨어졌다. 이 훌륭한 병기들이 동부전선으로 실려가는 동안, 롬멜은 한 줌도 안 되는 4호 전차를 활용하여 영국군에게 결정적인 타격을 가했던 것이다.

▲ 1941년 롬멜이 보유한 전차는 대부분 3호 전차였다. 4호 전차는 3호 전차보다 중량이나 위력 면에서 앞섰지만 보유 대수가 너무 적었다.

　그러나 이것이 전부가 아니었다. 공중전에 있어서도 독일군은 700대의 군용기를 모을 수 있었던 영국의 사막공군에게 수적인 면에서 완전히 압도당하고 있었다. 이런 영국 공군에 맞서 롬멜은 겨우 320대의 군용기를 보유하고 있었는데, 그중 대부분을 차지하고 있던 느리고 낡은 슈투카로는 근접공중전에서 영국 전투기 스핏파이어와 호커 허리케인Hawker Hurricane을 상대할 수 없었다.

모두 합해서 이탈리아군 6개 사단과 독일군 3개 사단을 보유하고 있던 롬멜은, 3호 전차를 더 보급 받고서야 제5경사단을 제21기갑사단으로 재편할 수 있었다.[38]

반면 영국 제8군은 병력과 장비를 풍족하게 지원받았다. 웨이벌 장군 후임으로 중동지구 총사령관에 부임한 오친렉Claude Auchinleck 장군은 15만 명의 병력과 3개 기갑사단으로 이루어진 강력한 공격군을 보유하고 있었다.[39] 여기에는 700대의 전차와 함께 수리 중이거나 전선으로 이동 중인 500대 이상의 전차도 포함되어 있었다.[40] 영국군 전차의 성능은 물론 더 나아졌다. A10 전차의 발전형인 발렌타인Valentine은 포탑에 빈약한 2파운드(40밀리) 포로 무장하고 있었는데, 이 별로 대단치 않은 발렌타인을 대체하기 위해 당시까지 살짝 중립을 취하고 있던 미국이 비공식 동맹 영국에게 스튜어트Stuart 경전차를 지원했던 것이다. 영국군에게 '이쁜이'로 통했던 이 스튜어트는 시속 58킬로미터의 최고속도와 고속의 37밀리 포를 장비하여, 독일의 3호 전차와 견줄 만큼 빠르고 강력한 전차였다. 이런 인상적인 병기들과 37밀리 대전차포의 대량 보급이 10월 내내 북아프리카에 줄을 잇고 있었다.[41]

▼ 영국 공군은 스핏파이어(사진)와 허리케인 전투기로 사막의 제공권을 완전히 장악했다.
이에 대적한 독일의 슈투카는 느리고 낡아 공중전에서 영국 사막공군의 상대가 되지 않았다.

영국군은 가용 병력에서 확실한 수적 우위를 차지하고 있었고, 처칠은 지위에 걸맞은 공훈을 세우라고 오친렉을 압박하고 있었다. 처칠이 답답한 지휘 방식으로 소문난 오친렉의 전임자를 해임할 때처럼, 새로운 중동 최고사령관 역시 영국 정부로부터 롬멜을 무너뜨리는 임무에 착수하라는 심한 압력을 받았고, 그 압력은 점점 더 커져만 갔다. 그러나 오친렉은 처칠이나 어느 누구의 재촉에도 서두르지 않았다. 병사들과 병기의 준비가 아직 끝나지 않았고, 사막전의 지독한 환경에 적응할 시간을 충분히 갖지 못했던 것이었다.

자신과 부대가 공격 준비가 될 때까지 그리고 제8군을 지휘할 적임자를 찾기 전까지 움직이지 않던 오친렉은,[42] 이탈리아령 동아프리카의 정복자인 앨런 커닝엄Alan Cunningham 중장을 보고는 마침내 적임자를 찾았다고 생각했다.[43] 고립되고 지휘가 제대로 이루어지지 않고 있던 무솔리니의 병력을 상대로 에티오피아에서는 큰 전과를 거두긴 했지만, 커닝엄은 전차와 신속하고 기계화된 현대전의 지휘 경험이 부족했기 때문에 사실 이상적인 인물은 아니었다. 그러나 커닝엄은 훌륭한 부대들을 지휘하고 있었다. 그는 휘하에 육군 2개 군단을 두고 있었는데, 고드윈 오스틴Godwin-Austen 중장의 제13군단과 노리Norrie 중장의 제30군단이 바로 그것이었다. 독일 아프리카군단과 상대하는 제8군의 핵심은 기갑부대였으며, 특히 3개 기갑여단은 모두가 롬멜의 어느 기갑사단보다 훨씬 더 많은 전차 전력을 보유하고 있었다. 제4기갑여단은 166대, 제7기갑여단은 129대, 제22기갑여단은 158대의 전차를 보유하고 있었다.[44]

모방이라는 무섭고도 단순한 작전

오친렉의 공격 계획은 무섭도록 단순했다. 오친렉의 병사들과 휘하 지휘
관들이 좀 더 경험이 있었더라면, 그리고 지휘관들이 좀 더 대담했다면
작전은 성공할 수 있었을 것이다. 오친렉은 롬멜의 교범에서 한 구절을
빌려왔다. 고드윈 오스틴의 제13군이 토브룩을 포위하고 있는 추축군 병
력에 간헐적으로 위협을 가하면서 독일군을 국경에 묶어놓는 동안, 제30
군은 사막을 지나서 남쪽으로 측면공격을 가할 예정이었다. 그렇게 제30
군은 독일 아프리카군단의 허를 찔러서 독일군을 키레나이카 동부에서
몰아낼 계획이었다.[45] 계획의 단순함은 작전의 강점이면서 한편으로 약점
이기도 했다. 롬멜이 자기 자신이 사용하던 전술을 알아채지 못할 것이라
고 영국군이 생각했다는 것은 믿을 수 없는 일이다. 그러나 실제로 그런

▼ 1941년 11월 크루세이더 작전 직전의 독일 아프리카군단 병사들. 이 작전에서 영국은 롬멜의 전술을
빌려 롬멜 부대를 공격하려 했다.

일이 발생했으며, 작전은 실패하고 말았다.

처음에 롬멜은 토브룩을 점령하고자 하는 위험한 집착에 사로잡혀 있었다. 영국군을 과소평가하면서 그들의 준비를 알아채지 못했던 것이다.[46] 롬멜은 보급 상황을 걱정하면서 한편으로 영국군 전선과 토브룩의 연합군 수비대 사이에서 꼼짝 못 하게 되는 것만을 우려하고 있었다. 영국군이 자신의 전선에 대해 전면적인 공세를 펼칠 만큼 대담하지는 않다고 생각했던 것이다.[47] 그러나 영국군은 롬멜의 전술만 취한 것이 아니라, 그의 영리한 위장과 은폐술까지 모방했다. 공격 직전의 심한 모래폭풍이 이런 작전에 도움을 주었고, 독일군은 이 때문에 필수적인 공중 정찰을 보내지 않았다.[48]

▼ 크루세이더 작전 전의 롬멜(왼쪽). 롬멜은 전차와 항공기를 훨씬 더 많이 보유한 적과의 싸움을 앞두고 있었다.

▲ 전선을 시찰 중인 고트 장군(오른쪽). 그의 제7기갑사단은 제8군의 기갑부대 가운데 가장 유명한 부대로 크루세이더 작전의 선봉에 섰다.

11월 18일 오전 6시 마침내 영국군의 공세가 시작되었다. 450대의 전차를 보유한 고트 소장의 제7기갑사단이 선봉을 맡아, 제8군의 기갑부대 중 가장 명성이 높은 기갑사단답게 추축군의 방어선에 맹공을 퍼부었다. 그동안 다소 소홀했던 본부로 돌아온 롬멜은 이번 공격은 그저 영국군의 기만전술일 뿐이라고 말했지만, 독일 아프리카군단의 새로운 지휘관인 루트비히 크뤼벨$^{Ludwig\ Crüwell}$ 장군의 판단은 달랐다. 그는 영국군이 진짜로 공격하고 있으며, 이는 독일 아프리카군단을 분쇄하려는 전면적인 공세라고 롬멜을 설득했다. 오후가 되자 영국군은 추축국 방어선 안쪽으로 깊고 맹렬하게 치고 들어오면서 초반의 목표를 달성했다.[49]

다음날 내내 전투는 거침없이 맹렬하게 달아올랐다. 그리고 11월 20일 아침, 예전의 자신으로 돌아온 롬멜은 결정적인 병기 대전차포를 실전에 투입했다. 기대했던 것 이상으로 롬멜을 도운 것은 이탈리아군이었다.

그들은 비르 엘 구비Bir el Gubi에서 자신들의 진지를 훌륭히 방어해냈다.[50] 그러나 크뤼벨이 제15·21기갑사단을 카푸초로 보내는 잘못된 판단을 함으로써 영국군은 한숨을 돌리게 되었다. 두 사단은 곧 연료가 고갈되어 사막 한가운데서 멈춰서 버리고 말았던 것이다. 이후 가까스로 사막을 빠져나온 제15기갑사단은 가브르 살레Gabr Saleh에서 영국군 제4기갑여단에게 큰 타격을 주었다.[51]

한편 토브룩 지구에서는 영국군 제70사단이 추축군 포위선에 심각한 타격을 가했다. 이는 롬멜의 모든 진지에 위협이 되었을 뿐 아니라 시디 레제흐Sidi Rezegh에서 반격을 한다는 계획에도 잠재적인 위협이 될 수 있었다.[52] 2개 기갑사단이 회군하여 합류했고, 맹렬한 야간전투 끝에 마침내 제4기갑여단을 물리쳤다. 크뤼벨은 훌륭한 지휘관임을 증명했고, 어떤 전문가는 전투를 이끄는 그의 통솔력에 대해 감명을 주기에 부족함이 없었다고 평가하기도 했다. 크뤼벨은 비르 엘 구비 전투 후 영국군 제7기갑사단의 전차를 단 70대로 줄여놓았다.[53]

11월 23일 죽음의 일요일

맹렬하고도 혼란스러운 전투가 며칠 동안 이어졌다. 절정은 11월 23일에 찾아왔다. 독일에서는 이날을 '죽음의 일요일'이라고 부른다. 강인하고 두려움을 모르는 군인으로 칭송받는 뉴질랜드군은 그날 오전 카푸초를 점령하고 독일 아프리카군단 본부를 몰아쳐서 크뤼벨을 거의 포로로 잡을 뻔했다. 반격에 나선 독일군은 연합군 3,000명을 포로로 잡았으나 남아 있던 약 160여 대의 전차 중 70대를 잃고 말았다. 전술적인 승리를 거두었지만, 이는 피로스의 승리Pyrrhic victory(기원전 3세기경 그리스 에페이로스의 왕이었던 피로스Pyrrhos는 한니발 장군이 자신보다 뛰어난 장수로 알렉산드로스 대왕과 함께 꼽았을 정도로 병법의 대가였다. 그러나 로마와 싸워 이기고도 수많은 전사자를 내고 병력의 대부분을 잃고 말았다. 이후 '실속 없는 무의미한 승리'를 일컬어 이렇게 부른다—옮긴이)와 같았다. 승리를 거두었다고 해도 롬멜의 빈약한 기갑 전력은 이런 전차 손실을 감당할 수 없었기 때문이었다.

그러나 이런 극한 상황은 한편으로 롬멜에게 얼마나 승부사 기질이 있는지를 잘 보여주기도 했다. 베를린의 상부가 외면하는 전선에서 빈약한 보급으로 전쟁을 지휘하고 있던 롬멜에게 선택의 여지라고는 거의 없었다. 롬멜은 적시에 공격하고 확실히 치명타를 날리는 데 있어서 육식동물과 같은 본능을 가지고 있었다. 커닝엄 장군은 전투가 진행되는 현 상

▼ 크루세이더 작전에 투입된 3호 전차. 크루세이더 작전은 1941년 11월부터 1942년 1월까지 계속되었다.

황에 대해 매우 불만스러워했다. 그리고 잘 싸웠으나 승리를 확실히 하는데 실패한 영국군은 균형을 잃고 말았다. 롬멜은 공격을 결심했다. 5시간 동안의 맹렬한 전투 끝에 롬멜은 96킬로미터를 진격했고, 16시경 그의 병력은 국경에 도달했다.

한편 나포되었다고 롬멜이 걱정하고 있던 크뤼벨은 빼앗은 영국군 참모진의 차량을 무서운 속력으로 몰아서 추격자들로부터 도망쳐 나왔다. 롬멜은 전위부대를 파견하여 적의 보급품 집적소를 공격하려 했다. 그러나 영국군이 점령하고 있던 하바타Habata의 철도수송 종점과 야라부브 오아시스Jarabub Oasis로 진격하려던 야심 찬 계획은 포기해야 했다. 롬멜은 이 실패의 원인을 이탈리아군의 느린 진격과 제15기갑사단 때문이라고 불평했다. 영국군에게는 다행스럽게도 롬멜의 정찰대는 동쪽으로 전진하면서 보급품 집적소의 방향보다 너무 북으로 치우쳐서 가는 바람에 트리그 엘 아브드Trigh el Abd 남부에 위치한 영국군 보급품 집적소를 포착하여 점령하는 데 실패하고 말았다.[54]

영국군의 휘발유를 탈취하지 못한 채 롬멜의 기갑부대는 연료가 고갈되고 있었다. 기갑부대는 속도가 느려지고 사거리가 짧아졌으며, 재빨리 침투하여 치고 빠진다는 기동전 방식에 대한 롬멜의 전체적인 구상은 어쩔 수 없이 손상을 입게 되었다. 이에 따라 롬멜이 무모했다는 비판과 함께 그가 사령부를 비운 것이 전투의 지휘를 어렵게 만들었다는 주장이 고개를 들었다. 롬멜과 리델 하트 같은 역사가는 이에 대해 독일 내부의 적들이 가하는 비열한 공격이고 모략이라고 일축했다. 결국 리델 하트가 지적한 것처럼, 전선을 지휘하는 롬멜의 지략이 그해 초반의 놀라운 승리를 가능하게 했고, 롬멜의 신속하고 무시무시한 돌격은 영국군을 신중하게 만들어 결과적으로 전투를 승리로 이끌었던 것이다.[55] 롬멜 스스로도

11월 30일에 집에 보낸 편지에서 전투가 진행되는 방식에 대해 매우 기뻐하고 있다고 적고 있다.[56]

어느 한쪽도 전장에서 물러나려 하지 않았기 때문에 격렬한 전투가 끊임없이 지속되고 있었다. 사실 롬멜과 독일군은 열세한 전력에도 불구하고 더 잘 싸워주고 있는 반면, 영국군은 대규모 기갑 진형을 다루는 데서 또다시 약점을 드러냈다. 크뤼벨의 참모장인 프리츠 바이어라인Fritz Bayerlein은 영국군이 전차를 너무 드문드문 배치하고, 대규모 기갑 전력을 아크로마Acroma와 시디 레제흐에 집중시켰어야 했음에도 솔룸에 대해 전혀 불필요한 공격을 가했다고 적의 실책을 지적했다.

전차 30 대 200, 국경을 버리고 후퇴하다

독일군의 사막전 지휘방식은 현지 우선과 즉흥성이라는 특징을 가진다. 이런 독일군이니 실제 현지의 상황이 체계와 방식의 변화를 요구할 때조차 완전한 작전에만 집착하는 영국군의 경직성에 경악하지 않을 수 없었을 것이다. 교범에 의존한 전투는 유럽에서도 이미 실효성이 떨어져가고 있었다. 그러니 하물며 사막에서 그런 식의 전투를 한다는 것은 엄청난 재난이었다. 바이어라인은 독일식 전투를 이렇게 정리했다. "독일군에게 중요한 것은 이것이다. 광활한 사막에서 적군을 유효사거리 내로 끌어들이고, 적이 반격을 시작하기 전에 두들겨 팬다."[57]

전차전을 바라보는 독일군과 영국군의 방식에도 큰 차이가 있었다. 독일군은 전격전 이론에 따라서 전차를 공병·보병·포병과 공군 등 모든 부대를 통합해 순조롭게 돌아가는 전쟁 기구의 일부로 보았다. 그러나 영국군에서는 노리 장군 같은 예전의 보병이나 기병 지휘관이 기갑부대를 이끌었다. 경험이 없어 기동전차전을 완전히 이해하지도 못한 영국군 지휘관들은 전차를 산개시키거나 소규모 집단의 형태로 공격하게 하는 실수를 저질렀다. 반면 독일군은 지뢰지대, 포대, 그리고 전차를 결합하여 이런 미숙한 영국군 연대와 여단을 조각낼 수 있었다. 영국군은 힘빠진 공격을 하느라 마틸다와 발렌타인 같은 중전차를 낭비했고, 그동안 당황했던 추축군 병력은 재빠르게 평정을 되찾을 수 있었다. 롬멜의 기갑부대를 꼼짝 못 하게 가두어놓고 격멸하려는 것은 마치 그물로 여우를 잡으려는 것과 같았다. 이처럼 교묘하고 신속하면서 잘 통제되는 롬멜의 기갑부대가 이런 서투른 전술에 걸려들기는 쉽지 않을 것이다.[58]

전투는 계속되어 11월 29일~12월 1일 사이 양측은 공세의 강도를 줄였다. 빈약한 전차 전력과 불안한 연료 상황에도 불구하고, 롬멜은 영국군으로부터 공격의 주도권을 빼앗아 국경선 뒤로 그들을 밀어붙이는 강공 계획을 고집했다. 롬멜은 곤경에 처한 자신의 수비대를 국경선을 따라 풀어놓아 영국군이 비르 엘 구비에 병력을 집중시키는 것을 막고자 했다. 그러나 12월 5일, 엘 두다El Duda에 가한 롬멜의 공격은 실패했나. 시니 오마르에 대한 초기의 공격은 잘 훈련된 시크교도인 정예 인도군 보병과 야포 지원 때문에 곤란을 겪었다. 이들의 공격은 독일 기갑부대를 크게 파괴해 롬멜은 비르 엘 구비에 대한 공격 계획을 취소해야만 했다.[59] 이틀 후, 그제야 병력의 절대적 약세를 인정한 롬멜은 휘하 부대에 가잘라로의 후퇴를 명령했다.

영국군이 퇴각을 방해할 수 없게 해놓고 롬멜의 병력은 12월 11일 질서정연하게 후퇴했다.[60] 토브룩에 대한 집착은 여전했지만 병력이 고갈되어 전선으로부터 후퇴해야 하는 상황을 받아들이지 않을 수 없었다. 그러나 곧 적의 집게발에서 벗어나 키레나이카를 지켜낼 수 있으리라는 기대를 롬멜은 여전히 버리지 않고 있었다.[61]

키레나이카를 영국군에게 빼앗길 것이라는 희미한 조짐이 나타나자, 이탈리아군 최고사령부는 정신이 번쩍 들었다. 그리하여 롬멜은 아인 알가잘라Ain al-Gazala 만에 위치한 자신의 사령부에서 마지못해 바스티코Bastico 장군을 영접하게 되었다. 바스티코를 허풍쟁이라는 뜻의 '봄바스티코 Bombastico'라 불러 부하들을 웃겼던 롬멜은 이탈리아인의 끊

▲ 이탈리아의 바스티코 장군이 검은셔츠단(무솔리니가 결성한 준군사조직으로 반공산주의와 극단적 민족주의를 표방함) 자원자에게 훈장을 수여하고 있다. 롬멜은 크루세이더 작전 후 퇴각하기 전까지 이들을 탐탁지 않게 생각했다.

임없는 허풍과 호언장담에 혼이 났다. 이는 결국 바스티코의 역할을 위협하여, 이탈리아군은 롬멜의 지휘에서 떨어져나가 아게다비아에서 영국군의 진격을 막아야 하게 되었다. 위신이라는 정치적 이유에서 키레나이카가 다시 영국군의 수중에 떨어지는 것만은 받아들일 수 없었던 이탈리아군이었지만, 어쩔 수 없이 퇴각해야 할 경우 이탈리아군은 운명에 맡겨두겠다는 롬멜의 위협에는 손을 들 수밖에 없었다. 바스티코는 자신의 협박을 철회하고 무뚝뚝하게 롬멜의 결정을 받아들였다.[62]

한편 영국군은 공격을 계속했으나 제4기갑여단은 12월 14~16일 사

이에 가잘라를 점령하는 데 실패했다. 그러나 정면의 중앙과 오른쪽 측면에 가한 리치Ritchie 장군의 12월 15일 공격은 다소 성공적이었다.[63] 그날 롬멜의 기갑부대 전차는 겨우 30대로 줄어들었고, 그에 비해 영국군의 전차는 200대나 남아 있었다.[64]

　12월 20일 롬멜은 퇴각 명령을 내렸다.[65] 이틀 후 공중엄호도 없이 우울하게 서쪽으로 행진 중이던 롬멜의 부대는 아직 어디에 머무를 것인지에 대한 결정도 내리지 못한 채였다.[66] 그러나 롬멜의 신속한 퇴각 결정과 국경으로부터의 빠른 철수는 영국군을 방심하게 만들었다. 좁은 지역에서의 지루한 전투를 예상했던 영국군은 급히 진격을 서둘렀다. 리치는 베다폼을 접수하기 위해 대규모 병력을 파견했고, 이는 롬멜이 서쪽으로 탈출할 수 있는 틈을 열어주고 말았다.[67] 롬멜은 영국군이 점령한 땅의 한 뼘 한 뼘마다 대가를 치르게 해주겠다고 다짐하면서, 벵가지의 모든 이점을 포기하고 신속히 퇴각하여 메르사 브레가에서 반격을 준비하기로 결정했다.[68] 이탈리아군의 진형이 붕괴되지 않는다면 리치의 덫에서 빠져나갈 수 있을 것이라고 롬멜은 확신하고 있었다.[69]

▼ 슈투카 급강하 폭격기는 롬멜의 기갑부대에 효과적인 항공지원을 제공했지만, 영국 공군의 스핏파이어와 허리케인 전투기 앞에서는 완전히 무력한 존재였다.

값비싼 탈출

영국군이 벵가지에서 전혀 건진 게 없다는 점은 롬멜에게 큰 위안이 되었다. 더구나 살아 있으리라는 희망을 버렸던 크뤼벨이 무사히 귀환했다.[70] 롬멜은 또 엘 하세이아트티 Haseiat에서 자신의 부대를 탈출시켜서 영국군의 자존심을 상하게 했다.[71] 12월 30일, 기쁨에 찬 롬멜은 그의 부대가 영국군의 진격으로 인한 괴멸에서 벗어났다고 기록했다. 리치는 지중해 해안과 제8군 사이에 함정을 만들어 독일 아프리카군단을 잡아들이는 데 실패한 것이다.[72] 겸손하지만 그러나 정확하게, 롬멜은 자기 부대의 탈출을 부대원들의 인내와 초인적인 노력의 결과로 돌렸다.[73]

그러나 탈출이 성공했다고 해서 그것을 승리라고 하기는 힘들었다. 더구나 탈출에는 많은 대가가 따랐다. 키레나이카의 전 지역이 영국군의 수

▼ 1942년 초 롬멜과 그의 참모들 모습이다. 크루세이더 작전 동안 롬멜이 거둔 성과를 승리라고 할 수는 없었지만, 성공적인 퇴각으로 상당 부분 전력을 보존할 수 있었다.

중에 들어갔을 뿐 아니라, 롬멜은 영국군 전선 뒤쪽 깊숙한 곳에 국경수비대를 버려두고 나왔던 것이다. 슈미트Schmitt 소장은 8,800명의 추축군 병사들과 함께 바르디아를 지키고 있었고, 이탈리아군의 데 조르지de Giorgi 소장은 6,300명의 병력으로 솔룸과 할파야 협로를 수비하고 있었다. 새해 전날 바르디아는 영국군에게 공중과 바다, 육지로부터 얻어맞았다. 그리고 1월 2일, 할파야 협로와 솔룸 수비대는 영국군에게 떨어졌으며, 2주 후 1월 17일에 바르디아는 항복하고 말았다.[74]

영국군의 크루세이더 작전은 종료되었다. 초기에 좌절이 있기는 했지만, 그것은 철저하고 완벽한 승리였으며, 1년 전 오코너가 거둔 승리에 거의 필적할 만한 성과였다. 영연방 세력이 1만 8,000명의 병력 손실을 입은 데 비해 추축군 세력은 2만 명의 이탈리아군과 1만 3,000명의 독일군, 총 3만 3000명의 병력을 잃었다.[75] 롬멜에게 더 좋지 않았던 것은 영국군이

▼ 크루세이더 작전으로 롬멜의 부대는 후퇴해야 했으나 불타는 크루세이더 전차에서 보듯 영국군도 피해가 상당했다. 영국군은 롬멜의 전차부대와 포병 병력으로 인해 무려 300여 대의 전차를 잃었다.

278대의 전차를 잃은 데 비해 자신은 300대를 잃었다는 사실이었다. 영국군은 이런 손실들을 롬멜보다 훨씬 더 쉽게 보충할 수 있었다.[76]

"모험을 시도하라.
그러나 도박은 하지 말라."

Chapter 6

절정의 롬멜

롬멜은 위험을 감수하는 대담한 지휘관이었지만

부하들의 생명을 걸고 도박을 하지는 않았다.

가장 절망적인 상황에서만 그런 도박은 정당화될 수 있는 것이다.

어떤 경우에도 롬멜은 타협을 싫어했고,

중구난방의 의견에 전투가 휘둘리는 것을 혐오했다.

결국 그는 지휘관이었고, 필요한 결정을 내렸다.

184쪽 사진
184쪽 사진
롬멜은 패배의 쓴잔을 마시며 1942년을 시작했지만 곧 일련의 공세를 통해 영국군 제8군을 상대로 가장
화려한 승리를 거두게 된다.

● 롬멜을 키레나이카 밖으로 쫓아낸 영국군은 '사막의 여우'에게 사막전 사상 가장 큰 패배를 안겨주었다. 그것만으로도 충분히 쓰라렸지만 패배에 대한 이탈리아군 최고사령부의 조소는 참기 힘든 모욕이었다. 롬멜은 엘 아게일라와 이집트 국경 사이에서 계속되는 기묘하고 시소게임 같은 전쟁의 한가운데로 돌아왔다.

유일한 보급로이자 영국군 쪽으로 가는 진격로인 해안도로가 해변의 모래언덕과 내륙의 소금늪지 사이로 난 좁은 회랑지대를 통과해야 하는 덕분에 엘 아게일라에서 롬멜은 천연의 방어선을 얻었다. 이곳의 또 다른 이점은 트리폴리의 주요 보급기지로부터 단 이틀 거리에 있다는 점이었다. 롬멜의 보급 상황은 나아진 반면, 영국군은 오랜 진격 끝에 연료와 식수, 예비병력과 보충병의 고갈을 겪는 중이었다. 승부의 무게추가 다시 움직일 때가 온 것이다. 공격할 최적의 시점을 기다리는 데에는 그다지 흥미가 없던 롬멜은 적군에게 불쾌한 기습을 발동할 참이었다.[1] 무능한 지휘관이었다면 아마도 반격을 개시하기 전에 엘 아게일라에서 때를 기다리며 부대를 쉬게 했을 것이다.

확실한 승리를 경험한 영국군은 다시 자만하게 되었다. 오친렉은 롬멜이 크게 좌절하여 상당한 기간 동안 새로운 공격작전을 발동할 수 없을 것이라고 확신하고 있었다. 그러면서 영국군은 1942년 2월에 시작될 새로운 공격 '아크로뱃 작전Operation Acrobat'을 준비하는 데 골몰했다. 이 작전은 트리폴리를 점령하여 사막전을 완전한 승리로 마무리 지으려는 것이었다.[2] 이 작전은 전혀 성공하지 못했지만, 리델 하트의 표현에 의하면 결과적으로 완전히 처지가 바뀐 영국군을 가잘라 너머까지 몇 번씩 굴리며 후퇴하게 했다는 점에서 '공중곡예'라는 의미의 아크로뱃은 아주 적절한 작전명이었다.[3]

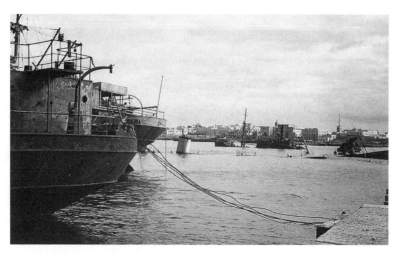
▲ 1941년 12월 벵가지 항에 침몰한 선박. 1942년 1월에 롬멜은 이 항구를 점령했다.

　양측은 이전의 손실을 채워줄 새로운 전차와 부대를 지원받았다. 두들 겨 맞아 널브러진 제7기갑사단은 지휘관 캠벨Campbell 장군을 잃었고, 그 의 죽음은 부대의 사기를 크게 떨어뜨렸다. 메서비 장군이 캠벨의 뒤를 이었으나, 그는 기갑전 경험이 거의 없었다.

　제7기갑사단을 대체하기 위해 영국군 최고사령부는 완전히 새로운 부 대인 제1기갑사단을 150대의 신형 크루저 전차와 함께 사막에 파견했 다. 문제는 부대원들이 사막 환경은 고사하고 전차전과 기계화전에 거의 경험이 없는 기병들로 구성되었다는 점이었다.

　롬멜은 그렇게 많은 전차와 부대원을 지원받지는 못했지만, 1월 5일이 되자 6척의 수송선으로 이루어진 수송선단이 3호 전차와 4호 전차 55대 를 실어왔다. 3호 전차 19대는 장포신 55밀리 포를 장비한 J형이었는데, 장포신 55밀리 포는 단포신 주포에 비해 장갑 관통력이 50퍼센트 이상 상승되었다. 오친렉의 충원 전력에 비하면 롬멜의 보충은 그리 많지 않았 지만 새로운 공격을 준비하기에는 그것으로도 충분했다. 1월 12일, 111

▲ 이동하는 3호 전차. 1942년 1월 5일 보급함 6척이 도착하여 롬멜은 3호 전차와 4호 전차 55대를 지원받았다. 사진 속의 전차는 단포신의 50밀리 주포를 장비하고 있다.

대의 전차를 보유한 롬멜은 이제 예고 없이 공격을 감행할 채비가 완료되었다.[4]

급소를 찌르다

키레나이카로부터 축출된 지 3주가 채 못 되어 롬멜은 공격 준비를 마쳤다. 1월 21일 08시 30분, 롬멜의 휘하 전차들은 아게다비아의 영국군 거점을 습격하여[5] 영국군을 완전히 경악하게 했다. 이런 예상치 못한 움직임에 제8군의 지휘관과 장교, 부대원들은 모두 충격을 받았다.[6] 아크로뱃 작전의 선봉 기갑 전력이 될 제1기갑사단은 개편 중으로, 드넓은 사막에 널리 흩어져 있었다.[7] 따라서 제1기갑사단은 롬멜의 전차 전력을 상대할 온전한 상태가 아니었다. 각 여단들은 차례로 패주했고 1월 22일이 되자 제2기갑여단은 보유 전차의 절반을 잃었다. 독일 아프리카군단은 제

2기갑여단의 각 전차연대를 차례로 격파했다.[8] 손실이 더 컸던 제1기갑사단은 117대의 전차와 33대의 야포와 수천 명의 포로를 롬멜에게 헌납했다. 완전한 비밀을 유지하기 위해 전과를 축소하기까지 했던 롬멜은 자신의 일기장에다 이렇게 기록했다.

"경험상 이탈리아군 사령부는 비밀을 지키지 못할 뿐 아니라 그들이 로마로 보내는 무선통신은 모조리 영국군의 귀에 들어간다."

바스티코는 명목상 총사령관인 자신이 실제 정보에서 배제되었다는 사실에 격노했지만,[9] 롬멜은 별

▲ 롬멜을 좋아하지 않았던 이탈리아의 카발레로 (가운데) 장군은 독일군의 새로운 공세가 시작되자 이탈리아 기동군단에 정지를 명령했다. 그러나 롬멜은 이탈리아의 지원이 있건 없건 전진을 계속하겠다는 입장을 분명히 했다.

로 신경도 쓰지 않은 채 즐거운 마음으로 다음과 같이 기록했다.

"적들은 마치 벌에라도 쏘인 것처럼 달아났다. 앞으로의 전망이 좋아 보인다."[10]

1월 23일, 독일 아프리카군단은 영국군의 허를 찌르고 안텔라트와 소누Saunnu를 점령했다.[11] 그날 롬멜은 카발레로Cavallero 장군이라는 성난 불청객의 방문을 받았다. 우려한 대로 카발레로의 용건은 롬멜의 독단적인 공세를 중단시키는 것이었다. 물론 이탈리아 기동군단에게는 이미 카발레로의 정지 명령이 내려진 후였다. 롬멜은 이탈리아군의 지원 여부에 상관없이 가능한 한 진격을 계속할 것이라는 점을 분명히 했다.[12] 이 시기의

롬멜은 적군보다 동맹군과 더 문제가 많아 보였다.

롬멜은 므수스Msus를 향해 계속 공세를 퍼부었다. 므수스는 영국군이 반격을 시작하려고 계획한 곳이었지만, 반격은커녕 메킬리와 벵가지에까지 독일군의 공격은 쉴 새 없이 계속되고 있었다. 1월 25일 나흘간의 성공적인 전투를 마치고 롬멜은 이렇게 상황을 정리했다.

"우리는 급소를 찔렀지만 아직 끝난 것이 아니다. 그러니 이제 흥분을 가라앉히고 다시 신중하게 다음을 기다리자."

한편 무솔리니의 중재로 롬멜은 카발레로와는 별도의 독립된 결정권을 행사할 수 있는 포괄적인 지휘권을 가지게 되었다.[13]

므수스를 점령한 롬멜은 진격을 계속하여, 벵가지로 가는 길에서 영국의 제210근위여단을 격파했다.[14] 1월 27일 이탈리아군을 다시 레이스에 합류시킨 것에 만족한 롬멜은 그의 수중에 들어온 수많은 장갑차량과 트럭, 화포와 전차에 몹시 흐뭇해했다.[15] 다음날 인도군 제4사단이 대량의 휘발유와 기타 유류, 식수, 그리고 아크로뱃 작전을 위해 비축한 다른 보급품들을 남겨둔 채 벵가지에서 철수했다. 이 모든 것을 챙긴 독일 아프리카 군단은 철수하는 영국군을 차단하기 위해 이탈리아군과 함께 도시 남쪽의 에르 레지마Er Regima를 점령했다.[16] 롬멜은 적군이 남기고 간 전리품에 흥분했다. 이 보급품은 다음 공격에서 그에게 큰 힘이 되어줄 것이다. 만일 아게다비아와 므수스의 병력이 조금만 더 빨리 해안으로 진격했다면 제8군은 전멸했을 것이라고 바이어라인은 당시의 정황을 설명했다.[17]

영국군은 상당한 타격을 받았다. 오친렉은 계속해서 전선으로 명령을 내보냈고, 그 결과는 어느 영국군 장교의 말처럼, '명령, 번복, 혼란'이었다. 몇몇 부대에서 일어난 이런 충격과 혼란의 상황이, 롬멜의 기갑부대를 발견하는 즉시 파괴했어야 했던 벵가지의 보급소[18]를 그대로 버려두게 했는지도 모른다. 이런 어처구니없는 실책에 보상이라도 하듯 영국 공군은 1월 31일 트리폴리와 미수라타Misurata에 강력한 공습을 가했다. 그러나 같은 날 독일 아프리카군단이 바르체Barce를 함락시키고 키레네Cyrene에 압박을 가했기 때문에 이 공습으로 추축군의 공세를 저지하는 데는 실패했다.

2월 1일 영국군은 가잘라 방어선으로 퇴각하기 시작했다. 오친렉은 무슨 일이 있어도 토브룩은 지키라고 명령했으나,[19] 롬멜의 부대는 므수스에서 가잘라까지 동쪽으로 약 240킬로미터나 제8군을 밀어붙였다.[20] "공격은 쭉쭉 뻗어나가는 번개와도 같았다"고 그날 롬멜은 기록했다.[21] 2월 5일, 영국군은 메킬리를 떠났고 독일 아프리카군단은 트미미Tmimi를 점령했다. 이틀 후 롬멜의 병력은 영국군 방어선의 정면인 가잘라 방어선에 도착해서 그곳에 주둔했다.[22] 롬멜은 483킬로미터에 이르는 전선과 마주하게 됐지만 이제 곧 안정시킬 수 있으리라 내심 자신하고 있었다. 최소한 그는 키레나이카를 장악한 상태였다.[23] 오직 시기심 많은 이탈리아군 최고사령부만이 즐거워하지 않았으니, "우리가 다시 키레나이카에서 철수하는 걸 보면 이탈리아 사령부는 매우 기뻐할 것"이라고 롬멜은 냉소했다.[24]

1주일간 숨을 돌린 후 2월 14일 롬멜은 새로운 공격을 명령했다. 그러나 이번 공격은 세찬 비 때문에 크게 성과를 보지 못했다. 날씨가 더 악화되어 2월 19~23일까지 작전은 중지되었고,[25] 다시 3월부터 4월까지 항공 작전을 제외한 긴 휴지기가 이어졌다. 독일 공군이 토브룩을 공격하면 영국 공군은 보복으로 트리폴리를 두들겼다.[26]

각 부대를 순회 시찰 중이던 롬멜은 전선에 가까워지면서 매우 들떠 있었다. 그러던 중 영국군이 철수하면서 버려놓은 어떤 집에 들르게 되었는데 그곳에서 벽에 휘갈겨놓은 재미있는 낙서를 하나 발견했다.

"곧 돌아올 테니 잘 치워놓도록."

전형적인 영국식 유머에 롬멜도 기꺼이 화답했다.

"그렇게 되나 어디 두고보자!"[27]

4월 10일 역시 시찰 도중에 롬멜은 구사일생으로 목숨을 건지는 아찔한 위기를 넘겼다. 파편이 날아와 그의 배를 때렸으나 평평한 면에 맞아 수프 접시 크기의 멍만 들었을 뿐이었다. 충격을 받은 롬멜이 짤막하니 퉁명스럽게 말했다.

"더럽게 운이 좋군."[28]

그러는 동안에도 보급 상황과 이탈리아 육군 장교들과의 문제는 여전히 그를 괴롭히고 있었다. 롬멜은 대부분의 휘하 장교 및 병사들과 마찬가지로 이탈리아군에게 평판이 좋지 않았다. 이탈리아군은 독일군이 자신들의 명예에 무관심하고 군사적 협력이나 기여에도 전혀 고마워하지 않으며 너무 거만하다고 생각하고 있었다. 독일군에 대한 이런 비판들 중 어떤 것은 너무 지나친 감이 있었다. 가스토네 감바라Gastone Gambara 장군이 휘하 장교들에게, 이탈리아군을 이끌고 독일군을 상대로 싸울 날만 손꼽아 기다린다고 공개적으로 언급한 것이 문제가 되어 해임되었을 때도 롬멜은 그저 "멍청하긴!"[29]이라고 말했을 뿐이었다. 독일군의 감정을 달래는 한편 롬멜의 노고를 치하하기 위해 바스티코는 롬멜에게 이탈리아 훈장을 받게 될 것이라고 알려주었다.

"병력이나 좀 더 보내주는 게 더 고맙지."

아무런 동요도 없이 무감하게 롬멜은 말했다.[30]

작전이 지연된 덕분에 영국군은 가잘라 방어선을 완성할 수 있었다. 1월에 시작되어 롬멜이 다음 공격을 시작한 5월에야 완료된 방어선은, 가

◀ 마리 피에르 쾨니히 장군은 프랑스와 영국뿐만 아니라 독일에서 볼 때도 영웅이었다. 쾨니히 장군은 사막전 당시 자유프랑스군의 총사령관으로 비르 하케임 방어전을 지휘했다.

잘라로부터 사막까지 남쪽으로 약 69킬로미터 연장된 지뢰밭 지대도 포함하고 있었다. 방어선에는 일정한 간격으로 초소를 세워 경계를 강화했는데, 이런 초소에는 지뢰를 더욱 조밀하게 부설하거나 대전차호와 기관총 벙커 및 철조망 등을 더 많이 배치하고 두텁게 설치했다. 각각의 초소에는 제150보병여단, 제201근위여단(나이트브리지Knightsbridge 초소에 배치), 제22근위여단 및 남아공군을 포함한 보병여단이 배치되었다. 마지막으로 전체 방어선을 받치고 있는 것은 비르 하케임Bir Hacheim에 위치한 가장 남쪽의 초소였는데, 이곳은 쾨니히Marie Pierre Koenig 장군이 지휘하는 자유프랑스 제1의용군여단이 지키고 있었다.

두 번째 방어선은 엘 아뎀에서 시디 무프타Sidi Muftah까지 48킬로미터 길이로 펼쳐졌다. 지도상의 가잘라 방어선은 이론적으로는 사막의 마지노선과 같은 것이었다. 그러나 약점이 너무 확실했다. 방어선이 불완전했던 것이다. 방어선이 비르 하케임의 남쪽을 약간 지난 곳에서 끝나기 때문에 롬멜은 늘 하던 것처럼 사막을 통해 우회공격을 할 수 있었다. 더구나 초소들이 서로 너무 멀리 떨어져 있었다. 영국군 최고사령부는 비르 하케임의 남쪽 인근에 제30군단을 배치함으로써 이런 약점이 극복되기를 기대했다.

방어선은 여러 목적을 갖고 있었지만, 그중 가장 중요한 것은 영국군의 공격 개시 지점인 이집트 국경과 토브룩을 방어하는 것이었다. 그러나 우리는 역사학자 데이비드 챈들러David Chandler의 견해에 동조할 수밖에 없을 것 같다. 그의 결론에 의하면 가잘라 방어선은 무용지물이며, 영국군 방어선은 아크로마, 토브룩, 엘 아뎀과 시디 레제흐를 잇는 라인을 따라 구축되었어야 했다.[31]

▼ 프랑스 외인부대도 비르 하케임 방어전에 참가했다. 이 전투로 롬멜의 진격이 지연되면서 자유프랑스군은 큰 명성을 얻었다.

공격은 쭉쭉 뻗어가는 번개와도 같아

1942년 6월 중순 추축군은 짜증나는 벌떼들의 소굴, 영국군이 진을 치고 있는 몰타를 공격하기로 계획을 세웠다. 이에 대한 준비로 이탈리아군 최고사령부는 롬멜에게 영국군을 가잘라에서 몰아내달라고 요청했다. 몰타 침공, 일명 헤라클레스 작전^{Operation Hercules}이 성공한다면 롬멜은 나일 삼각주에 대한 침공, 즉 아이다 작전^{Operation Aida}을 수행할 수 있을 것이다. 5월 1일 롬멜은 영국군에 대한 공격을 명령했다. 롬멜이 기갑부대를 이끌고 가잘라 방어선 남부를 휩쓰는 동안, 크뤼벨은 영국군을 붙들어놓기 위한 양동 목적으로 전선에 정면공격을 가하는 일명 베네치아 작전^{Operation Venezia}을 발동할 것이다.

영국군은 독일군이 해안도로를 따라 전선의 중앙으로 정면공격을 할 것이라 예상했다.[32] 이런 예측은 롬멜의 의도에 그대로 들어맞았다. 롬멜

▲ 기갑부대 지휘관인 크뤼벨 장군(왼쪽. 오른쪽은 바이어라인 장군)은 롬멜로부터 가장 신임받던 경험 많고 노련한 부하였다.

은 제15 및 제21기갑사단을 이끌고 남쪽을 공격하는 동안 영국군을 북쪽에 붙들어놓고 싶었기 때문이었다. 롬멜이 종종 마르마리Marmarica(키레나이카 동부지역을 일컬음-옮긴이)라 부르는 가잘라에서 영국군을 패퇴시킨다면 마침내 그는 토브룩을 점령할 수 있을 것이다.[33]

아프리카군단 장교들이 가잘라 방어선 공격에 앞서 주변 지형을 살펴보고 있다. 사진에서도 알 수 있듯이 사막은 장거리 야포와 대공포를 활용하기 유리한 전장이다.

롬멜은 332대의 독일제 전차를 보유하고 있었는데, 그중 240대는 3호 전차고 단 38대만이 좀 더 성능이 우수한 4호 전차였다. 또 휘하에 이탈리아군 전차도 228대가 있었지만 대부분 구식 M13 모델이었다. 이것으로 롬멜은 10만의 영국군이 보유한 849대의 전차에 맞서게 되었다. 영국군은 새로운 미국제 장비를 수령하기 시작했는데, 그중 가장 중요한 것은 신형 그랜트^{Grant} 전차였다. 미국 M3(중형) 리^{Lee} 전차의 영국형 모델이었던 그랜트 전차는 약 28톤의 무게에 57밀리 장갑을 둘렀고 2개의 포를 장착했다. 둘 중 37밀리 포는 포탑에, 75밀리 포는 차체 측면 포좌에 장비했는데, 이런 그랜트를 보유함으로써 영국군은 마침내 독일군 전차와 상대할 수 있는 전력을 갖추게 되었다고 생각했다. 롬멜이 내세울 만한 것이라고는 오직 공중 전력뿐이었다. 그는 영국군이 200대의 항공기를 가진 것에 비해 이탈리아군과 독일군 항공기를 합해서 모두 700대를 보유하고 있었다.[34]

▼ 미국 M3 리(Lee) 전차의 영국 양산형이 그랜트 전차다. 주포 2개를 장착한 이 전차는 포탑에는 37밀리 포를, 차체에는 75밀리 유탄포를 장비했다. 그랜트 전차를 보유하게 됨으로써 영국군은 드디어 독일의 기갑부대에 대항할 수 있는 전차를 갖게 되었다고 생각했다.

▲ Ju87 슈투카 급강하 폭격기는 영국 공군의 스핏파이어와 허리케인 전투기에는 취약했지만 1942년 공세에서 롬멜의 기갑부대를 지원하는 데 지대한 공헌을 했다.

크뤼벨은 5월 26일 오후 일찍 공격을 시작했다. 영국군은 이를 오랫동안 기다리던 독일군의 돌격이라고 생각하고 주력을 크뤼벨에게 집중시켰다. 21시경, 롬멜은 스스로 기갑사단을 이끌고 남서쪽 사하라 방향으로 진격했다. 다음날 아침 롬멜의 기갑사단은 아침식사 중에 기습을 받은 인도군 제3여단을 산산조각 냈다. 독일군 제15기갑사단은 영국군 제4기갑여단을 공격했고, 이제 제4기갑여단은 엘 아뎀으로 후퇴해야 할 처지가 되었다.[35]

같은 날 아침 영국군 제7기갑사단 사령부는 롬멜의 전차 진격에 점령되었다. 어느 퇴역 영국군이 '인도군에서 온 멍청한 늙은이'라고 비웃었던 메서비 장군은 재빨리 견장을 뜯어내고 늙은 당번병으로 위장한 다음 다른 장교들에 섞여서 간신히 영국군 전선 뒤쪽으로 탈출했다.[36] 메서비 사단의 잔여 병력은 흩어졌고, 제4기갑여단은 완전히 분쇄되었다. 이제 롬멜은 이 패잔병들을 가볍게 괴멸시킬 수 있었다. 롬멜의 공격이 너무 갑작스럽고 예상치 못했던 일이었던 터라 영국군에게는 선택의 여지가 없었다.[37]

아직도 330대의 전차를 보유하고 있던 리치 장군은 롬멜의 전차가 250대로 줄어들었다는 것을 알고 있었다. 따라서 그는 분명한 수적 우위를 점하고 있었지만, 완전히 위험에 노출된 롬멜에게 대규모 집중공격을 가하지 않았다. 이탈리아군 파비아와 트리에스테Trieste 사단이 영국군 지뢰밭을 너무나 느리고 힘겹게 통과하고 있었기 때문에 롬멜의 상황은 정말로 불안했다. 지뢰밭을 통과하는 쓸 만한 통로가 만들어지지 않는다면 롬멜의 전위 부대는 완전히 고립될 것이다. 더구나 기갑부대원들은 이미 식수와 식량이 절망적으로 부족한 상황이었다. 전투를 책임져야 하는 롬멜은 지뢰밭을 통과하는 수송대를 독려하기 위해 남쪽으로 향했고, 전면 공세를 대비하여 부대에게 밀집대형을 지시했다.

5월 29일에는 이탈리아군 사브라타Sabratha 사단이 남아공군 제1사단을 공격해서 큰 타격을 주었다. 혼전 중에 크뤼벨은 포로가 되었고, 참모장인 알프레드 가우세Alfred Gause 장군은 부상당했다. 롬멜은 가장 필요한 순간에 가장 노련한 고급장교 2명을 잃었다. 나이트브리지 초소 남서쪽에 기갑부대를 집결시키려다 실패한 후 상황이 악화되자 롬멜은 방어태세로 전환했다. 독일 아프리카군단이 토브룩에 모일 수 없었기 때문에 롬멜로서도 어쩔 수 없는 선택이었다.[38]

또 하나의 기발한 전술 '가마솥'

롬멜의 새로운 전술은 전례 없는 독창적인 것이었다. 그는 곧 다가올 피할 수 없는 리치의 공격에 대비해 전차와 병력을 둘러싸서 보호하는 가마솥 모양의 수비 원진圓陣을 고안했다. 방어진은 서둘러 매설된 지뢰와 대전차포, 그리고 성능이 뛰어난 88밀리 고사포로 이루어졌다. 임시로 크뤼벨 부대의 지휘를 맡은 롬멜은 대담하게도 리치가 '가마솥' 방어진을 공격하도록 유도해 전차를 소모하게 만들어놓고, 자신은 가잘라 방어선의 초소들을 겨냥하고 있었다. 이 초소들은 '가마솥' 안에 있었고, 이제 롬멜은 여기서 문제를 해결해야 했다.[39]

롬멜의 첫 번째 표적은 교묘한 기습으로 심기를 건드리던 제150여단의 초소였다. 초소들이 좀 오래 버텨주기만 한다면 리치는 자신의 병력과 초소 사이에 있는 롬멜을 쳐부술 수 있을 것이고, 결국 '사막의 여우'를 항복시킬 수 있을지도 모른다. 그러나 이런 시나리오가 실현되려면 리치는 롬멜이 초소를 괴멸시키기 전에 기갑 전력을 모아 집중공격을 퍼부어야 했다. 이는 롬멜의 입장에서는 리치가 행동을 개시하기 전에 제150여단을 분쇄해야 한다는 것을 의미했다.[40]

'가마솥' 안쪽은 형편이 좋지 않았다. 사실 롬멜과 부대원들이 식수 부족을 겪고 있어 상황은 빠르게 악화되고 있었다. 포로로 잡힌 인도군의 지휘관인 영국군 아처 쉬Archer Shee 소령이 부하들이 충분한 식수를 공급받지 못하고 있다고 불평하자 롬멜은 이렇게 받아쳤다.

"당신네들은 나와 아프리카군단이 받는 것과 정확히 같은 양, 반 컵의 물을 배급받고 있다. 그러나 이렇게 계속 갈 수 없다는 것에는 동의한다. 만일 우리가 오늘 밤 수송대의 지원을 받지 못한다면 리치 장군과 타협할 수밖에 없을 것이다."[41]

롬멜의 말은 과장이 아니었다. 그는 더 늦기 전에 상황을 타개해야 했다.

사막의 여우를 감동시킨 자유프랑스의 자존심

제150여단 초소의 전투는 사막전 중 좀 덜 알려져 있다. 비르 하케임에서의 프랑스군의 유명한 저항 때문에 이들의 전투는 그늘에 가려져버렸다. 영국 북부에서 온 병력으로 이루어져 있던 제150여단은 헤이던C. W. Haydon 대령의 지휘를 받고 있었다. 그 150여단이 이제 적에게 둘러싸여 다른 제8군으로부터 고립되어버린 것이다. 이런 상황에 부대원은 낙담했고 사기는 몹시 저하되었다. 리치가 6월 3일까지 공격을 개시하지 않기로 결정했기 때문에 외부에서 제8군의 다른 병력이 구출해줄 희망은 거의 없었다. 다른 초소로부터 도움을 받을 가망도 없었다. 더구나 6월 3일

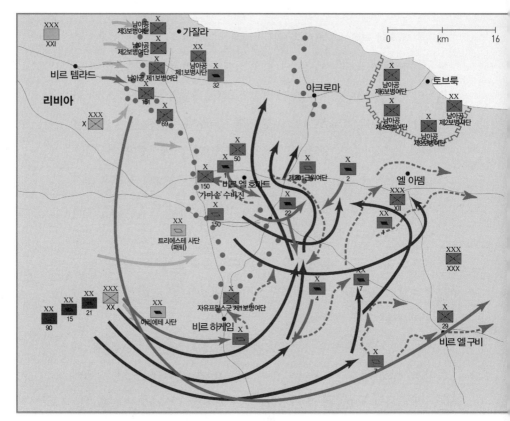

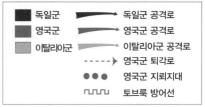

▲ 1942년 5월 26일~6월 14일 가잘라 전투. 장비와 보급이 우세한 영국군은 이 전투에서 확실하게 우위를 점해야 했으나 그렇지 못했다. 잘 훈련된 병사와 전술 운용능력이 뛰어난 사령관, 그리고 우수한 지휘관들이 어떤 결과를 유도해내는지 증명한 것이다.

독일군
영국군
이탈리아군

독일군 공격로
영국군 공격로
이탈리아군 공격로
영국군 퇴각로
영국군 지뢰지대
토브룩 방어선

은 너무 늦다. 완전히 고립된 헤이던은 홀로 사나운 아프리카군단의 최대 병력과 마주하게 되었다.

5월 30일, 공격 준비를 하고 있던 독일군 공병대는 영국군이 매설한 지뢰밭에 통로를 만들기 위해 많은 노력을 기울였으나 수비대의 엄청난 포화로 실패하고 말았다. 밤 동안 영국군은 독일군의 접근을 막기 위해 위력수색(적의 역량이나 배치 상태를 알아내기 위해 일부러 적을 위협하여 출동이나 사격을 유도하는 것-옮긴이)을 실시했다. 다음날 새벽 슈투카가 물밀듯이 휩쓸고 지나갔고, 초소는 먼지와 모래, 파편의 두터운 더미에 뒤덮였다. 이런 자연적인 연막은 공병대가 지뢰밭에 침투할 때 좋은 위장이 되었다. 그 다음은 전차들이 으르렁거리며 행동을 개시했다. 전차들은 초소로 돌진하여 영국군의 25파운드 대전차포를 박살냈다. 오후가 되자 수비대의 필사적인 저항에도 불구하고 초소는 독일군에게 함락되었고, 3,000명의 병사와 124대의 야포, 101대의 전차가 나포되었다. 유일하게 롬멜을 실망시킨 것은 놀라운 수비를 보여준 용감한 헤이던 대령에게 경의를 표할 수 없었다는 점뿐이었다. 헤이던 대령은 대부분의 부하들과 함께 전사했다.

　이는 만만치 않은 적과 마주하게 된 독일 아프리카군단에게 생존의 가능성을 보장해주는 중요한 승리였다. 리치가 제150여단을 구하기 위해 손가락 하나도 까딱하지 않고 전멸하도록 방치했다는 사실에 충격을 받은 오친렉은 리치에게 공격 명령을 내렸다. 리치는 6월 2일이 되어서야 뒤늦게 공격을 개시했다. 롬멜의 88밀리 포와 막강한 대전차 방어 앞에서 학살이 벌어졌고, 불타는 전차들이 산더미를 이루었다. 공격을 하기에는 이미 너무 늦었던 것이다.[42]

▼ 1942년 중반 가잘라 전투에서 롬멜의 전차들이 영국군 기갑부대와 교전하기 위해 먼지구름을 일으키며 달리고 있다.

▲ 최전선에서 지휘를 하며 승리를 이끌어내던 롬멜(가운데)은 이로 인해 여러 차례 목숨을 잃을 뻔했다. 롬멜은 지휘관이 최전선에 있어야 빠른 대응과 더 나은 결정을 할 수 있다고 믿었다. 물론 그가 옳았다.

롬멜은 가잘라 방어선을 깨뜨리고 서쪽으로의 활로를 열었다. 이에 따라 중요한 물과 식량, 휘발유를 지원받을 수 있는 보급로가 확보되었다. 이제 롬멜은 아리에테 사단을 지원하기 위해 제90경사단을 남쪽의 비르 하케임으로 보낼 정도로 여유가 생겼다.[43] 전 방어선 중의 주요 거점인 비르 하케임은 전체 승부의 열쇠를 쥐고 있는 중요한 지점이었다. 비르 하케임이 함락된다면 롬멜은 전투에서 승리하게 될 것이다. 모든 것은 비르 하케임 초소를 지키는 자유프랑스여단과 지휘관인 쾨니히 장군의 전투 방법, 그리고 그의 자질에 달려 있었다.

▲ 88밀리 포는 대공포용드로 설계되었지만 롬멜의 기갑 전력에서 중요한 위치를 차지했다.

▲ 제2차 세계대전에서 가장 유명한 대공포가 바로 독일군의 88밀리 대공포다. 4개 포받침을 모두 펼치고 사격 준비를 하고 있는 모습이다.

▼ 1942년 6월 가잘라 전투에서 롬멜은 전차와 보병, 그리고 포병의 위력을 아우르면서 최고 수준의 전투를 완성해냈다.

구성원 전원이 비시 정권으로부터 배신자라고 매도당한 자유프랑스여단은 프랑스 정규군과 외인부대, 그리고 자원군으로 이루어진 혼성부대였다. 그들은 증오스런 '독일놈'과 싸워서 조국의 더럽혀진 명예를 회복한다는 한 가지 목표 아래 뭉쳤다. 더구나 그들에게는 또 다른 강점인 거칠고 창백한 얼굴의 쾨니히가 있었다. 그는 자부심을 가지고 로렌의 십자가(세로줄 하나에 가로줄 둘인 ‡모양의 십자가. 드골이 이끄는 자유프랑스군의 상징-옮긴이)와 블루-레드 베레모를 착용했다. 당시 프랑스군에서 진정한 사명감을 가지고 싸우는 사람들이 있다면, 이곳 수비대가 바로 그들이었다.[44]

6월 6일 롬멜은 제15기갑사단을 움직여서 초소에 공격이 임박했음을 알렸다. 변함없이 허세와 속임수를 좋아하는 롬멜은 먼저 상대의 의중을 떠보았다. 혹 수비대가 항복할 의향이 있다면 굳이 공격을 강행할 필요는 없을 것이다. 예전 프랑스 침공에서는 이 방법이 먹혀들었다. 롬멜은 프랑스군에게 전갈을 보냈다.

"비르 하케임의 병사들에게. 더 이상의 저항은 오직 불필요한 희생만 부를 뿐이다. 너희들은 이틀 전 고트 발레Got Valeb에서 전멸한 영국군 2개 여단과 같은 운명에 놓여 있다. 너희들이 백기를 걸고 무장을 해제하고 나오면 우리는 사격을 멈추겠다."[45]

▲ 롬멜의 가잘라 공격에 맞서 나이트브리지 초소의 영국군이 25파운드 야포를 발사하고 있다.

그러나 프랑스 부대원들은 1940년의 오합지졸 패거리가 아니라, 끈질기고 자긍심 높은 지휘관이 이끄는 잘 훈련되고 의지가 굳은 군인들이었다. 쾨니히의 답변은 그답게 간결하고 무뚝뚝했다.

"지옥으로나 꺼져라!"[46]

롬멜의 반응은 신속하고 맹렬했다. 박격포와 야포, 대전차포와 전차에서 발사된 포탄들은 기관총 포화와 슈투카 폭탄과 함께 프랑스군 머리 위로 비처럼 쏟아져 내렸다. 이러한 포화에 사기가 저하될 것을 우려한 쾨니히는 영국 공군에게 무선으로 지원을 요청했다. 엄청난 공세에 밀리고 있던 수비대에게 유일하게 남은 지원군인 영국 공군은 비르 하케임을 아주 특별한 행운의 거점으로 삼기로 결정했다. 스핏파이어는 느린 슈투카를 제물 삼아 칠면조 사냥을 시작했고, 프랑스군은 환호했다. 쾨니히가 "덕분에 살았다Merci pour le RAF"라고 무전을 보내자, 영국 공군으로부터 전형적인 영국식 대답이 날아왔다.

"덕분에 몸 잘 풀었다Merci a vous pour le sport."[47]

독일 공군이 학살당하는 상황이니 독일군에게는 조크나 유머로 말장난을 할 형편이 아니었다. 비르 하케임에서의 손실에 혼이 빠진 남방군 최고사령관 케셀링Albert Kesselring 육군 원수는 롬멜에게 끈질긴 프랑스군을 전차로 공격하라고 다그쳤다. 롬멜은 이미 전략적으로 구축된 거점에는 전차가 소용이 없다는 명백한 사실을 지적하여 케셀링의 기를 죽였던 적이 있었다. 강화된 거점을 전차로 공격하는 것은 바보짓이라는 점을 토브룩에서의 실패가 명백하게 보여주었던 것이다.[48]

이렇게 끈질기고 맹렬한 저항에 준비되어 있지 않았던 롬멜은 쾨니히와 그의 혈기 왕성한 수비대에게 깊은 감명을 받았다. 비르 하케임에 퍼부어지는 엄청난 공격을 견뎌내는 수비대의 능력에 그는 특히 감동했다. 독일 공병대의 분투도 잘 조준된 맹렬한 프랑스군의 사격 앞에서는 전혀 성과를 내지 못했다.[49] 제1차 세계대전 당시 베르됭Verdun에서 프랑스군 수비대를 이끌고 지켜주었던 끈질기고 영웅적인 정신이 비르 하케임 초소 안쪽에서 다시 되살아나고 있었던 것이다. 프랑스군이 초소를 지켜내지 못할 것이라고 우려했던 리치는 쾨니히에게 의례적으로 수비에 치중할 것을 요청했고, 이 말을 들은 쾨니히는 조용하지만 단호하게 그러겠노라고 답했다.[50]

비르 하케임 전투보다 더 힘든 전투는 없었다

영국군이 다른 무엇보다 더 큰 찬사를 보냈던 이런 자신감과 저항의지로 인해 쾨니히의 부대원들은 제8군의 다른 부대로부터 깊은 존경을 받았다. 상황이 좋지 않은 이런 때에 찬양할 영웅이 있다는 사실이 영국군은 기뻤다.[51] 이런 선전이 조금만 더 지속되었다면 독일 아프리카군단이 감당하기 힘든 소모전으로 힘을 빼서 간단히 물리칠 수 있었을 것이다. 롬멜은 그러나 리치가 움직이지 않는 것과 비르 하케임 수비대의 구출에 실패한 것을 두고 '매우 놀라운 일'이라고 표현했다. 수비대가 만일 독일군이었다면 롬멜은 그들을 구하기 위해 수단과 방법을 가리지 않았을 것이다.[52]

이는 정당한 비판이기는 했지만 그렇다고 완전히 정확한 것은 아니었다. 다소 무성의한, 그리하여 실패하고 만 시도이긴 했지만 리치도 구출계획을 세우기는 했었다. 그는 가잘라 방어선의 주요 거점인 비르 하케임을 적에게 빼앗기지 않는 것이 무엇보다 중요하다는 점을 잘 알고 있었다. 6월 5일 롬멜의 부대가 비르 하케임 주위를 조이고 있을 때 리치는 애버딘이라는 암호명의 구출작전을 발동했다. 그러나 추축군의 지뢰밭과 포좌, 그리고 기동전차 집단에 맞서기에는 애버딘은 너무나 느리고 답답한 작전이었다. 일부 소수만 투입된 영국군의 전차는 그나마 88밀리 포의 손쉬운 먹잇감이 되고 말았다. 애버딘 작전으로 리치는 2개 보병여단과 4개 야포연대, 150대의 전차와 6,000명의 병력(2,000명이 죽고 4,000명이 포로가 되었다)이라는 대가를 치르면서 비참한 실패를 떠안게 되었다.[53] 이런 어마어마한 패배 후 가용 전차는 단 170대만이 남았고 항공 전력도 수적으로 확연히 열세였기 때문에 이제 리치로서도 할 수 있는 일이 거의 없는 형편이었다. 6월 9일 제4기갑여단의 잔여 병력은 저

항의 의미로 비르 하케임을 구하기 위한 무익한 시도를 했다.[54]

'가마솥'의 외부 경계에 가해진 이런 공격은 쾨니히를 쳐부수려는 롬멜의 신중한 준비에 전혀 방해가 되지 못했다. 6월 7일 이른 아침, 프랑스군의 맹렬한 포화에도 불구하고 제90경사단이 마침내 지뢰밭에 상당히 큰 통로를 뚫어내는 데 성공했다. 사흘 후 대규모 슈투카 공격에 이어 바데Baade 대령이 지휘하는 독일군 돌격부대가 가까스로 초소로 침투하여 남아 있는 프랑스군의 저항을 섬멸하기 위해 진군했다.

롬멜은 프랑스군이 결사적으로 싸울 것이라고 예상했지만, 쾨니히는 '사막의 여우'만큼이나 대담하고 영리했다. 이미 쾨니히는 부대원들에게 독일군 전선에 일점 공격을 가하여 돌파한 뒤 영국군 전선으로 후퇴하라고 명령을 내려놓은 상태였다. 그리하여 결국 수비대 병력 3,500명 중 2,700명이 제8군의 주 전선으로 돌아왔다. 쾨니히는 영리하게도 영국인 여성이 운전하는 참모진 차량을 타고 독일군 전선을 통과하여 롬멜의 마수에서 빠져나왔다.

부대원 중 일부는 탈출하는 동료들을 엄호하기 위해 남았다. 그리고 6월 11일이 되어서야 비로소 독일군 깃발이 초소에 꽂혔고, 단 100여 명의 부상당한 프랑스군 병력만이 포로가 되었다. 2주의 고통스런 기간 동안 프랑스군은 결사적으로 롬멜의 공세를 저지하고 지연시켰으나 결국 비르 하케임은 함락되고 말았다. 가잘라 방어선의 절반을 취하게 된 롬멜은 이제 '가마솥' 전투에서 완전히 승리를 거두었다.[55] 롬멜은 기뻐했으나 고된 전투를 함께 치른 적장 쾨니히와 그의 부대원들에게 찬사를 보내는 것을 잊지 않았다. 롬멜은 이 전투에 대한 소회를 이렇게 기록했다.

"아프리카에서 비르 하케임 전투보다 더 힘든 전투는 없었다."[56]

다시 토브룩으로

롬멜은 토브룩으로 진격할 준비를 하면서 가장 중요한 소득인 비르 하케임의 교훈을 되새겼다. 그러나 토브룩을 공격하기 전에 먼저 제8군과 일전을 치러야 했다.

늘 정치적 명성에 집착하던 처칠은 오친렉에게 엄청난 압력을 가했고, 이런 압력은 지휘체계를 따라 그대로 전달되었다. 리치는 어떤 대가를 치르더라도 토브룩을 지키라는 지시를 받았다. 이는 가잘라 방어선의 남은 절반 또한 지켜야 한다는 것을 의미했다. 따라서 리치는 원래 계획대로 아크로마와 엘 아뎀 사이로 새 방어선을 끌어내릴 수 없었다.

이런 상황은 120대의 독일군 전차와 60대의 이탈리아군 전차로 제30군단을 분쇄하려고 때를 노리던 롬멜에게 새로운 기회를 가져다주었다.[57] 다른 장군이라면 그런 힘든 임무를 수행하기 전에는 전차를 쉬게 하고 정비하기 위해 한숨을 돌리는 것이 일반적일 것이다. 그러나 자신의 전차 전력이 제30군단 전체를 괴멸시킬 수 있다는, 비현실적인 자만이 아닌 자신감이야말로 전형적인 롬멜 장군의 모습이었다. 롬멜로서는 그의 부대원들이 리치의 소모전술이나 비르 하케임에서의 호된 전투로 인해 아주 심하게 소진되지는 않았다고 판단할 만한 근거가 있었던 것이다.[58]

사실 롬멜은 리치가 회복할 시간을 얻기 전에 공격을 계속해야 할 필요가 있었다. 영국군의 불안정이 지속되기를 원하는 롬멜은 여전히 이집트 침공과 영국군을 카이로Cairo로 몰아붙이는 것을 최종 목표로 하고 있었던 것이다. 6월 11일 롬멜은 시드라 능선Sidra Ridge으로 제21기갑사단을 보내 제90경사단과 합류시킨 다음 엘 아뎀으로 진격했다. 해질녘에 제90경사단은 엘 아뎀을 점령했고, 리치의 반격 계획은 무산되었다. 제7기갑사단의 불운한 지휘관 메서비는 한때 사막에서 길을 잃었으나 결국 길을 찾아 영국군 전선으로 복귀했다.

▼ 빠르게 질주하는 아프리카군단은 가장 효율적인 기동전격전의 전형을 보여주었다. 그러나 이처럼 흩날리는 모래먼지는 엔진의 피스톤과 실린더에 악영향을 미쳤다.

▲ 1942년 6월 토브룩의 외곽에 독일의 20밀리 대공포가 배치되어 있다.

6월 11~12일 밤 롬멜의 매복에 걸려든 영국군 전차들은 독일군 전선으로 전진하던 대전차포에 맞아 산산조각이 나버렸다. 매복이 성공하자 롬멜은 휘하 기갑부대에게 측면으로 우회 전진하여 영국군 기갑부대를 협공에 몰아넣으라고 명령했다. 6월 12일 새벽이 되자 영국군 제30군단에 사실상 전투가 가능한 전차는 70대만이 남게 되었다. 이제 롬멜은 목표를 달성했다.

처칠의 성가시고 끈질긴 반대에도 불구하고 6월 14일 리치는 오친렉의 허가를 받아서 가잘라 방어선의 나머지를 포기했다. 오친렉은 토브룩을 포기하면서, 리치에게 모든 것을 불태우고 보급품을 파괴한 다음 이곳에 강력한 수비군을 남겨두라고 지시했다. 제8군의 나머지는 아크로마와 엘 아뎀 라인에 배치되었다.

이미 실컷 두들겨 맞은 제30군단을 가지고 리치와 오친렉이 이 지역을 수비할 수 없는 것은 명백했다. 자신의 상급자들보다는 좀 더 현실적이었던 군단사령관 노리는 제30군단이 전멸하는 것을 그대로 보고만 있지는 않았다. 노리는 영국군 사령부가 있던 감부트Gambut와 토브룩 방어의 전초기지인 엘 아뎀, 그리고 주요 통신센터인 벨하메드Belhamed의 철도수송 종점을 포기하기로 결정했다. 그리하여 롬멜이 토브룩으로 접근하기 시작했을 때는 예상했던 대로 도시를 지탱해주던 모든 보급과 지원은 차단되고 끊어져 있었다. 한편 제8군은 이집트의 성스러운 보호지역으로 알려진 피난처를 향해 동쪽으로 후퇴를 계속했다.[59]

▼ 1942년 6월 토브룩으로 진격하는 아프리카군단.

최연소 육군 원수

롬멜은 1년 이상 토브룩 점령에 집착하고 있었다.[60] 이제 롬멜은 자신의
야심을 실현시킬 최적의 기회를 얻었다. 롬멜과 같은 야심, 같은 집착에
사로잡혀 있던 부대원들에게도 토브룩은 살에 파고든 가시이자 영국과
의 전쟁을 상징하는 대상이었다. 그런데 독일군이 바로 그 도시로 진격
하고 있는 이 시점에서 적이 붕괴되고 있다는 고무적인 징조가 보였다.
영국군은 후퇴하는 병력의 퇴각 속도를 느리게 할 만한 모든 것을 버리
고 갔다. 1940년의 프랑스 전역을 겪었던 독일 아프리카군단의 고참 병
사들은 칼레Calais와 됭케르크로 향하는 가도에서 비슷한 장면을 목격했었
다. 확실히 사냥감은 피 흘리며 죽어가고 있었고 '사막의 여우'는 이제 공
격 준비가 완료되었다.[61]

6월 15일 남아공군 제2사단의 클로퍼Klopper 장군은 토브룩 수비대 사
령관으로 승진했다.[62] 클로퍼와 그의 수비대에게는 불행하게도 처칠도 롬
멜처럼 토브룩에 대한 나쁜 집착을 갖고 있었고, 이제부터 그 토브룩을
지키기 위해 수많은 병사들을 기꺼이 희생시킬 참이었다. 병참부와 해수
탈염 설비, 현대적인 부두, 벨하메드 철도수송 종점과의 근접성으로 인해
토브룩이 중요한 곳이라는 데는 의심의 여지가 없었다. 그러나 그렇다고
해서 처칠이 그 정도의 대가를 치를 만큼은 아니었다. 특히 오친렉의 의
견은 수상과 달랐다. 오친렉은 토브룩을 지켜내기 위해서 무모하게 자신
의 병력을 희생시키고 싶지 않았고, 해군도 1941년처럼 알렉산드리아와
토브룩 사이에서 배달구역을 바꿔가며 보급품을 실어 나르게 될 것을 달
가워하지 않았다.[63]

그러나 오친렉 아니라 어느 누구라도 처칠의 완고함 앞에서는 어쩔 수

가 없었다. 영국군은 롬멜이라는 또 하나의 압박 사이에 내몰려 있었고, 편은 갈려 있으나 처지는 크게 다를 것 없는 롬멜 역시 이런 상황에 대해 영국군과 마찬가지로 절망과 혐오감을 느끼고 있었다. 3만 5,000의 병력과 석 달을 버틸 수 있는 비축량을 보유한 클로퍼가 버티고 있는 토브룩은 만만치 않은 요새인 듯 보였다. 그러나 실상은 이와 달랐다. 여기저기 위험한 틈새와 구멍이 널려 있는 황폐해진 지뢰지대는 전혀 손을 보거나 정비되지 않은 채 무관심 속에 방치되어 있었던 것이다. 발보Italo Balbo(이탈리아 공군의 아버지. 식민지 리비아의 총독으로 직접 폭격기를 조종하며 토브룩 상공을 시찰하던 중 아군의 오인사격으로 사망했다. 무솔리니의 지시에 의한 암살이라는 설이 유력함-옮긴이) 원수가 1930년대에 구축한 콘크리트 벙커와 요새는 여전히 보수되지 않은 상태였다. 도시는 거대한 폐허 그 자체였다.

그러나 더 큰 문제는 수비대와 그들을 이끌 지휘관이었다. 남아공군이 오스트레일리아군만큼 강인하고 용감하다고 해도 그들은 사막전 경험이 너무 부족했다. 그것은 지휘관도 마찬가지였다. 더구나 토브룩에는 공중지원도 없었다. 영국 공군이 배치된 비행장은 가장 가까운 곳이 시디 바라니에 있었는데, 토브룩의 동쪽에 있는 그곳은 그러나 토브룩을 보호하기에는 너무 멀리 떨어져 있었다. 따라서 토브룩은 케셀링의 항공단에게 좌지우지될 수밖에 없었다. 게다가 경험도 없고 사기도 떨어진 수비대는 만만치 않은 적을 앞에 놓고서 가장 기초적인 보급조차 부족한 상태였다. 이런 상황에서 토브룩이 놀랄 만큼 쉽게 롬멜에게 함락된 것은 사실은 그리 놀랄 일이 아니었다.[66]

이제 강화된 거점을 점령하는 데 완전히 숙달된 롬멜은 빠르게 토브룩 주위로 그물을 좁혀갔다. 노리가 버리고 간 엘 아뎀이 점령되자 영국군 수비대는 다른 제8군 병력과 연락이 끊겼다. 독일군이 해안도로 비아 발비아에 도달하자 이제 토브룩과 이집트의 육상 통신은 완전히 단절되었다. 그리고 6월 18일 독일군은 감부트를 점령했다. 결과적으로 비록 필요 없게 되어버리긴 했지만, 버려진 비행장은 이제 독일 공군이 토브룩을 두들기는 데 사용될 수 있게 되었다. 6월 19일 영국군 제8군은 국경으로의 퇴각을 완료했고, 덕분에 이제 롬멜은 적의 방해를 받지 않고 토브룩을 공격할 수 있게 되었다.[65]

이전의 경험으로 보아 토브룩을 공략하면서 충분히 주의를 기울여야 하는 것은 당연한 일이었지만, 그렇다 하더라도 이번에는 수비대를 지나치게 과대평가하는 실수를 저지르고 말았다.[66] 자신들의 일반적인 공식에 따라 움직인 독일군은 150대의 항공기로 대규모 공습과 함께 새벽 공격을 개시하면서 전례 없는 힘과 맹렬함으로 경계지역을 파괴해나갔다. 08시경, 폭격에 이어 롬멜의 전차대는 제13군단을 공격하여 이들을 묶어둠과 동시에 토브룩의 영국군 전선으로 치고 들어갔다. 16시경 롬멜은 토브룩 주변 영국군이 점하고 있던 모든 비행장을 접수하고, 3시간 뒤 기갑부대를 이끌고 폐허가 된 도시로 요란스레 쳐들어갔다.

클로퍼는 불시에 습격을 받았고, 애초에 높지도 않았던 사기는 완전히 땅에 떨어져버렸다. 클로퍼는 서쪽 지역에 있는 연료 집적소를 파괴하라고 명령했으나 이 시도는 실패하고 말았다. 6월 21일 02시경 클로퍼는 수비대에게 결사 항전하라는 명령을 내렸지만 4시간 뒤에는 마음을 바꿔 결국 리치에게 항복을 허락해달라는 무선통신을 보냈다. 08시경 도시를 포함한 토브룩 주변 고립지역 대부분이 독일군 수중에 떨어졌고, 클로퍼는 패배를 인정했다. 그는 항복했다. 09시 40분경 비아 발비아에서 롬멜을 만난 클로퍼는 승리한 독일군 사령관과 함께 차를 타고 토브룩 호

텔로 돌아갔다. 그들이 지나가는 동안 도로에는 1만 명의 침울한 영국과 영연방 병사들이 길게 줄을 잇고 있었다.[67] 이 승리는 롬멜의 사막전 경력에서 가장 두드러진 것으로, 모든 전역에 있어 가히 최고의 순간이었다. 마르마리카, 즉 가잘라의 전투는 마침내 종료되었고, 대영제국은 자존심을 다쳤다.

승전 결산보고에서 롬멜은 4만 5,000명의 병사와 1,000대의 장갑차량과 400대의 화포를 나포했다고 주장했지만[68] 이는 다소 과장된 것 같다. 그러나 어느 기준으로 정리해도 롬멜이 수많은 포로와 장비, 보급품을 획득한 것은 틀림없는 사실이었다. 그는 1만 9,000명의 영국군과 9,000명의 남아공 백인, 9,000명의 인도군 및 남아공 원주민 병사를 잡았다. 더 중요한 것은 유용하게 쓸 수 있는 산더미 같은 보급품을 획득한 것이었다.

▼ 가잘라 전투가 끝난 후 독일 아프리카군단의 병사가 지평선을 살펴보고 있다. 영국군은 패배 후 총퇴각했다.

보급품에는 약 2,000톤의 연료와 5,000톤의 식량, 2,000대의 가용 차량이 포함되어 있었다. 적군이 베풀어준 이런 호의 덕분에, 이제 롬멜은 이집트를 침공하고 나일강으로 진격할 준비를 마쳤다.

그러나 독일군에게도 손실이 없었던 것은 아니었다. 롬멜은 부대 전력의 13퍼센트에 달하는 3,400명의 병사를 잃었고, 70퍼센트에 이르는 휘하 장교 300명을 잃는 재난에 가까운 손실을 보았다. 이집트 공략을 생각한다면 자신의 적군과는 달리 롬멜은 이런 인적 손실을 보충할 여유가 없었다. 그러나 적어도 눈엣가시였던 토브룩은 마침내 제거되었다. 롬멜의 다음 명령은 간단명료했다.

"토브룩 요새는 항복했다. 모든 부대는 다시 집합하여 다음 진격을 준비하라."[69]

▲ 토브룩을 향한 롬멜의 진격은 누구도 저지할 수 없었다. 빠르게 질주하는 롬멜의 공격에 연합군은 항복하거나 죽는 것 외에 다른 대안이 없었다.

▼ 롬멜은 중과부적의 아프리카군단을 이끌고 영국군을 압도하면서 토브룩에서 수많은 포로를 포획했다.

▲ 토브룩을 방어하기가 불가능했던 연합군은 귀중한 연료와 기타 물자를 파괴해야 할 처지에 놓였고, 반면에 롬멜은 부대를 위한 중요한 연료와 식량을 획득할 수 있었다.

그러나 명확하고 간결하고 꾸밈없는 공식적인 견해와는 달리 자신의 아내에게는 겉치레가 필요 없었다.

"토브룩! 참으로 멋진 전투였소."[70]

이번 전투의 결과는 추축군과 연합군 모두에게 광범위하게 영향을 미쳤다. 토브룩 수성을 그토록 강조했던 처칠은 함락 소식이 전해졌을 때 루스벨트 대통령과의 회담을 위해 워싱턴에 있었다. 처칠을 상처 입게 한 또 다른 모욕은 그가 영국대사관이 아니라 루스벨트로부터 그 소식을 들었다는 사실이었다. 타격을 완화시키기 위해 루스벨트는 즉시 사막으로 250대의 신형 셔먼 전차를 보내고, 두들겨 맞은 영국 친구에게 미국이 모을 수 있는 가능한 모든 원조를 하겠다고 제안했다. 처칠은 동맹국의 너그러운 제안이 기뻤음에도 불구하고 계속 풀이 죽어 있었다.

"전쟁 기간을 회상할 때 가장 묵직한 타격 중 하나였다. 군사적으로도 나쁜 영향을 주었을 뿐만 아니라 영국 무기의 명성에도 먹칠을 했다. 패배와 불명예는 별개의 것이다."[71]

　연합군 측의 우울한 분위기는 로마와 베를린에서의 환호와 대비되었다. 끊이지 않던 롬멜에 대한 비판은 그의 놀라운 성취로 인해 잠잠해졌고, 히틀러는 자신이 지지하고 후견하는 롬멜이 이루어낸 승리 소식에 흥분했다. 그리고 그에 걸맞은 파격 승진으로 그의 노고에 보답했다. 히틀러는 롬멜을 독일의 최연소 육군 원수로 임명했고, 롬멜은 예상치 못한 히틀러의 조치에 놀라며 기뻐했다. 그러나 그는 승진 대신 2, 3개 사단을 받았다면 더 좋았을 것이라고 기록했다. 롬멜은 병기와 병력의 손실을 대체할 충원이 절실히 필요했기 때문에 이런 겸손은 거짓이 아니었다.[72]

문제는 속도다

롬멜이 이루어낸 대단한 승리는 독일의 가장 뛰어난 군사지휘관으로서의 그의 지위를 확고히 해주었다. 이런 명성은 어떻게 얻게 되었으며, 그의 놀라운 승리 뒤에는 어떤 비밀이 있는 것일까? 기갑부대 지휘관으로서 롬멜은 사막이라는 지형적 특성을 이용해 기동성 있는 공격 전술을 구사했다. 북아프리카는 기갑부대에게 딱 맞는 곳이었다.

　"평평하고 장애물이 없는 사막에서의 전차전은 지금까지 전혀 꿈도 꾸지 못했던 가능성을 보여주었다. 기계화전과 전차전의 이론과 원리가 그대로 적용되고 또 더욱 발전될 수 있는 곳은 오직 모래전장뿐이며, 또한 그곳은 최상의 진용으로 진정한 전차전을 펼칠 수 있는 유일한 전장이었다."[73]

　보병사단은 프랑스에서는 구축된 거점을 수비하는 데 유용했다. 그러나 사막의 보병사단은 독일 아프리카군단에게 유용하기는커녕 방해가 될 뿐이었고, 군단의 다른 부대를 재난에서 구해낸 것은 기동전차 전력이었다. 1940년의 전역에서 그라치아니^{Rodolfo Graziani}(1930~1934년에 리비아의 이탈리아군 총사령관을 지낸 후 1939년부터 리비아에서 이탈리아군을 지휘했으나 웨이벌의 영국군에 크게 패하여 경질됨-옮긴이)는 엄청난 수적 우위에도 불구하고 훨씬 적은 수지만 더 기동성 있는 영국군에게 휘둘렸던 것이다.[74]

전차를 이상적으로 운용하는 나라에서는 그 기동성과 장갑을 자유롭게 사용할 수 있다는 점에서 높은 평가를 받았다. 그러나 사막에서 성공을 거둔 롬멜만의 운용방식과 핵심 개념은 과연 무엇일까? 롬멜이 영국군과 싸우면서 재차 입증했던 것처럼 독일 아프리카군단은 밀집대형을 유지하는 것이 핵심이었다. 반면에 영국군은 흩어져 분산대형으로 공격하는 경향이 강했다. 따라서 적군의 보급선을 위협하는 것이 중요했다. 이런 위협은 적이 자신의 보급선을 어떻게 해서든지 안전하게 유지하고자 기를 쓰는 동안 공격을 중단하게 만든다. 기갑부대는 군의 심장이었다. 그리고 반응 속도가 전투 전체를 결정하기 때문에 기갑부대의 지휘관은 전선에 아주 가까이 있어야 했다. 이는 롬멜이 실제 전선의 상황에 따라 신속한 결정을 할 수 있었음을 의미했다. 더구나 롬멜은 적의 피해를 이끌어낼 수 있는 기습의 최적 상태를 만들기 위한 은폐의 필요성을 굳게 믿고 있었다. 결론적으로 말하면, "속도가 전부다. 적에게 알아챌 시간을 허락해서는 안 된다. 추격군의 빠른 재조직과 보급의 재정비는 필수적이다."[75]

롬멜은 또한 포병의 현명한 운용, 특히 기동방어의 역할에 대해 크게 강조했는데, 여기서도 역시 속도와 기동성, 그리고 긴 사거리는 필수적이었다. 그리고 장갑의 무게가 주포의 화력 부족을 보상해주는 것은 아니며, 어떤 경우라도 전차의 공격력은 오직 속도와 기동성을 담보로 해서 얻을 수 있을 뿐이었다. 따라서 롬멜의 포병대도 충분한 탄약이 보급되어야 함은 물론 긴 사거리와 높은 기동성을 가지고 있어야 했다. 더 큰 대포는 더 멀리 도달하여 적과의 교전에서 기선을 잡을 수 있게 하기 때문이다. 롬멜은 88밀리 포와 숙련된 포대원에서 그 완벽한 해답을 찾을 수 있었다.

독일군 보병은 지역을 방어하고 적군의 진격을 저지했다. 따라서 포병과 마찬가지로 보병에게도 기동성과 유연성이 필요했다.[76] 롬멜에게 보병과 포병은 승리를 지켜주는 똑같은 기동군의 한 부분들이었다. 그러니 전차를 군의 다른 병력과 별개의 존재로 보는 영국군의 시각을 롬멜이 전적으로 부정한 것은 당연한 일이었다.

롬멜은 위험을 감수하는 대담한 지휘관이었지만 부하들의 생명을 걸고 도박을 하지는 않았다. 가장 절망적인 상황에서만 그런 도박은 정당화될 수 있는 것이다. 어떤 경우에도 롬멜은 타협을 싫어했고 중구난방의 의견에 전투가 휘둘리는 것을 혐오했다. 결국 그는 지휘관이었고, 필요한 결정을 내렸다.[77]

열정과 추진력, 그리고 무한한 낙관주의

롬멜이 중요하게 꼽는 지휘관의 역할은 무엇일까? 롬멜은 능동적인 지휘관이 실권을 잡고 있지 않으면 부하 장교들이 무관심해지고 타성에 젖기 쉽다고 생각했다. 전선과 부대원들 가까이에 있는 적극적이고 정력적인 지휘관이라면 휘하 장교들이 게을러지는 것을 허락하지 않을 것이다. 과거 군사교관으로 근무한 적이 있는 롬멜은 부대원들을 고되게 훈련시키면 자연히 사상자의 수는 줄어든다는 금언을 굳게 믿고 있었다. 지휘관은 전선 가까이에 있어야 했다. 그래야 장교와 병사들을 신중하게 만들 뿐 아니라 전투가 체스판 위의 이론 싸움이 되는 것을 막을 수 있었다. 병사들이 본능적으로 깨닫고 분개하여 그릇된 동정심이 싹트는 것을 막으면서 한편으로 자신감과 신뢰를 심어주기 위해 지휘관이 병사들과 밀접한 관계를 갖는 것 역시 중요했다.[78]

기갑부대 지휘관으로서 롬멜은 어떠했으며, 부대원들은 그를 어떻게 생각했을까? 한 가지 단서는 롬멜이 가진 끝없는 열정과 추진력, 그리고 무한한 낙관주의에서 찾을 수 있다. 열정이 없는 장교는 즉시, 그리고 가차 없이 독일로 돌려보내졌다. 롬멜은 실패를 허용하지 않았으며, 최선을 다하지 않거나 임무수행을 회피하는 장교에 대해서는 정말로 무자비했다. 롬멜은 엄청난 속도와 승리를 향한 혹독한 추진력으로 자신보다 어린 장교들을 지칠 때까지 몰아붙였다. 운전병이 운전을 할 수 없을 정도로 지쳐버려 롬멜이 직접 운전대를 잡는 일도 종종 있었다.

나중에 엘 알라메인 전투에서 만나게 되는 몽고메리 장군처럼 롬멜 역시 좋은 음식과 고급술을 탐하는 사람이 아니었다. 실제로 그의 참모들은 롬멜이 극도로 검소했으며 그의 막사도 매우 소박했다고 회고하곤 했다. 또 "네가 다른 사람에게 하기를 바라는 대로 행하라"는 말을 전적으로 신뢰했던 롬멜은 부하들과 같은 음식을 먹고 같은 막사에서 휴식을 취했다.[79]

순시의 효과를 믿었던 롬멜은 불시에 순시를 자주 실시했다. 그의 순시는 당연히 긴장감을 주어 최선을 다하는 분위기를 조성했다. '늙은이'가 돌아다니는 날이면 기준에 미달하는 부대나 기지의 장교들에게는 재난이 닥쳤다. 어느 날 롬멜이 순시를 위해 어떤 기지에 도착했는데 처음에 초병이 경례를 하지 않았다. 화가 난 롬멜이 지휘관을 호출하자 지금 취침 중이라는 답이 돌아왔다. 롬멜의 분노는 격노로 바뀌었다. 극도로 화가 난 롬멜은 '잠자는 숲속의 공주'를 침대에서 끌어내 그 지역의 상황이 어떤지 물어보았다. 별다른 것이 없다는 대답을 듣자, 롬멜은 바로 받아쳤다.

"어떻게 알지? 귀관은 취침 중이었지 않나!"

그 다음 롬멜은 기지의 보완점 리스트를 검토한 뒤 즉시 시정을 명령했다. 그리고 나서 다음번 불시 순시 때에는 잠들어 있지 말라고 말했다고 롬멜의 운전병 슈미트는 회고했다.[80]

▼ 롬멜이 병사 수송 장갑차 '그라이프'에 탑승한 모습이다. 승리를 향한 전진에서 병사들과 함께 위험을 감수했던 롬멜을 사람들은 위대한 지도자로 평가하고 있다.

▲ 이후 적장으로 만나게 될 몽고메리처럼 롬멜(왼쪽에서 두 번째)도 사치를 멀리하고 부하들과 가까이 지내는 지휘관이었다. 롬멜이 존경받은 것은 바로 이 때문이다.

역사가들은 롬멜과 그의 지휘력을 어떻게 보고 있을까? 필자를 포함한 대부분의 사람들은 독일군과 이탈리아군이 섞여 있는 소규모 군대로 고된 환경과 수많은 곤란을 이겨내고 승리를 쟁취한 이 특별한 지휘관에게 그저 찬사를 보낼 뿐이다. 예전 롬멜의 적인 리델 하트와 케네스 맥케시 Kenneth Mackesy로 대표되는 영국인들마저도 그의 자질을 극찬했다. 롬멜은 어떤 전쟁 기준에 비추어도 매우 뛰어나고 부대원들에게 영감을 주는 리더이자 위대한 지휘관이었다.

물론 모두가 그에게 깊은 인상을 받은 것은 아니다. 예를 들어 렌 데이턴Len Deighton은 롬멜을 제2차 세계대전을 이끈 가장 위대한 지휘관 중 한 사람으로 꼽는 데 동의하지 않는다. 롬멜이 계속해서 뛰어난 승리를 거둘 수 있었던 것은 발터 네링Walther Nehring, 프리츠 바이어라인, 루트비히 크뤼벨 같은 휘하의 유능한 장교들 덕이라는 것이 데이턴의 생각이다. 또 롬멜은 병참과 보급의 문제를 도외시하는 치명적인 실수를 저질렀다는 주장도 제기되었다. 그러나 이 문제는 보급선 보호에 실패한 이탈리아 해군의 잘못으로 돌려졌다.[81]

더 나아가 독일의 전쟁사가戰爭史家 볼프 헤크만Wolf Heckmann은 심지어 롬멜의 명성이 나치 선전의 산물이라고 폄하했다. 롬멜을 존경할 만한 지휘관이라 하기에는 히틀러와의 개인적인 친분이 너무 두터웠던 사람이라는 것이 헤크만의 견해다. 헤크만은 롬멜을 환상과 허영에 빠져 부적절한 영광에 집착한 인물을 규정했다. 영국군이 롬멜의 힘에 대적할 수 있게 되자 그의 운은 다하게 되었고, 그는 결국 엘 알라메인에서 패배하고 말았다.[82]

필자의 생각으로는 데이턴과 헤크만은 모두 핵심에서 빗나갔다. 그들의 견해는 책상 앞에 앉은 전략가가 나중에 주워들은 지식으로 야전지휘관을 평가하는 것과 같다. 전쟁의 현실을 직면한다는 것은 그것과는 전혀 차원이 다른 일이다. 롬멜을 시험하고 평가하는 곳은 바로 여기, 북아프리카의 전장이었다.

"하나의 철십자 훈장보다는
한 대의 전차와 휘발유를 다오."

Chapter 7

위대한 영웅의
황혼

죽어서 뒹굴기 전에 이 오래된 '끈질긴 친구들'에게

지옥과도 같은 전투를 선사하겠다고 결심하기는 했지만

롬멜은 점점 패배주의자가 되어가고 있었다.

10월 28일 롬멜은 지휘관과 병사들에게

오늘 싸움은 자신을 포함한 모두가 고통스런 마지막까지 투쟁해야 하는

생사가 걸린 전투임을 당부하고 주지시켰다.

230쪽 사진

롬멜은 모국 독일에서뿐만 아니라 이탈리아에서도 훈장을 받았지만, 기갑 병력을 증원시킬 수 있다면 모든 훈장과 기꺼이 바꾸겠노라고 여러 차례 공언했다.

● 1942년 6월 24일, 롬멜은 로마와 베를린으로부터 이집트로의 진격 허가를 받았다. 롬멜의 최종 목표는 카이로와 나일 삼각주를 점령하는 것이었다.[1] 이 결정에는 논쟁의 여지가 있었다. 당시에도 기나긴 토론이 불붙었고, 나중에도 이 공격이 올바른 결정이었는지에 대한 논쟁은 숱하게 벌어졌다.

로마에서는 토브룩의 함락에 앞서, 독일군과 이탈리아군이 영국군을 이집트까지 추격하는 것보다 몰타에 대한 협상을 벌이는 것이 더 중요하다고 결정했었다. 영국군이 몰타를 지키고 있는 한, 롬멜의 보급 상황은 계속해서 불안정할 수밖에 없었다. 케셀링과 카발레로 장군은 C3 작전(나중의 헤라클레스 작전)이라는 침략 계획을 세웠다. 공수부대와 가파른 절벽을 오르기 위해 리보르노Livorno(이탈리아의 항구도시-옮긴이)에서 특별 훈련을 받은 특수부대가 몰타를 침공할 예정이었고, 6월까지도 한 달 후에 전개될 헤라클레스 작전을 위해 한창 준비가 진행되고 있었다. 그러나 롬멜은 몰타가 그 정도의 주목을 받을 만한 가치가 있는 것으로는 보지 않았다. 그보다는 이집트와 수에즈 운하, 그리고 최종적으로 페르시아 만과 그 일대의 유전 쪽으로 롬멜은 시선을 돌리고 있었다.

6월 22일 영국군은 메르사 마트루에서 퇴각했고, 오친렉은 시찰을 위해 리치의 전선 사령부로 날아갔다. 그리고 다음날 독일 아프리카군단이 솔룸에 도착했다. 히틀러는 몰타 작전을 취소하고 롬멜의 이집트 진격을 허가해야 한다고 무솔리니를 설득했다. 마침내 무솔리니는 몰타 침공을 위해 배치했던 부대를 롬멜의 휘하로 보냈다.[2]

롬멜에게 몰타는 그리 중요하지 않았다. 몰타는 케셀링과 이탈리아군의 소관이었지 그의 책임 영역이 아니었다. 제8군이 회복할 시간을 갖기 전에 공격하기로 결정한 롬멜의 머릿속에는 나중에 이 공격의 당위성을

▲ 롬멜은 1942년 7월 휴가를 거부하고 줄어만 가는 자신의 병사들과 함께 사막전을 계속했다.

놓고 문제를 제기할 비평가들에 대한 생각은 물론 들어 있지 않았다. 영국군은 롬멜의 예상처럼 엘 알라메인보다 솔룸에 훨씬 더 강력한 진지를 구축하고 있었겠지만,[3] 공격을 개시하자 롬멜은 자신이 공격의 고삐를 쥐고 있는 한 승리할 수 있다는 확신이 들었다.[4]

6월 26일에 바스티코와 카발레로, 케셀링, 그리고 독일군 연락장교인 린텔렌Rintelen 장군이 롬멜의 사령부에 도착했다. 이탈리아 장군들이 자신의 진격을 막으러 왔다고 생각한 롬멜은 '이 거지 같은 놈들은 변할 줄을 모르는군'[5] 하고 불평했지만, 이탈리아군에 대한 그의 직감은 이번에는 틀렸다.

롬멜은 메르사 마트루의 영국군을 포위하기 위한 세부 계획을 설명했다. 우선 해안도로를 차단해서 도시를 고립시킨 다음, 남서쪽으로부터 몰아쳐서 도시를 점령한다. 말하자면 이것은 토브룩에서 성공을 거둔 전술을 그대로 반복하는 것이었다. 그러나 놀랍게도 이탈리아군은 반대하지 않았고 바스티코는 엘 알라메인까지 진격을 허가했다. 다음날 자신감에 충만한 무솔리니는 작전의 범위를 수에즈 운하의 중간지점에 있는 항구 도시 이스마일리아Ismailia와 카이로까지 확장했다. 흥분한 롬멜은 메르사 마트루를 쉽게 점령할 수 있을 것이라고 자신감을 피력했다.

예상대로 메르사 마트루는 손쉽게 넘어왔고, 롬멜이 수에즈에 도달하기 전까지 영국군의 실질적인 수비는 전혀 없었다. 이집트가 중동 전체를 관할하고 있었고, 영국 육군참모총장 앨런 브룩Alan Brook 장군은 히틀러가 러시아 캅카스의 바쿠Baku 유전지대로 진격하려던 병력을 대신 롬멜에게 충원해주었을 거라고 생각했다. 만약 이집트가 롬멜에게 함락된다면 롬멜과 걸프 유전지대 사이에는 오직 시리아의 오스트레일리아군 제9사단만이 존재하게 된다.

6월 25일, 염려에도 불구하고 오친렉은 리치로부터 제8군의 직접 지휘권을 넘겨받았다.[6] 당시의 제8군은 전력의 절반인 5만의 병력을 가잘라 전투에서 상실한 뒤라 예전 모습의 희미한 그림자만 남아 있을 뿐이었다. 제8군의 사기는 바닥에 떨어져 있었고, 롬멜의 진격에 맞서 메르사 마트루를 지켜낼 수 없을 것이라는 두려움이 영국군을 지배하고 있었다.

웨이벌이 총사령관이 된 후로 영국군은 메르사 마트루 서쪽, 다시 말해 이집트 국경에서만큼은 반드시 적을 저지해야 한다고 생각하고 있었다. 그 지점이 무너진다면 삼각주에서 철수하는 것 외 영국군에게는 다른 방법이 없게 된다. 이제 영국군은 골치 아픈 선택에 직면하게 되었다. 마침내 6월 23일 중동방위위원회는 오친렉에게 메르사 퇴각을 허락했다. 이틀 후 롬멜이 영국군 정보기관 추산 3만의 병력과 200대의 전차를 이끌

▲ 영국군은 통신 보안이 엉성했다. 롬멜의 요원들은 이렇게 주요 정보를 감청하여 롬멜이 전술적 우위를 유지할 수 있도록 해주었다.

고 도시 공격권 안에 주둔했기 때문에 퇴각은 시의적절했다.

　리치는 시디 함자Sidi Hamza에서 메르사에 이르는 방어선 수비계획을 세웠다. 인도군 제10사단은 메르사 초소를, 제25보병여단은 '채링 크로스 Charing Cross'(런던 트래펄가 광장 동쪽으로 이어지는 변화가. 영국군이 이집트 국경의 방어초소 별명으로 썼다-옮긴이) 초소를, 그리고 제50사단은 메르사의 남동쪽을 방어하도록 했다. 결국 제10군단은 160제곱킬로미터에 달하는 지역을 방어하게 되었다. 인도군 제5사단은 시디 함자를 수비하고, 고트의 제13군단은 남쪽의 사막을 지켰다.[7] 롬멜은 영국군이 메르사 방어를 강화한 것을 알았지만 토브룩 때만큼 교묘하거나 철저하지 않다고 판단했다. 이제 롬멜은 제8군을 전멸시키기 위한 전투를 기꺼이 받아들였다.[8]

▲ 롬멜의 아프리카군단은 1942년의 사막전 동안 기갑군의 중심을 이루고 있었지만. 역시 보급 부족에 시달렸다. 메르사 마트루 인근의 독일군 장교들의 모습이다.

사실 오친렉은 경험도 풍부하고 매우 신중한 지휘관이라서 메르사 정도의 올가미에 그리 쉽게 걸려들 리가 없었다. 오친렉은 가잘라에서 강화 방어선을 수비하면서 배운 것이 많았다. 여단이 배치된 각 초소를 연결해서 만든 강화 방어선은 외관상 상당히 견고해 보였다. 그런 방어선을 구축하는 데 들어간 엄청난 노력에도 불구하고 영국군은 롬멜의 진격을 저지하는 데 실패했던 것이다. 더구나 메르사-시디 함자 방어선은 그때만큼 충분히 강화되지도 못했다. 자연 그대로의 천연 방어선이라는 측면에서 메르사-시디 함자 방어선은 가잘라 방어선만큼이나 허약했다. 롬멜은 사막을 지나 진격해서 방어선의 허를 찌르고 제10군단 전체를 바다 쪽으로 밀어붙일 수도 있었다. 메르사 마트루는 또 다른 토브룩이었으며, 오친렉은 그런 패배를 다시 감당할 수 없었다. 따라서 오친렉은 엘 알라메인같이 알렉산드리아의 보급기지에 더 근접하고 더 견고한 천연의 방어선 쪽으로 후퇴하기로 결정했다. 그곳은 롬멜이 허를 찌르는 술책을 다시 사용할 수 없는 지점이었다. 오친렉의 직접 지휘를 받는 영국군의 대응은 이번에는 그야말로 포대와 보병, 전차와 근접항공 지원이 결합된 강력하고 공세적인 기동방어 형태가 될 것이다. 다시 말해서 롬멜을 상대로 롬멜의 전술을 사용하는 것이었다. 6월 25일 오친렉은 참모장인 도먼 스미스Dorman-Smith 장군과 협의하면서 제8군의 병력이 너무 약하며 메르사 마트루에 분산 배치되어 있어 이 상태로는 롬멜의 전면 공격을 막아내기 힘들다고 지적했다. 도먼 스미스는 이에 동의했다.[9]

이틀 후 롬멜은 메르사의 영국군에게 치명타를 날릴 준비를 하고 있었다. 결전의 순간이 다가왔다. "이번 전투는 어느 한편에게서 많은 것을 빼앗아 갈 것이다. 그러나 또한 일생일대의 기회인 것도 틀림없는 사실이다. 적은 공군을 동원하여 필사적으로 반격할 것이다"라고 롬멜은 전투 직전의 소회를 기록하고 있다.[10] 롬멜의 가용 전선 병력은 6,500명의 병사와 94대의 전차로 아주 빈약했다. 이 병력으로 롬멜은 메르사 마트루 수비대의 동쪽 탈출로인 해안도로를 봉쇄하기 위해 전진했다.

연합군 부대에는 푸카Fuka 방어선에서 철수하라는 명령이 떨어졌다. 뉴질랜드군 사단의 지휘관 프라이버그Freyberg 장군이 이번 철수를 강력히 주장했다. 토브룩에서 클로퍼가 겪은 우울한 운명을 같이하고 싶지 않았던 프라이버그는 불행하게도 부상을 입고 잉글리스Inglis 장군과 교체되었다. 그러나 더 나빴던 것은 사령부에 먼저 알리지도 않은 채 제12군단을 철수시켜버린 고트의 결정이었다. 그로 인해 제10군단의 진지가 위험해졌기 때문에 6월 28일 정오에 오친렉은 모든 군단을 철수시키고 말았다.

롬멜의 전술로 롬멜을 치다

전선을 휩쓸며 전진하던 롬멜은 제8군을 밀어붙여 완전히 힘을 빼놓았다고 생각했으나 사실은 그렇지 않았다. 큰 전투 없이 메르사를 점령한 롬멜은 7,000명[11]의 포로를 잡는 데 그쳤지만 대량의 보급물자를 전리품으로 획득했다. 이제 그는 자신의 첫 번째 목표인 알렉산드리아에 근접해 있었다. 제8군의 사기는 몹시 저하되어 있어 알렉산드리아까지의 진격에는 별 무리가 없어 보였다. 더구나 독일군은 이집트 서부의 잘 정비된 도로와 철도도 이용할 수 있게 되었다.

롬멜은 자신의 부대가 겪어야 할 가장 호된 시련은 끝났다고 생각했다.[12] 그러나 영국군을 포위하여 완전히 무너뜨리지 못했기 때문에 메르

▼ 롬멜의 제90경사단은 '사막의 여우' 롬멜의 속도전을 주도하는 핵심 병력이었다. 제90경사단이 사막의 뜨거운 태양을 피하고 있다.

사 마트루의 전투는 그에게 엄청난 실망을 안겨주었다. 뉴질랜드 정예군과 강인한 지휘관 프라이버그를 나포한 것이 가장 큰 성과라면 성과였다. 사실 영국군은 후퇴하여 훨씬 동쪽에다 더 강한 방어선을 구축하고 있었고,[13] 롬멜은 이제 알렉산드리아까지 201킬로미터를 남겨놓고 있었다.[14]

6월 29일 독일군의 제90경사단이 엘 알라메인에서 서쪽으로 겨우 32킬로미터 떨어진 시디 아브드 알 라만Sidi Abd al-Rahman에 도달했다. 이집트 전체가 롬멜의 손아귀에 떨어지는 것은 거의 시간문제로 보였다. 북아프리카에서의 추축군의 가장 위대한 승리를 기대하고 있던 무솔리니는 키레나이카까지 와서 카이로의 함락 소식을 기다리고 있었다.

이제는 사기가 저하되어 완전히 패배한 것처럼 보이는 영국군은 제10군단에 나일 삼각주 방어를 맡기고 부대명도 '델타 포스Delta Force'로 바꾸었다. 영국군은 자신의 병력에도, 그리고 알렉산드리아 서부에서 승승장구하고 있는 롬멜의 부대를 막는 데도 자신이 없어 보였다.[15] 이제 알렉산드리아 앞에서 마지막까지 저항할 능력과 자신감, 그리고 끈기를 가진 이는 오직 한 사람 오친렉밖에 남아 있지 않은 것 같았다. 그는 엘 알라메인에서 반드시 롬멜을 저지해야 한다고 단단히 마음먹고 있었다.

▼ 88밀리 포가 Sdkfz 반궤도차에 끌려 이동 중이다. 차량 뒤칸에는 제리캔이 실려 있다.

오친렉은 알렉산드리아의 외곽방어 시설을 메나^{Mena}와 와디 나트룬^{Wadi Natrun} 사이에서 구축하라고 명령했다. 남아공군 제1사단을 엘 알라메인 초소에 배치하는 한편, 엘 알라메인 방어선에는 제1기갑사단과 2개 보병 사단을 투입했다. 초소는 너무나 빈약했고, 방어선은 작전지도 위에 색연필로 표시해놓은 선보다 조금 나은 정도였다. 고정 방어선에 대한 신뢰를 잃어버린 오친렉은 이런 상황에도 그리 불안해하지 않았다. 그리고 이제 그는 롬멜의 진격을 막고 격퇴시키기 위해 철저한 기동방어 전술을 사용할 자신의 부대를 신뢰하고 있었다.

문제는 오친렉의 부대가 산산조각 나고 사기가 바닥에 떨어져 있으며, 오친렉이 롬멜의 무자비한 진격을 막을 수 있으리라 확신하는 장교들이 거의 없다는 점이었다. 오친렉 휘하의 지휘관들은 경험과 기술도 충분치 않았고 사령관의 명령을 수행할 자신감도 부족했다. 보병은 롬멜의 노련한 기갑부대를 무너뜨릴 장비도 훈련도, 그리고 지휘력도 모두 부족한 상태였다.

▼ 1942년 엘 알라메인 전투에서 교전 중인 영국군. 거의 없다시피 한 사막의 엄폐물을 이용하여 영국군이 적에게 접근하고 있다.

▲ 영국군 제8군의 크루세이더 III 전차가 엘 알라메인을 향해 이동하고 있다. 전투 후반에는 미국이 설계한 셔먼과 그랜트 전차가 연합군 전차 전력의 절반을 이루었다.

이런 부족과 결핍은 영국군 기갑부대도 마찬가지였고, 심지어는 더 심하기도 했다. 영국군 기갑부대는 전차전을 위해 배치되고 훈련받았지만, 과거 롬멜과의 조우에서는 통합병기 전력의 일부로서의 전투기술을 전혀 보여주지 못했다. 대영제국의 군대는 근접항공 지원과 급강하 폭격기를 전혀 갖추고 있지 않았다. 공군과 지상군 사이의 협조는 열악했고 지휘체계는 원활하지 않았다. 지휘관들은 자신의 상대인 독일 지휘관만큼 숙련되거나 경험이 많지 않았다. 야포부대가 그중 뛰어났지만 그나마 대전차 임무에 관해서는 적절한 훈련을 받지 못했다.[16] 오친렉의 작전이 먹혀들 것이라고는 아무도 믿지 않았다. 중립이거나 적대적인 이집트인에 둘러싸여 불안에 떨던 영국인 거주자들이 이집트를 떠나기 시작했다. 그

▲ 엘 알라메인 전투에서도 롬멜의 기갑 전력의 주력은 구형 3호 전차였다. 그러나 이제 연합군에게는 신형 병기가 공급되고 있었다.

들이 최적의 탈출지로 선택한 곳은 팔레스타인이나 시리아였다.

7월 1일 수요일은 카이로의 영국대사관과 영국군 본부에서 모든 보고서와 문서, 서류들을 소각하여 이날을 '재의 수요일Ash Wednesday'[17]이라고 부르게 되었다. 이런 비밀문서들을 롬멜의 전차와 함께 밀려 들어오고 있는 적의 손에 넘길 수는 없었던 것이다. 바야흐로 사막전 사상 가장 중요한 전투가 벌어지려 하고 있었다.

이탈리아군 제19·제21군단은 다바Daaba와 메르사 마트루 사이에 주둔하고 있었고, 제20군단은 그보다 좀 더 서쪽에 있었다. 롬멜의 독일 아프리카군단은 엘 쿠세이르El Quseir에 도달해 있었지만, 제1기갑사단은 다바 남서쪽의 독일군과 이탈리아군 사이의 라인을 공격했다. 영국군 제7차량화여단도 공격을 가해서 제20군단 전체를 묶어놓았다. 롬멜은 '그렇게 하찮은 적'에게 창피를 당한 이탈리아군을 비난했다.

독일군 제21기갑사단과 이탈리아군 리토리오[Littorio] 사단에 대한 영국군의 전차 공격을 방해한 것은 오직 모래폭풍뿐이었다. 영국군의 이 공격은 '아군 쪽'인 서쪽 방향에서 왔기 때문에 전혀 예상을 못 한 것이었다. 영국군 제4·제22기갑여단은 엘 알라메인 주변에 도착하여 휴식을 취했다. 그리고 그날 오친렉은 이렇게 명령했다.

"적군은 한계에 도달했고 우리를 와해된 군대라고 생각한다. 허세와 속임수로 이집트를 취하려 하는 놈들에게 이제 어디서 그만두어야 할지를 알려주자."

부대원들은 이런 고무적인 명령에 감명받았겠지만 지휘관들은 그렇지 않았다. 코베트[Corbett] 장군은 고트에게 보내는 메모에서 남아공군의 사기가 극도로 저하되어 이집트에서 철수해야 한다고 말했다. 이런 근거 없는 비방을 확인해주기라도 하듯 남아공군의 지휘관인 페이나[Peinaar] 장군은 나일강 서쪽에서 적을 맞으려는 오친렉의 결정을 비판하고 나섰다. 자유 프랑스군의 드 라미나[de Larminat] 장군도 이를 거들었다.

그러나 이 패배주의자들이 틀렸고, 오친렉이 거의 정확했다. 롬멜이 보유한 전차는 고작 55대에 불과했고 병력은 절망적일 정도로 부족했다. 이탈리아군의 상황은 모든 면에서 독일군보다 더 열악했다. 3개 군단의 병력이라고는 지칠 대로 지친 5,500명의 보병과 30대의 전차, 그리고 200대의 화포가 전부인 실정이었다.

이런 형편없는 상황에도 불구하고 롬멜은 영국군 제30군단을 엘 알라메인에서 쓸어낼 수 있다고 자신했다. 메르사 마트루에서의 작전을 한 번 더 반복하기로 결정한 롬멜은 해안도로를 차단하기 위해 제90경사단을 엘 알라메인 남쪽으로 보냈다. 이탈리아군 제21군단이 서쪽으로부터 엘 알라메인을 공격하고, 그동안 제10군단이 바로 엘 알라메인 초소에 연속 공격을 퍼부을 것이다. 그리고 이탈리아군 제20MIC군단이 측면 방어를 맡을 것이다.

영국군은 전차를 동원하지 않았지만 그럼에도 롬멜의 계획에는 두 가지 중요한 오류가 있었다. 첫 번째는 적군의 사기가 와해되었다고 가정한 것이고, 두 번째는 정찰에 소홀하여 적의 위치와 병력을 과소평가한 것이다. 제90경사단은 7월 1일 새벽에 공격을 가했다. 그러나 롬멜의 기갑부대는 이번에는 제대로 임무를 수행해내지 못했다. 재급유가 필요했던 독일 아프리카군단의 전차들은 약 4시간이 지난 06시 45분에야 공격을 시작했다. 이런 지연은 롬멜의 계획에 치명적이었다. 정오가 되자 제90경사단은 공격을 중단하고 측면 포위기동을 시도했으나 이마저도 영국군의 강력한 포화에 저지되고 말았다. 불길하게도 독일군 보병들에게서 극도의 피로와 공황의 징조가 보이기 시작했다.[18]

롬멜이 미래에 대해 불안감을 느낄 이유가 충분했다면, 전투가 예상대로 흘러가고 있던 오친렉은 기뻐할 이유가 더 많았다. 그러나 영국군 제1기갑사단이 아직 제 위치에 도달하지 못하고 있었고, 사막에서의 무경험과 고질적인 방위측정의 미숙함을 다시 드러내 보인 제4기갑여단은 알람 엘 온솔Alam el Onsol의 모래구덩이에서 버둥거리다가 오후 늦게야 빠져나올 수 있었다.

재난에 가까운 오판

의기양양하여 한껏 낙관적으로 생각하고 있던 롬멜은 이제 기갑부대에게 오후 일찍 적군을 추격하라고 명령하고, 이탈리아군 제20군단과 독일군 제90경사단에게는 합동으로 엘 알라메인 전 지역을 소탕하라고 명령했다. 그날 18시경에 독일 아프리카군단은 데이르 엘 쉐인^{Deir el Shein}의 영국군 방어선을 돌파했으나 55대의 전차 중 18대를 잃고 말았다. 1시간 전에는 영국군 제22기갑사단이 서쪽으로 진격 중이던 독일군 제15기갑사단을 루웨이사트 능선^{Ruweisat Ridge}에서 공격했다.

하루 동안의 격렬한 전투로 롬멜은 회복할 수 없을 만큼 많은 전차를 잃으면서 그리 좋은 성과를 올리지 못했다. 오친렉은 전차를 집결시키고 강력한 야포 사격과 방어적인 보병 전술을 운용하여 롬멜의 공격을 저지했다. 사실상 오친렉은 롬멜의 사막 전격전 전술을 좌절시킨 것이었다. 오친렉은 제13군단의 고트 장군에게 전화를 걸어 동원 가능한 영국군 전차를 모두 투입하여 독일 아프리카군단의 남쪽 측면을 공격하라고 작전을 전달했다.

다음날인 7월 2일, 롬멜은 계획을 변경해서 독일 아프리카군단의 기갑부대에게 제90경사단을 대신해 해안 쪽으로 공격하라고 명령했다. 부대원들이 지치고 사기가 저하되어 있어 오후까지도 공격은 시작되지 못하고 있었다. 남아공군 제1사단과 뉴질랜드군 포대가 연합하여 결사적으로 지키고 있는 루웨이사트에서도 독일군 제15기갑사단은 전혀 진전을 보지 못하고 있었다.

현재 진지의 위치가 불안하다고 판단한 페이나는 제1보병여단을 알람 엘 온솔로 후퇴시키기로 하고 오친렉에게 허가를 요청했다. 그러나 오친렉은 무슨 일이 있어도 페이나 사단은 능선을 지켜야 하며 어떤 상황에서도 후퇴는 허락할 수 없다고 친절하게 답해주었다. 저녁이 되자 롬멜의 화살이 시위를 떠났고, 이제 영국군 제1기갑사단과 제13군단의 잔여 병력이 공격을 받을 것이 분명했다.

오친렉의 지휘와 영국군의 새로운 투지가 상당히 인상적이었던 롬멜은 작전을 바꾸어 7월 3일의 총공세 계획을 취소했다. 대신 독일 아프리카군단의 기갑사단들과 제90경사단은 해안으로의 공격을 준비했고, 그동안 이탈리아군의 아리에테와 트리에스테 사단은 영국군 제13군단의 발을 묶어놓을 준비를 했다. 그러나 독일 아프리카군단은 영국군 제1기갑사단에게 저지당했고, 뉴질랜드군은 아리에테 사단을 공격하여 단 5대의 전차와 2대의 야포만을 남겨놓았다. 롬멜은 이탈리아군 부대 중 유일하게 믿을 만한 사단이었던 아리에테 사단의 패배 소식에 큰 충격을 받았다.[19]

롬멜은 오후에 독일 아프리카군단을 14.5킬로미터 내에 위치한 데이르 엘 쉐인으로 옮기는 최종 계획을 세웠다. 그러나 이 때문에 롬멜의 부대는 견고한 방어물이나 몸을 숨길 수 있는 참호 같은 것도 전혀 없는 곳에서 긴 아치 모양으로 완전히 노출되어버렸다. 이쯤에서 이탈리아군 최고사령부가 진행을 멈추라고 요청하는 편이 좀 더 현명했겠지만, 추축국의 명예가 위태로운 상황이라 무솔리니는 롬멜의 부대가 카이로에 승전 입성하는 것을 기다리면서 여전히 키레나이카에 머무르고 있었다.

지금이 몰타 침공을 개시하기에 가장 적절한 시점이었다. 그러나 무솔리니는 롬멜에게 모든 것을 걸었고, 롬멜은 자신감 넘치던 호언장담에도 불구하고 이제는 다소 주춤거리고 있었다.[20] 그는 지금 힘든 싸움 중임을 인정했고, 현재 겪고 있는 대부분의 어려움을 독일 아프리카군단을 꼼짝

▲ 1942년 7월, 6파운드 포를 장비한 로디지아군 대전차 포대가 롬멜의 4호 전차를 공격하고 있다.

못 하게 하고 있는 영국 공군 때문으로 보았다. 영국 공군의 활동은 롬멜을 상당히 위축시켜, 그는 하루 중 대부분을 다른 부대원들처럼 땅속 구덩이에서 지내야 했다.[21] 주도권을 잡은 오친렉은 롬멜의 최근 움직임과는 상관없이 제8군의 전체 병력을 투입해 반격을 개시하기로 결정했다. 그러나 오친렉의 계획은 롬멜의 전력을 과대평가했던 멍청하고 패배주의적인 사령부와 정보부대의 제지로 곤란을 겪게 되었다.

자신의 한계를 깨달은 롬멜은 7월 4일 부대에 후퇴 명령을 내렸다. 제21사단은 제90경사단으로 공백을 메우고 루웨이사트에서 엘 므레이르티^{Mreir}로 퇴각했다. 적진 일부에서 총퇴각이 이루어지고 있음을 눈치 챈 오친렉은 영국군 제1기갑사단에게 독일군 제15기갑사단을 공격하라고 명령했다. 독일군 제15기갑사단은 이제 전차 15대에 병력은 200명으로 줄어 있었다. 이 사단은 거의 괴멸되었지만 그나마 88밀리 포를 능숙하게 사용한 덕분에 몰살은 면했다.

▼ 엘 알라메인에서 전투 중인 독일군 포병. 독일군의 야전포병은 전차 및 기계화보병과 완벽하게 공조하도록 훈련받았다.

영국군 기갑부대 지휘부의 대단한 기술과 놀라운 패기는 롬멜을 상당히 곤란하게 했고, 실제로 이탈리아군 진영은 넓은 전선에서 위험한 상황에 빠져들었다. 그나마 독일군을 재난에서 구할 수 있었던 것은 당시 부대의 규모가 너무 작아져서 롬멜이 전 부대를 직접 지휘할 수 있게 되었기 때문이다. 반면, 오친렉은 성가신 지휘체계 때문에 자신의 투지와 의지를 현장의 부대에 그대로 전달하는 데 어려움을 겪고 있었다.[22] 사실은 롬멜도 적의 저항이 너무 강해 병사들이 지치는 만큼 자신도 지쳐가고 있음을 인정하지 않을 수 없었다. 전투는 잘 되어가지 않았다.[23] 그럼에도 불구하고 문제는 알렉산드리아로부터 불과 97킬로미터 떨어져 있는 영국군 방어선이 현재대로 유지될 수 있을지 여부였다.[24] 롬멜은 연료가 거의 없었고 그것마저 도중에 완전히 바닥이 났다. 부대원들은 지쳤고 충원될 가망은 거의 없었다.

영국군 제8군과 독일 아프리카군단이 모두 휴식을 취하고 있는 동안 오친렉은 반격 계획을 세웠다. 고트의 제13군단이 롬멜을 묶어놓고 있을 때, 제30군단은 독일군의 허약한 후방을 공격한다는 것이었다. 오친렉은 이 작전을 위해 노리를 사령관에서 밀어내고 람스덴Ramsden으로 교체했다. 그러나 불행하게도 람스덴은 7월 6~7일 단 이틀 만에 군단 전체를 무력하게 만들어놓았다.

7월 7일 연합군의 반격이 진행되어, 뉴질랜드군은 뭉가 왈라Munga Wahla를 점령하고 영국군 제7기갑사단은 푸카를 점령했다. 한편 롬멜은 독일 아프리카군단으로 영국군 제13군단을 공격할 계획을 세웠다. 이로써 카이로로 가는 길을 열고 영국군 제30군단을 엘 알라메인에서 궁지로 몰 작정이었다. 그러나 이 작전은 롬멜을 유인해서 이탈리아군이 북쪽으로부터의 공격에 노출되게 하고 싶었던 오친렉의 의도에 그대로 부합했다.

7월 9일 롬멜은 엘 알라메인 남쪽의 텅 빈 바브 엘 카타라Bab al Qattara 초소를 공격했다. 제13군단이 함정일 가능성은 생각지도 못한 채 롬멜은 자신의 계획이 잘 돌아가고 있다고만 믿고 있었다. 참으로 재난에 가까운 오판이었다.

7월 9일 저녁 롬멜은 엘 알라메인 진지를 파괴하고 허를 찌르는 공격을 준비했다. 이제 오친렉은 자신이 원하던 대로, 카타라 저지대로부터 해안까지 길게 뻗어 있는 곳으로 롬멜을 잡아넣었다. 그리고 북쪽의 영국군을 총동원해 공격을 준비했다. 7월 10일 03시경에 영국군 제30군단은 공격을 개시했다. 멀리서 울리는 대포 소리가 적이 기선을 잡았다는 불쾌한 사실을 롬멜에게 알려주고 있었다.

7시간 뒤 전차의 지원을 받은 오스트레일리아군 제9사단이 텔 엘 에이사Tell el Eisa의 동부지역 전체를 점령했고, 남아공군 제1사단은 텔 엘 마크카드Tell el Makh Khad를 점령했다. 이탈리아군 사바타Sabatha 사단이 뚫리면서 공황상태에 빠진 병사들이 수비할 생각은 하지도 못하고 달아났다는 보고를 받고 롬멜은 격노했다. 텔 엘 에이사로부터 불과 5킬로미터 떨어져 있던 독일 아프리카군단의 사령부는 이제 영국군 진격에 직접 위협을 받게 되었다.

크레타에서 공수된 전위부대 제164사단의 지원을 받은 폰 멜렌틴von Mellenthin 대령은 본부 참모진을 규합하여 간신히 영국군의 진격을 저지할 수 있었다.[25] 롬멜은 영국군의 작전으로 자신이 궁지에 몰렸음을 인정하지 않을 수 없게 되었다. 저지대와 바다 사이의 이 좁은 지역에서 영국군의 전술은 대단히 훌륭했다. 보병과 포병 전술을 결합시킨 영국군은 이를 더 발전시키면서 전문화했고, 국지전의 집중공격은 마치 그들의 장기가 된 듯했다. 롬멜은 독일 아프리카군단이 넓은 사막에서 작전을 수행할 수 있도록 카이로를 향해 돌파를 시도함으로써 이 상황에서 벗어나려 했다. 그러나 영국군의 공격이 먼저였다. 롬멜의 지휘 하에 있는 이탈리아군이 몹시 지치고 사기가 떨어져 있는 상태임을 안 오친렉이 공격을 서둘렀던 것이다. 이탈리아군은 롬멜 전선의 치명적인 약점이었다.[26]

롬멜이 무엇보다 두려워한 것은 영국군이 시디 아브드 알 라만을 점령함으로써 위험하게 노출되어 있는 연장된 보급선을 이용할 가능성이 있다는 것이었다. 보급선은 롬멜의 또 다른 아킬레스건이었다. 더 이상 동쪽으로의 진격을 포기한 롬멜은 북쪽으로 속력을 내면서 집중공격을 퍼부어 영국군 포대를 괴멸시키는 성과를 올렸다. 그러나 독일군의 이런 성공은 일시적인 것이었다.

7월 11일 오스트레일리아군이 일찌감치 텔 엘 에이사의 서쪽지역을 점령했다. 그리고 곧바로 데이르 엘 아비야드Deir el Abyad로 이동하여 트리에스테와 사바타 사단을 공격해 큰 타격을 입혔다. 이탈리아군은 또다시 와해되었다. 이런 위험한 공백을 메우기 위해 롬멜은 부랴부랴 독일군 부대를 보내야 했다.[27] 그날 롬멜의 전차는 30대로 줄어들었다. 영국군은 400대의 전차를 보유하고 있었다.

무솔리니를 병들게 하다

수적인 우세만으로도 영국군은 독일 아프리카군단을 처부술 수 있었을 것이다. 그러나 영국군은 넓은 사막을 커버하기 위해 너무 드문드문하게 병력을 분산시키는 오랜 실수를 또다시 저지르고 말았다. 반면, 롬멜은 정확히 필요한 지점에 전차 전력을 집중시켰다. 적절한 때와 적절한 장소를 찾아내는 이런 솜씨가 롬멜을 지금까지 위기에서 구해주었고, 또 앞으로도 그럴 것이다.[28] 7월 12~14일 롬멜은 데이르 엘 아비야드로 진격하는 오스트레일리아군을 가까스로 저지할 수 있었다.[29] 그러나 롬멜의 정예부대인 제21기갑사단은 임무를 제대로 수행하지 못했다. 영국군 포대와 보병 공격의 가공할 위력 앞에 오스트레일리아군에 대한 두 번째 공세가 실패했던 것이다. 적에게 심각한 패배를 안겨줄 기회를 놓친 롬멜은 매우 언짢아했다.[30]

영국군은 그야말로 완전히 성공을 거두고 있었다. 호언장담하며 허풍을 떨던 롬멜의 제21기갑사단을 무력화시켰을 뿐 아니라 사실상 2개 이탈리아군 사단을 괴멸시켰던 것이다. 이제 롬멜의 전선 중앙을 지키고 있는 것은 기력이 소진된 이탈리아군 제10군단이었다. 그리고 무슨 수를 써서라도 지켜내야 하는 대단히 중요한 거점인 지도의 63 포인트 지점이 남아 있었다. 63 포인트는 유류와 탄약 등 독일 아프리카군단의 값비싼 보급품과 예비포대가 위치해 있는 곳이었다. 오친렉은 다른 작전을 개시했다. 자정을 1시간 남겨놓고 영국군 제13군단은 루웨이사트를 따라 공격을 가했고, 다음날 아침 뉴질랜드군은 루웨이사트 능선을 점령했다. 롬멜에게 더 치욕적이었던 것은 인도군 제5사단에게 1,000명의 추축국 포로가 잡힌 것이었다. 한편 뉴질랜드군은 1,500명의 병력을 잃으면서 1,600명의 포로를 사로잡았다. 이는 독일군과 이탈리아군이 붕괴되기 시작했음을 명백히 보여주는 사실이었다. 이제 그들은 죽기를 각오하고 싸우기보다는 항복하는 편을 택하고 있었다. 그나마 롬멜에게 위로가 된 것은 영국군 기갑부대가 임무를 제대로 수행하지 못했고, 뉴질랜드 보병과의 연계도 매끄럽지 않았다는 점 정도였다. 뉴질랜드 보병들은 기갑부대가 그들을 사지에 버려두고 갔다며 목청을 높였다.

▲ 프리츠 바이어라인 장군은 사막전 내내 롬멜 참모부의 핵심 멤버였다.

바이어라인은 64 포인트 지점과 텔 엘 에이사를 포함한 루웨이사트의 재점령 실패는 전투의 패배를 의미한다고 받아들였다. 롬멜도 사실상 패배를 인정했다.

"그때는 남아 있는 모든 독일군 예비대가 투입되어야 했다. 우리 전력은 점진적으로 증가하고 있는 영국군의 전력에 비해 너무 부족했기 때문에, 우리가 어렵사리 전선을 지켜냈다면 그것은 단지 운이 좋았기 때문일 것이다. 이탈리아군에서 엄청난 사상자가 발생했기 때문에 아군 전선에는 병력이 매우 부족했다. 우리에겐 사실상 예비대라는 게 없었다."[31]

훨씬 많은 보병 예비병력을 보유하고 있는 영국군은 이탈리아군 부대를 하나씩 겨누어 격파할 수도 있었다. 7월 17일 롬멜은 상황이 나쁘다는 데 동의했다. 롬멜에게 남아 있는 독일군 병력이 너무 적었기 때문에 그들은 자신의 힘만으로는 버틸 수가 없었다. "한 방이면 충분할 것이다."[32] 롬멜이 겪었던 것 중 가장 최악인 이 전투가 이 상태로 조금만 더 계속된다면 모든 전선은 붕괴되고 말 것이다.[33]

오친렉이 거둔 매우 주목할 만한 성공이었던 7월 1~17일 사이의 전투는, 가잘라와 같이 방어시설을 강화하여 이끌어낸 승리가 아니었다. 더구나 롬멜의 주장처럼 이번 전투는 움직임 없이 오래 끌기만 하는 지구전도 아니었다. 서로 치고받는 활발한 전투였음에도 불구하고 이번 전투에서 롬멜은 영국군과 맞붙을 수 없었고 전황을 통제할 수도 없었다.

롬멜은 로마와 자신의 상급자들에게 숨김없이 진실을 전달하기로 결정했다. 이탈리아군의 대형은 독일군으로 보강하지 않으면 사실상 전투에서 적과 맞서 제 역할을 할 수가 없었다. 그나마 독일군의 전력도 이제 60퍼센트 이하로 줄어들어 있었다. 롬멜은 제164사단과 함께 내줄 수 있는 아무 전차라도 즉시 북아프리카로 보내달라고 요청했다. 그동안 롬멜은 재무장을 하면서 남아 있는 전차 병력이 휴식을 취하게 할 수 있을 것이다.

이탈리아 최고사령부는 7월 17일 신속한 응답과 함께 헤라클레스 작전에 참가하기로 되어 있던 람케^{Hermann Bernhard Ramcke}와 폴고레^{Folgore} 공정여단을 롬멜 전선으로 이동시키라는 명령을 내렸다. 아낌 없는 지원인 것처럼 보이기는 했지만 문제가 없는 것은 아니었다. 사실상 조치가 너무 늦게 취해졌고, 확실히 정예병으로 이루어진 부대들이기는 했지만 사막전

▼ 엘 알라메인 전투에서 독일군 포병은 몇 번이고 영국군의 전차 공세를 막아냈다.

▲ 일선에서 떨어지는 법이 없던 롬멜은 제한된 물자와 증원 부족에도 사막의 공세를 계속 유지해야 한다는 스트레스로 인해 건강이 악화되기 시작했다.

◀ 엘 알라메인 전투에서 노획한 독일의 88밀리 대전차포 포열 주위에는 격파 기록을 나타내는 띠가 그려져 있다.

훈련을 받지 않아 과연 사막전에 적합할지가 의문이었다.

케셀링은 좀 더 진실에 근접했다. 그는 롬멜의 발상을 무시하고 독일 아프리카군단의 지독한 보급 상황을 개선하기 위해서는 몰타를 점령해야 한다고 주장했다. 케셀링에 따르면, 이제는 때가 너무 늦었으니 상황을 바꿀 수 있는 유일한 길은 독일 아프리카군단을 보강하고 롬멜에게 공세를 재촉하는 것이었다. 알렉산드리아를 점령하는 것만이 보급 상황을 개선시킬 수 있는 유일한 방법이라는 것이었다.[34] 이는 롬멜에 대해 절대적 지지를 보낸 적이 없던 사람의 의견이라 특별히 더 영향력이 있었다.

오친렉의 성공은 추축군의 전략 전체를 흩어놓았다. 카이로에서 로마식 개선행진을 기대했던 무솔리니는 창피만 당한 채 불쾌한 기분으로 로마에 돌아왔다. 무솔리니는 7월 20일에 도착했고, 곧 그가 거의 죽기 직전이라는 루머가 퍼졌다. 무솔리니의 어느 불충한 장관이 말했다.

"아마 그는 죽어가고 있을 것이다. 이질은 아니고 좀 희귀한 병이다. 이병은 굴욕이라고 불린다."[35]

멍청한 사령부와 삐딱한 동맹군

전혀 다른 쪽 전선에서의 사건이 북아프리카의 상황을 바꾸고 있었다. 한달 전 히틀러는 볼가와 캅카스 유전지대에 대한 공격을 개시했다. 이에 대해 런던의 참모본부는 7월 9일, 북쪽에서 독일군의 위협을 받고 있는 페르시아보다 이집트 방어에 우선순위를 두기로 결정했다. 영국의 이런 결정은 사막전에서의 최종적인 승리를 보장해주는 것과 마찬가지였다. 그러나이는 오친렉에게 큰 부담으로 다가왔다. 오친렉은 더 많은 병력과 전차를지원받는 대가로 조급하게 때 이른 공격을 감행하도록 강요받았다.

롬멜이 이집트에서 철저히 패배하기 전에는 연합군이 계획하고 있는프랑스령 북아프리카에 대한 침공은 개시될 수 없었다. 그리하여 오친렉은 롬멜을 쳐부수라는 처칠의 강한 압박을 받고 있었다. 역시 압박을 받고 있는 롬멜이 먼저 공격을 개시하여 남아 있는 빈약한 병력마저 소모시키고 괴멸되게 하기 위해서는 극도로 신중한 계획이 필요했다. 독일군의 날이 무디어지고 나면 오친렉과 제8군은 롬멜을 공격하여 실전 경험을 쌓는 한편, 국지적이고 제한된 반격을 가할 수 있을 것이다. 그러나 처칠의 작전에는 이런 계획을 위한 시간이 없었다.

오친렉은 고트의 제13군단이 데이르 엘 쉐인과 엘 므레이르 사이에 위치한 적군의 중심을 공격해주기를 바라고 있었다. 고트는 5개 보병여단과 전차 264대를 보유하고 야포 300대의 풍족한 지원을 받으면서 7월 21일 마침내 공격을 개시했다. 뉴질랜드군이 엘 므레이르 북쪽으로 진격하는 동안 본대의 공격이 시작되었다. 전차의 진격을 가로막는 지뢰를 제거하지 못해 이번 공격은 지뢰밭 너머로까지는 뻗어나가지 못했다. 제13군단이 08시경에 두 번째 목표물에 도달했다고 추정한 고트는 무선통신 감청으로 독일 아프리카군단이 곤란에 빠져 있음을 알게 되자 공격을 계속하라고 명령했다.

그러나 롬멜의 부대원들은 혼란에 빠지지도 곤란에 처하지도 않았다. 그들은 영국군 전차에 큰 효과를 보여온 지뢰와 88밀리 포를 투입했고, 영국군 전차들은 수비대에 의해 심각한 타격을 받았다. 한낮이 되자 영국군의 전차는 104대 중 11대만이 남아 있었다. 공격이 실패했음이 명백해지자, 고트는 공세를 중단했다. 서툰 협공과 잘못된 지휘로 인한 형편없는 공격을 물리친 독일군은 한껏 고무되어 의기양양해졌다.[36] 누구보다도 기뻐한 롬멜은 휘하 장병들을 칭찬하고 그들의 노고를 치하했다.[37]

롬멜이 동맹 이탈리아군 때문에 힘이 빠졌다면, 오친렉은 휘하 지휘관들과 자주 삐딱해지는 영국 동맹군들의 훼방을 받았다. 토브룩에서 명성을 얻은 모스헤드 장군은 자신의 오스트레일리아군이 다음 공격에 참가하는 것을 거부했다. 오스트레일리아군은 자신들을 지원해줄 영국군 기갑부대의 결의에 의심을 품고 있었다. 당황한 오친렉은 모스헤드를 방문하여 함께 차를 마시며 이 문제를 논의했다. 이 때문에 영국군의 다음 공격은 지연되고 말았다. 만일 7월 24~25일에 공격이 개시되었다면 불안정한 상태의 독일 아프리카군단을 상대로 충분히 성공을 거둘 수 있었을 것이다. 이런 불필요한 지연은 롬멜에게 병력을 충원할 수 있는 중요한 시간을 벌 수 있게 해주었고, 7월 25일에 폴고레 사단이 타카Taqa 고원을 점령하는 데도 힘을 보태준 꼴이 되고 말았다.

마침내 지휘권을 회복한 오친렉은 공격 준비를 마쳤다. 그러나 7월 26일 아침 일찍 개시된 보병부대의 맹렬한 공격은 독일군에게 격퇴되고 말았다. 영국군 기갑부대도 좋은 모습을 보여주지 못했다. 2개 기갑여단은 독일군에게 저지되었고, 오스트레일리아군 역시 격퇴되어 물러났다. 10시경에 공격은 중단되었고 영국군의 공격은 또다시 실패했다. 7월 27일 독일군의 탄약 비축량이 바닥을 보였다. 만일 오친렉이 공격을 계속했다면 그는 롬멜을 리비아까지 몰아붙일 수 있었을 것이다. 그러나 오친렉은 방어쪽을 선택할 수밖에 없었다. 후방과 병참선이 위협받을 수 있었기 때문에, 오친렉은 롬멜이 우회하더라도 엘 알라메인을 고수해야만 했다. 루웨이사트와 알람 할파 등 엘 알라메인 주변의 모든 능선들은 강화되었다.[38]

1류 전략, 3류 지휘

엘 알라메인에서의 첫 번째 전투는 영국군이 승리했다. 롬멜의 진격은 도중에 완전히 저지되었으며, 영국군은 전투 내내 거의 주도권을 잡고 있었다. 롬멜은 1만 3,000명의 사상자를 냈으며, 영국군은 약 6,000명의 이탈리아군과 1,000명의 독일군을 포로로 잡았다.

이 엄청난 손실은 또 롬멜의 병력과 탄약, 전차, 보급품 등 모든 비축분을 고갈상태로 몰아가고 있었다. 롬멜은 주도권을 되찾고 영국군 전선을 돌파하여 무슨 수를 써서라도 소모전을 피해야 할 필요가 있었다. 그러나 오친렉이 롬멜 자신의 진격을 저지해낸 뛰어난 적수임도 잊어서는 안 되었다.

그러나 롬멜에게 다행스럽게도 오친렉에게는 유능하고 단호하며 냉철한 부하 장교들이 없었다. 오친렉의 훌륭한 전략이 현장의 3류 지휘 때문에 빛을 보지 못하고 실패를 거듭했다는 것도 롬멜은 잘 알고 있었다. 그는 또 오친렉이 여러 가지 우발적인 상황 앞에서 현명하게 위기를 벗어날 수 있도록 적절하게 병기들을 활용하는 능력도 떨어진다고 지적했다.[39] 오친렉은 알람 할파 능선의 남쪽지역 전체를 강화하고 9월 공격을 계획하고 있었다. 롬멜이 8월 10일에 대규모 공격을 계획하고 있었기 때문에 만약 오친렉이 롬멜보다 더 일찍 공격을 개시한다면 영국군은 대저지대와 엘 함마, 그리고 엘 알라메인에 둘러싸인 삼각형의 지역에서 포위되어 괴멸될 수 있었다.

문제는 처칠이 이를 기다려주지 않는다는 것이었다. 연합군은 프랑스 북부에 상륙한다는 계획(슬레지해머 작전Operation Sledgehammer)을 버리고 '횃불Torch'이라 불리는 프랑스령 북아프리카에 상륙하여 그 지역을 점령한다는 횃불 작전Operation Torch에 찬성했다. 그러나 횃불 작전은 롬멜을 무너뜨린 후라야 진행될 수 있었다. 롬멜의 패배는 비시 프랑스군의 저항을 눈에 띄게 약화시킬 것이고, 이 지역에 독일군이 주둔함으로 인해 생길 수 있는 위협을 연합군이 튀니지와 알제리를 탈취하기 전에 제거해줄 것이기 때문이었다.

앨런 브룩 장군은 오친렉의 해임을 주장했다. 오친렉의 후임으로 중동 총사령관으로는 해롤드 알렉산더Harold Alexander 장군이, 제8군 사령관으로

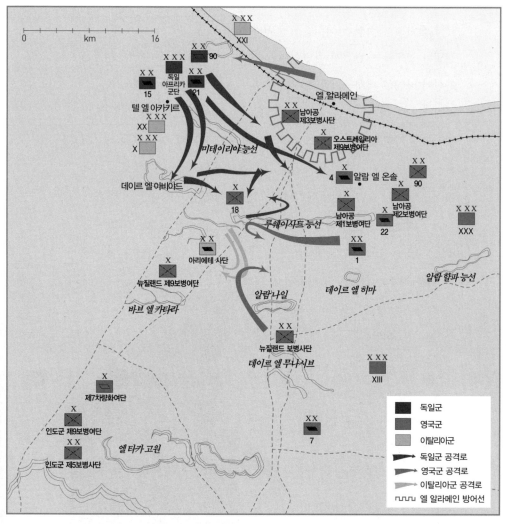

텔 엘 아카키르

독일
아프리카
군단

미테이리야능선

데이르 엘 아비야드

엘 알라메인

남아공
제3보병사단

오스트레일리아
제9보병여단

알람 엘 온솔

남아공
제2보병여단

루웨이사트 능선

남아공
제1보병여단

알람 할파 능선

아리에테 사단

뉴질랜드 제9보병여단

데이르 엘 히마

바브 엘 카타라

알람 나일

뉴질랜드 보병사단

데이르 엘 무나시브

제7차량화여단

인도군 제9보병여단

인도군 제5보병사단

엘 타카 고원

■	독일군
■	영국군
■	이탈리아군
▶	독일군 공격로
▶	영국군 공격로
▶	이탈리아군 공격로
∿∿	엘 알라메인 방어선

▲ 독일 아프리카군단의 병력이 부족함에도 불구하고 롬멜은 엘 알라메인에서 영국군 전선에 충분히 일격을 가할 수 있다고 믿었다. 그러나 영국군은 잘 싸웠고, 심각한 피해를 입은 독일군은 퇴각하지 않을 수 없었다. 오친렉이 롬멜을 추격하여 괴멸시킬 기회를 놓쳐버리자 인내심을 잃은 처칠은 그를 대신해 알렉산더를 중동지역 총사령관으로 임명하고, 제8군 사령관으로는 몽고메리를 임명했다.

는 버나드 로 몽고메리Bernard Law Montgomery 장군이 내정되었다. 8월 1일 처칠은 직접 북아프리카로 날아갔다. 그리고 8월 5일 브룩을 동반하여 제8군의 전선본부를 방문했다.

이 자리에서 처칠은 조기공격을 요구했고, 실제 상황을 알고 있는 오친렉과 참모들은 완전히 비현실적인 작전이라며 이를 거부했다. 처칠은 자신이 나약한 패배주의라고 여겼던 일부 참모진의 모습에 매우 짜증스러워했다. 브룩은 고트와 이야기를 나눈 후, 당장 몽고메리를 데려올 수 없더라도 지쳐 있는 고트를 오친렉의 후임으로 임명할 수는 없겠다는 결론을 내렸다. 8월 6일 아침 처칠은 브룩과 식사를 하는 자리에서 오친렉이 시디 레제흐와 엘 알라메인에서 거둔 승리를 인정하지만 이제 그에 대한 신뢰를 모두 잃었다고 말했다. 오친렉은 끝났다. 고트는 거절했고, 8월 15일 몽고메리와 알렉산더가 오친렉의 후임으로 부임했다. 오친렉은 이라크 주둔 영국군의 사령관으로 자리를 옮겼다. 대단히 불명예스러운 강등이었다.[40]

롬멜은 9월까지는 새로운 공세를 취해야 한다고 판단했다. 9월이 지나면 영국군은 토브룩 이후에 발생한 자원과 병력의 손실을 모두 만회하고 대체할 수 있을 것이다. 모든 가용 조종사와 항공기를 집어삼키고 있는 동

▶ 버나드 프레이버그 중장과 함께 걷고 있는 처칠(오른쪽). 이집트의 운명을 염려한 처칠은 1942년 8월 나일강 서쪽 서부 사막을 직접 방문했다.

부전선에서 날이 갈수록 더 강해지는 영국 공군에 대항해 케셀링이 과연 중요한 공중지원을 해줄 수 있을지 롬멜은 걱정하고 있었다.

가망 없는 임무

8월 초반에 독일 아프리카군단이 수령하는 보급물자는 병력과 전차의 하루 필요량을 간신히 맞추는 수준이었다. 독일 아프리카군단에 필요한 연료는 하루 6,000톤 정도였으나 평균 요구량의 5분의 1 정도만이 부대에 도달했고, 지중해를 왕복하는 보급선의 4분의 3은 연합군에 의해 침몰되고 있었다. 수에즈에서 엘 알라메인까지는 346킬로미터이고 알렉산드리아로부터 엘 알라메인까지는 겨우 89킬로미터로, 영국군은 보급선과의 거리가 가까웠던 반면 독일 아프리카군단의 보급선은 토브룩으로부터 595킬로미터, 벵가지로부터는 1,060킬로미터, 트리폴리로부터는 무려 2,011킬로미터나 떨어져 있었다.

롬멜이 필사적으로 원했던 귀중한 연료는 대부분 이를 전선으로 운반하는 수송차들이 소모하고 있었다. 이 수송트럭들은 거의 영국군과 연합군에게 나포되었기 때문에 독일군은 예비 연료도 없는 형편이었다. 이런 상황에서 보급품을 늘린다는 것은 논의할 필요도 없는 문제였다.

선적을 기다리는 대형 화물은 전보다 줄어들어, 이탈리아에서는 대량의 보급품과 120대의 전차가 북아프리카로 실려 가기 위해 기다리고 있었다. 롬멜의 4개 사단은 사상자로 인해 1만 7,000명이 부족했으며, 또한 1만 7,000명의 고참 병사들이 휴가와 요양을 위해 독일로 돌아가야 했다.[41] 현실적인 차원에서 8월 2일 롬멜은 메르사 마트루에서 엘 알라메인에 이르는 철로를 가동시키는 데 실패한 문제를 두고 불만을 터뜨렸다. 그는 또 케셀링은 최선을 다하는 데 비해, 로마에서 보급 문제를 담당하는 독일군의 린텔렌 장군은 독일군에 맞지 않는 이탈리아군의 체계와 보급을 개선하기 위해 아무런 노력도 하지 않는다는 불평도 했다.[42]

당시 롬멜과 그의 부대원들은 굶주림과 혹독한 사막생활에서 오는 각종 질환을 앓고 있었다. 이런 질병은 거의 2년간 쉬지 않고 전쟁을 해온 것과 무관치 않았다. 롬멜의 건강은 가잘라 전투 때부터 악화되었고, 이런 상태가 최근의 혹독한 몇 주 동안 개선될 리는 없었다. 고혈압에 시달리고 있던 롬멜에게는 휴식이 절실했다.

"우리는 아프리카에서 18개월 동안 1개 사단에 5명꼴로 장군들을 소모하고 있다. 나 역시 당연히 언젠가 검진을 받을 필요가 있다."

그러나 지휘를 맡을 사람도 마땅치 않았고 상황도 불안했기 때문에 롬멜은 몸을 뺄 수가 없었다. 임무에 대한 책임감이 더 우선이었던 롬멜은 제자리에 남는 쪽을 택했다.[43]

▼ 전술의 진행 상황을 지켜보기 위해 롬멜과 참모부는 기동성을 유지하면서 최대한 일선에 가깝게 다가갔다.

롬멜의 부관인 베른트Berndt 중위는 자신을 좀 챙기라는 말을 귓등으로 듣는 롬멜에게 불만을 표하기도 했다. 휴식 없이 19개월간을 사막에서 지내온 롬멜은 사실 그동안 놀라운 체력을 보여주었다.[44] 결국 능력의 한계에 도달했음을 깨달은 롬멜은 최고사령부에 기갑 전략가인 구데리안 장군을 추천하며 사의를 표했다. 최고사령부는 간단히 "구데리안은 적합하지 않다"는 답으로 그의 요청을 일축했고, 롬멜은 계속 사령관으로 남아 있게 되었다.[45]

오직 실질적이고 군사적인 관점으로만 접근한 롬멜은 구데리안이 결단력과 경험, 지휘력의 측면에서 자신을 대체할 수 있는 유일한 기갑부대 지휘관이라고 판단했다. 지난 2년간 프랑스와 러시아에서 승리를 견인해온 구데리안이라면 가장 적합한 대체자가 될 것이다. 그러나 1941년 12월 모스크바 공격 도중에 자신의 명령에 불복종한 구데리안을 해임했던 히틀러는, 아무리 롬멜이 원한다 해도 이런 군사적 비동조자이자 자신의 지휘에 대한 비판자를 복귀시킬 마음이 없었다. 롬멜은 점점 강해져가는 적과 싸우는, 가망 없는 임무에 매달려 있었다. 전투에서 이길 가망은 점점 줄어가고 있었다. 롬멜은 케셀링이 로마의 지휘부를 설득하고 이겨낼 수 있으리라는 확신이 없었다.[46]

영국군이 최고지휘관을 교체하면서 전투가 소강상태에 있었던 8월 후반에 롬멜은 참으로 절실했던 휴식을 취할 수 있었다. 8월 29일 마침내 롬멜은 기운을 차렸다. 옆에서는 베스트팔Westphal 장군이 그를 도왔고, 더구나 1월 공세부터 기세가 맹렬했던 파에르스트Vaerst 장군이 북아프리카로 돌아왔다. 그러나 가우제Alfred Gause 장군은 건강 문제로 더 이상 전장에 있을 수 없게 되었다.[47]

좀 덜 유능한 지휘관이었다면 방어 유지 쪽을 선택했을 것이다. 그러나 롬멜은 지금의 빈약한 병력으로는 영국군과의 소모전에서 살아남을 수 없다는 것을 잘 알고 있었다. 공세를 취해서 어떻게든 교착상태를 타개하지 않으면 그의 부대는 수적 우위에 있는 적에게 붕괴되고 말 것이라고 판단했다. 롬멜은 조용한 결의와 함께 8월 30일 새벽을 맞았다. 히틀러도 공세에 대한 그의 개인적인 바람을 전달해왔다.

공격하기에 딱 좋은 상황이라고 롬멜은 확신했다.

"이번 공격이 성공한다면 전쟁의 전체 흐름을 결정하게 될 것이다. 그러나 만일 실패하더라도, 적어도 적에게 매우 통렬한 타격을 줄 수 있기를 희망한다."[48]

다음날 아침 숙소를 떠나는 롬멜의 표정은 고통스러워 보였다. 그의 건강을 검진하기 위해 독일에서 건너와 있던 호르스터^{Hermann Horster} 교수에게 롬멜이 말했다.

"오늘 공격은 가장 힘든 결정이었소. 러시아에 있는 병력이 그로즈니^{Grozny}에 도달하지 못하거나 아프리카에 있는 우리가 수에즈 운하에 도달하지 못한다면…."

롬멜은 패배를 뜻하는 제스처를 취했다.[49]

제공권을 잃고 주도권을 빼앗기다

알람 할파에 대한 롬멜의 공격은 영국군 전선을 돌파하여 이집트와 수에즈 운하에 도달하려는 그의 마지막 시도였다. 텔 엘 에이사 언덕과 200미터 높이의 카레트 엘 히메이마트^{Qaret el Himeimat} 사이, 카타라 저지의 우측 가장자리에 위치한 전장은 온통 드넓은 사막과 암석, 모래와 황무지로

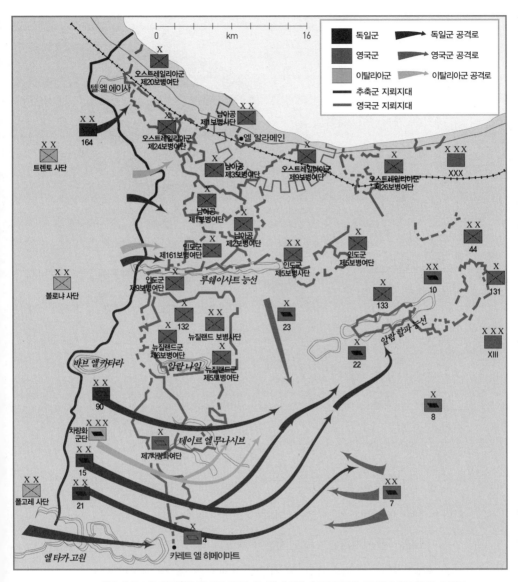

독일군
영국군
이탈리아군
추축군 지뢰지대
영국군 지뢰지대

독일군 공격로
영국군 공격로
이탈리아군 공격로

0   km   16

오스트레일리아군
제20보병여단

텔 엘 에이사

164

트렌토 사단

남아공
제1보병사단

엘 알라메인

오스트레일리아군
제24보병여단

남아공
제3보병여단

오스트레일리아군
제9보병여단

오스트레일리아군
제26보병여단

XXX

남아공
제1보병여단

남아공
제2보병여단

인도군
제161보병여단

루웨이사트 능선

인도군
제5보병사단

인도군
제5보병여단

44

볼로냐 사단

인도군
제9보병여단

132

뉴질랜드군
제6보병여단

뉴질랜드 보병사단

23

133

10

131

바브 엘 카타라

알람 나일

뉴질랜드군
제5보병여단

알람 할파 능선

22

XIII

90

8

차량화
군단

XXX

데이르 엘 무나시브

제7차량화여단

15

7

21

폴고레 사단

4

엘 타카 고원

카레트 엘 히메이마트

▲ 전투 개시 17일 후 롬멜은 엘 알라메인을 돌파하기 위한 마지막 공격을 시도했다. 몽고메리는 남쪽으로부터 가해진 독일군의 공세에 맞서 제7기갑사단을 수비대로 운용하여 알람 할파 능선을 지켜냈다. 이전의 전투에서 큰 효과를 봤던 전술들을 펼쳤음에도 영국군 전선을 돌파하지 못한 롬멜은 후퇴하여 방어태세를 갖췄다.

이루어져 있었다. 8월 31일 밤 전차와 탄약이 부족하던 롬멜은 저지대를 따라 공격을 시작했다. 북쪽으로부터 통상적인 사단급 공격이 있은 다음 영국군 중심부로 2차 공격이 가해졌다. 그리고 영국군의 허를 찔러 해안으로 휩쓸어 내려가기 위해 남쪽에서부터 주공격이 개시되었다.

▲ 몽고메리의 부대 재편에 따라 브라이언 하록스 중장이 제13군단장으로 취임했다.

롬멜이 공격하기 직전 2개 사단을 알람 할파로 이동시킨 몽고메리는, 전차대에게 롬멜의 강력한 야포 공격에 대응을 서둘러 희생이 크게 하지 말고 신중히 기다리라는 명령을 내렸다. 그러고 나서 전선에 도착한 몽고메리는 이제 더 이상의 후퇴는 없을 것이며, 지금부터 땅 한 뼘 한 뼘을 걸고 전투를 해나갈 것이라고 말하여 장교와 병사들의 불만을 누그러뜨렸다. 한 발자국도 후퇴는 없다는 것이 새 사령관의 좌우명이었다.[50]

몽고메리는 군단 지휘관들을 교체하여 올리버 리스Oliver Leese 중장이 제30군단을 맡았고 맹렬한 브라이언 하록스Brian Horrocks 중장은 제13군단을 맡았다. 몽고메리는 700대의 전차와 4개 보병사단으로 크게 강화된 전선을 지키고 있었기 때문에 매우 유리한 위치에 있었다. 그러나 이런 병력의 물리적 우세에도 불구하고 그는 전임자인 오친렉처럼 서둘러 공격하라고 처칠에게 괴롭힘을 당하지는 않을 것이다. 몽고메리는 롬멜이 계속 공세

▲ 노련한 기갑 지휘관인 폰 비스마르크 장군이 차 안에 서 있다. 폰 비스마르크는 프랑스 침공 때부터 롬 멜과 함께였으나 북아프리카에서 교전 중에 사망했다.

를 유지해야 한다는 절박함 때문에 스스로를 파괴하게 될 것이라고 생각 했다.

새로운 공격을 개시하라는 강한 충동이 롬멜의 마음속에서 들끓고 있 었다. 이제 그는 공격에 사용할 독일군 전차 200대와 이탈리아군 전차 240대를 보유하고 있었다. 북쪽과 중앙부가 상당히 강화되었기 때문에 롬멜이 공격할 수 있는 전선의 범위는 뉴질랜드군이 지키고 있는 알람 나일 능선Alam Nayil Ridge과 카타라 저지대 사이의 남쪽 부분이 전부였다. 롬 멜은 영국군의 지뢰지대에 통로를 확보하기 위해 야간공격을 개시한 다 음, 전차대를 투입하고 싶었다.[51]

그러나 밤이 되자 독일 아프리카군단을 향한 영국 공군의 폭격이 시작 되었다. 기습부대를 잃은 롬멜은 처음에는 공격을 중단하려 했다. 그러 나 바이어라인은 대가를 치르더라도 계속 전진해야 한다고 주장했다. 지뢰지대가 생각보다 훨씬 더 깊었기 때문에 전진은 상당히 느렸다. 새벽이 될 때까지도 독일 아프리카군단은 아직 목표에 도달하지 못하고 있었다. 그들은 지뢰지대를 이제 겨우 12.8킬로미터 지난 곳에 와 있었다. 몽고 메리는 각각의 여단을 멀리 떨어뜨려 배치해놓고 있었다. 그는 자신의 기갑여단들이 롬멜의 기갑사단을 수적으로 압도하고 있다는 것을 잘 알고 있었다.[52]

그날의 격렬한 전투에서 롬멜은 두 가지 큰 좌절을 겪었다. 프랑스에서부터 함께했던 롬멜의 노련한 전차 지휘관 폰 비스마르크von Bismarck를 전투 중에 잃었고, 그것만으로 충분치 않았던지 네링까지 부상을 입고 말았다. 독일 아프리카군단의 측면은 영국군 제7·제10기갑사단의 위협을 받았고, 이런 상황은 롬멜로 하여금 부대를 계획보다 일찍 북쪽으로 이동하게 했다.

독일 아프리카군단의 목표는 132고지였고, 이탈리아군 제20군단의 목표는 알람 할파였다. 실제 알람 할파 능선은 본국에서 막 도착한 영국군 제44사단이 지키고 있었다. 그리하여 제44사단과 공격해오는 추축군 사이에 맹렬한 전투가 시작되었고, 독일 아프리카군단은 케셀링에게 공중 지원을 요청해야만 하게 되었다. 독일 아프리카군단이 탄약과 연료를 보충해야 하는 관계로 새로운 공격은 13시경까지 지연되었다.

초반에는 모래폭풍에 가려져 공격이 순조로웠으나 영국군의 지뢰지대에서 이탈리아군 트리에스타와 아리에테 사단이 지연되고 말았다. 이탈리아군은 15시까지도 공격을 시작하지 못하고 있었다. 그 다음에는 독일군 전차들의 연료가 고갈되었다. 그리고 16시에 132고지에 대한 공격계획이 중단되었다. 오직 제90경사단만이 오후 늦게 목표에 도달할 수 있었다.

지뢰지대를 지나는 롬멜의 보급선은 영국군 제7기갑사단의 직접적인 위협을 받았다. 다음날 아침 연료 사정의 악화로 전면 공격이 취소되었고, 롬멜은 총력전을 중단한다고 지시했다. 그러나 국지적인 공격은 허용되어, 독일군 제15기갑사단은 방어 중이던 영국군 기갑부대를 격파하고 132고지의 남쪽지역에 도달하게 되었다. 그러나 마침내 연료가 바닥나고 말았다.

9월 2일, 약속받았던 5,000톤 중 약 2,600톤의 연료가 트리폴리로 향하던 도중 바다에 가라앉고 말았다. 그리고 나머지는 아직 이탈리아에 있었다. 연료도 없고, 영국 공군이 공중에서 퍼붓는 공격에 두들겨 맞고, 가용 전차 전력도 너무 적었던 롬멜은 마침내 공격을 중단했다.[53]

영국군 전차여단들이 롬멜의 기갑사단들과 전면 기동전을 펼칠 수 있는 경험이나 체력을 가지고 있지 않다고 판단한 몽고메리는 그대로 병력을 대기시켰다. 몽고메리는 어떻게 해서든 제대로 준비가 되기 전까지는 큰 손실을 피하고 싶었다.

▼ 전차 전력이 크게 감소하고 보급이 끊어지자, 롬멜은 공세를 유지하기 위해 전력을 다해 고군분투했다.

영국 공군과 야포대가 협공으로 자신의 전차들을 두들겼기 때문에 롬멜은 9월 3일 공격을 중단할 수밖에 없었다. 그날 시작된 퇴각은 이틀이 지나도록 계속되었다. 추축군은 원래의 전선에서 동쪽으로 거의 10킬로미터나 떨어져 있었으나 그곳에서 조그마한 지역을 점령하게 되었다. 그러나 그것으로는 독일군이 겪은 손실에 전혀 보상이 되지 않았다.

9월 3~4일 사이의 밤에는 전진하던 뉴질랜드군이 도중에 독일군의 맹렬한 저항에 부딪혔다. 9월 4일, 고립을 피하기 위한 독일군의 반격으로 그 후 이틀 동안 지뢰지대 사이에서 맹렬한 전투가 계속되었다.[54] 3,000명의 병력과 50대의 전차, 15대의 야포, 35대의 대전차포와 400대의 수송차를 잃은 롬멜은 자신도 영국군에게 150대의 전차를 포함하여 큰 손실을 입혔다고 주장했지만, 실제 영국군이 잃은 전차는 68대에 불과했다.[55]

예상보다 더 강력한 지뢰지대와 끊임없는 영국 공군의 활약 앞에 승리를 내줄 수밖에 없었던 롬멜은 이미 전투의 초반 단계에서부터 주도권을 잃고 있었다.[56] 그러나 적어도 롬멜은 알람 할파에서 매우 중요한 교훈 하나를 얻었다. 현대전에 있어 공군력은 절대적인 요소이며, 영국 공군이 제공권을 갖고 있는 한 독일 아프리카군단은 기동작전을 수행할 수 없다는 것이 바로 그것이다.[57] 이는 롬멜이 반드시 새기고 가야 할 중요한 사실이었다.

황금기는 저물고

한 가지는 명백했다. 영국군과 연합군이 공중에서 우위를 점하고 있는 한, 독일군의 전격전 전술과 롬멜의 기동전이 누리던 황금기는 끝났다는 것이다. 알람 할파 전투는 영국군 수비의 위대한 승리였으며, 이제는 롬멜이 다시 공격할 가망이 없기 때문에 승리는 결정된 것이나 다름없었다. 이런 사실로 인해 알람 할파 전투는 사막전의 중요한 전환점이 되었다.

병사들에게 몬티monty라고 불리는 몽고메리는 중요한 7주 동안 신중을 기하면서 어떤 공격도 하지 않기로 결정했다. 이런 태도는 이미 팽팽해진 처칠의 신경을 더 긁었다. 수상은 북아프리카에 연합군이 상륙하기 위해서는 조기 공격이 필요하다며 끊임없이 알렉산더를 몰아쳤다. 몽고메리가 조금만 더 대담한 사람이었다면 힘 빠지고 지쳐 있는 적을 완전히 무너뜨릴 수 있는 최고의 기회를 잡을 수 있었을 것이다. 롬멜과 독일 아프리카 군단을 마지막에 궁지로 몰아넣어 괴멸시킬 수 있는 호기였던 것이다.**58**

▼ 알람 할파 전투에서 영국군 전차가 순찰임무를 수행하고 있다.

독일 아프리카군단의 보급 상황은 9월과 10월에도 개선되지 않았던 반면, 영국 공군은 영국 해군과 함께 롬멜의 해상 및 육상 보급선에 엄청난 타격을 가하고 있었다. 당시 독일군은 적 항공기 1,200대에 대해 투입할 수 있는 항공기가 겨우 350대에 불과했다. 영국군은 공중에서의 이런 우위를 어디에 적용하고 어떻게 활용해야 하는지 정확히 알고 있었다. 롬멜은 수송선 손실로 전체 보급품의 3분의 1을 빼앗겼다. 그 다음 달인 11월에도 안전하게 도착한 보급품은 절반에 불과했다.

같은 달, 모든 유조선이 피해를 입어 보급품은 바닥나고 연료 보급은 중단되었다. 식량과 식수 보급 역시 부족하여 병사들의 건강을 직접적으로 위협했다. 이런 절박한 상황에서 이탈리아군은 특히 더 어려워졌다. 롬멜을 포함하여 많은 병사들이 이질과 황달, 그리고 다른 전염병에 걸렸다. 전선이 잠잠해지고 몽고메리가 선제공격을 할 생각이 없어 보이자, 마침내 롬멜은 전장을 잠시 떠나 있는 것이 괜찮겠다는 생각을 하기 시작했다.[59]

9월 초가 되자 롬멜의 건강은 조금 나아졌다. 그러나 가우제, 베스트팔, 멜렌틴처럼 롬멜도 휴식이 필요한 상태였다. 영국군이 다시 공격하기까지 6주 정도의 시간이 있다고 생각한 롬멜은 잠시 여유를 갖고 전선을 떠나 있기로 했다. 북아프리카의 상황을 호전시켜 롬멜을 위기에서 구해낼 수 있는 것은, 지금으로서는 오직 독일군이 캅카스에서 승리를 거두어주는 것밖에 없었다.[60] 결국 독일군이 캅카스를 친다면, 이는 영국군에게 풍부한 휘발유를 제공해주는 페르시아의 유전지대를 위협할 뿐만 아니라 인도와의 통신을 어렵게 하여 긴밀한 협조에도 문제가 생길 수 있었다.[61]

롬멜은 동부전선의 상황을 우려했다. 스탈린그라드에서 질질 끄는 전투는 롬멜이 사용할 자원과 병력을 소모하고 있었다.[62] 아직까지는 때를 기다리며 다른 곳에서의 경과를 기다리는 것 말고는 할 수 있는 것이 거의 없었다. 그러나 9월이 되자, 영국군이 사막에서 아무런 움직임도 없이 있었던 것은 아님을 확실하게 알려주는 일이 일어났다. 1년 전 롬멜을 살해하려다 실패했던 그 특수부대들이 다시 활동을 시작했던 것이다.

특수부대들의 합동공격을 격퇴하다

사막 전역 동안 내내 사하라에서는 장거리 사막정찰대LRDG, Long Range Desert Group와 공수특전단SAS, Special Air Service에 의한 비밀스러운 전쟁이 수행되고 있었다. SAS를 지휘하는 이는 전설적인 스털링Stirling 대령이었다. 부대원들의 대담함과 휘장의 깃털무늬와 함께 그들이 펼치는 작전들은 틀림없이 영국군의 사기를 높여주었지만 롬멜에게는 또 다른 골칫거리일 뿐이었다. 그러나 만약 9월의 기습이 성공했다면, 롬멜과 그의 북아프리카에서의 불안한 상황에 골칫거리 이상의 영향을 주었을 것이다.

토브룩은 롬멜에게 가장 중요하고 또 가장 가까운 보급품 수령지였기 때문에 그에게는 아킬레스건과 같은 곳이었다. 이를 감지한 영국군은 이 보급선을 차단하기로 결정했다. 1942년 8월 말 보급트럭 호송대가 나일 강에서 다클라 오아시스Dahkla Oasis를 경유하여 쿠프라로 출발했다. 수단방어군SDF, Sudan Defence Force이 지키고 있던 쿠프라는 LRDG의 전진기지였다.

LRDG와 SAS는 벵가지와 토브룩에 대한 합동공격을 계획하고 있었고, 이에 따라 벵가지와 토브룩에는 영국 해군의 지원을 받는 이 특수부대들이 상륙할 예정이었다. 수단방어군은 습격을 위한 전진기지로 삼기 위해 잘로 오아시스Jalo Oasis를 점령했다. 그러나 벵가지에 대한 스털링의 공격은 실패로 끝나고, 그의 부대원들은 아직 수단방어군이 지키고 있는 잘로로 달아났다. 토브룩에 대한 또 다른 공격 역시 정보 부족과 허술한 보안으로 실패하고 말았다.

카이로의 추축군 정보원들이 입수한 습격에 대한 루머들은 롬멜의 정보부서에서 종합되고 있었다. 그리하여 하셀든^{Haselden} 대령을 포함한 습격대원 대부분은 작전 중 사망하고 말았다. 영국군을 기다려 맞이한 독일군은, 특히 해안으로 상륙한 특수부대원들의 그 대담한 공격과 선전을 한껏 치하해주었다. 오직 바르체^{Barce}에 대한 팝스키^{Popski} 대령의 습격만이 그 지역 지휘관이 경고를 무시한 덕분에 성공할 수 있었다.

▼ 영국 특수부대의 대담한 기습은 롬멜에게 별다른 타격을 주지 못했지만 팝스키 대령의 기습작전은 성공을 거두었다. 사진은 팝스키 대령의 특공대로, 안대를 하고 있는 이가 팝스키 대령이다.

▲ 영국의 공수특전단(SAS)(사진)과 장거리 사막정찰대(LRDG)는 1942~1943년 서부 사막에서 적의 후방을 유린하며 다양한 작전을 수행했다.

적을 격퇴시킴으로써 이번 전투를 방어전의 승리로 간주한 롬멜은 토브룩이 공격받기 쉽다는 것에 몹시 놀랐다. 더구나 롬멜은 영국군이 이번 작전을 대규모 공격의 전조로 발동시킨 것인지도 모른다고 우려했다. 그러나 대규모 공습은 없었으며, 북아프리카의 이탈리아군과 독일 해군 지휘관들에게 방어를 강화하라고 지시했던 롬멜은 안도의 한숨을 쉬었다.[63]

괴터대머룽^{Götterdämerung}, 위대한 신의 황혼

롬멜이 자리를 비우는 동안 그를 대신할 사람은 게오르크 슈툼메^{Georg Stumme} 장군이었다. 덩치 크고 유쾌한 전차 지휘관인 그는 사막에서의 전투 지휘가 취향에 맞는 것 같아 보였다. 슈툼메는 9월 16일에 도착해서 롬멜로부터 상황을 전해 들었다. 다행히도 슈툼메를 마음에 들어 했던 롬멜은 빈틈없고 철저한 인수인계를 했다. 이와 더불어, 몽고메리가 분명히 야간공격을 시작하겠지만 공격은 보름달을 활용할 수 있을 10월 말이 되

❶ 미국의 전차가 도착하기 전 연합군의 주력전차는 크루세이더 II(가운데)였다. **❷** 셔먼 전차는 제2차 엘라메인 전투에서 주력으로 활약했다.

▲ 독일군의 지뢰지대를 통과하는 방법 중 하나는 전차에 철근을 장착하여 이 철근으로 지뢰밭을 긁어내면서 통로를 내는 것이었다.

어야 가능할 것이라며 이에 대한 대비를 당부했다.

롬멜은 또 슈툼메에게 엘 알라메인을 따라 뻗어나간 방어선을 강화하라고 지시했다. 방어선은 영국군의 폭격과 포격으로부터 병력과 방어물 손실을 최소화하기 위해 아주 두텁게 설치되어 있었다. 전선의 가장 바깥쪽에는 각각의 보병대대에서 차출된 1개 분대가 배치되어 전투 전진기지를 만들고 있었다. 이들 전선의 주 방어선 뒤로는 수천 개의 지뢰를 채워놓은 무인 초소가 여러 개 있었고, 초소 뒤쪽으로 3,320미터 떨어진 거리에 88밀리 포와 다른 대전차포 부대가 있었다. 그리고 그 훨씬 뒤에 전차대의 기동예비대와 기계화부대가 있었다.

독일 아프리카군단은 적 전차의 행렬을 끊어버릴 수 있을 정도의 강력한 대전차지뢰 25만 개와 1만 4,500개의 대인지뢰를 매설했다. 이 지뢰는 밟으면 무시무시한 깜짝 인형처럼 튀어 올라 폭발하면서 쇠구슬이 사방으로 비 오듯 뿌려진다. 악마의 정원이라 불리는 이 거대한 지뢰지대는 영국군의 공세를 막는 견고한 방어선을 형성해주었다. 롬멜은 적에게 유쾌하지 않은 환영식을 준비해두었다.

롬멜의 계획은 영국군이 지뢰지대에서 꼼짝 못 하게 되면 그때 전선의 북쪽과 남쪽에서 동시에 공격을 가하여 몰아붙인다는 것이었다. 그는 무슨 일이 있어도 슈툼메가 꼭 이 전술대로 따르기를 원했다. 출발하기 전 롬멜은 슈툼메에게 몽고메리가 공격하면 곧바로 돌아오겠다고 말했다.[64]

그러나 이 말은 슈툼메를 불쾌하게 했다. 상관이 자신의 부하를 신뢰하지 못해 어려운 임무를 수행할 수 없을 거라고 판단하는 것처럼 보였으며, 오직 롬멜만이 올바른 결정을 할 수 있다는 것을 암시하는 것 같았기 때문이었다.[65] 그러나 임시 총사령관으로서의 임무에 대한 염려에도 불구하고, 슈툼메는 9월 22일 아프리카 기갑부대의 정식 지휘권을 넘겨받았다.[66]

연합군은 롬멜이 아프리카를 떠났다는 소식에 일제히 환호했다. 롬멜이 큰 타격을 받았음이 분명하다고 생각한 루스벨트 대통령은 카이로에서 정보가 누설되는 것만 막는다면 롬멜의 승리 행진은 끝날 것이라고 믿었다.[67] 그러나 이것은 롬멜의 재능에 대한 정확한 판단이 아니었다. 비록 이 기갑부대 지휘관이 정말로 큰 타격을 받았음에도 불구하고 말이다.

이탈리아 장교는 쓸모없고, 이탈리아 정부는 더 쓸모없다

독일로 돌아오자마자 괴벨스를 찾은 롬멜은 사막전 이야기로 그의 가족들을 매혹시켰다. 괴벨스는 롬멜을 전후 독일군 총사령관으로 만들려는 히틀러의 계획을 지지하고 있었다. 9월 30일 롬멜은 히틀러가 직접 수여하는 원수 지휘봉을 받았다. 그리고 16시경 '사막의 영웅'은 우레와 같은 환호 속에 베를린 스포츠광장에 모인 정당, 군, 정부 관계자들의 열렬한 환영을 받았다. 에르빈 롬멜의 인생에 있어 최절정의 시기로, 아마도 군인으로서 가장 자랑스러운 순간이었을 것이다.

롬멜을 '자신의' 군인으로 간주했던 히틀러에게 롬멜을 향한 갈채는 곧 자신에 대한 환호였기 때문에 총통은 만족감으로 희색이 만면했다. 그 보답으로 롬멜의 부대, 즉 히틀러의 부대는 새로운 중전차와 중포대, 박격포, 더 많은 연료, 보급품, 병력을 포함하여 히틀러가 총애하는 군인이 원하는 모든 것을 제공받게 될 것이라는 약속을 받았다. 롬멜은 기뻐했지만 이런 말을 듣는 것이 처음이 아니었기 때문에 약간은 회의적이었다. 더구나 보급 문제는 이탈리아군의 손에서 결정되는 한 개선되기 어려울 것이다.

롬멜은 오랜 친구인 쿠르트 헤세Kurt Hesse와의 사적인 자리에서 병사들에게는 칭찬만 해주고 싶은 반면, 이탈리아 장교들은 쓸모없고, 이탈리아 정부는 더 쓸모없으며, 이탈리아군 최고사령부는 무능력자와 배신자투성이라고 말했다.

"내게 전차에 채울 유조선 3척분의 휘발유를 준다면 48시간 후에 나는 카이로에 있을 것이다."

10월 3일 아침 롬멜은 베를린에서 국제기자단과의 회견을 가졌다. 롬멜은 자신의 부대가 이집트의 문턱에 도달했으며 자신이 아프리카에 돌아가면 가능한 한 빨리 카이로로 진격하겠다고 말했다.[68]

그동안 처칠은 몽고메리가 9월에 공격을 시작하지 않고 한 달 동안 그 자리에 정착한 듯 머물고 있는 것을 용인해주어야 했다. 준비를 매우 철저히 하는 몽고메리는 심지어 학자처럼 보이기까지 했다. 이제 롬멜이 준비를 마쳤다고 판단한 그는 롬멜이 애용하는 은닉과 기만전술을 쓰기로 결정하고, 남쪽에서 공세가 펼쳐질 것이라 믿게 하기 위해 보급품 집적소와 가짜 송수관을 전선의 남쪽지역에 설치했다. 이런 정교한 위장은 독일군 정보기관으로 하여금 10월 23일로 계획된 공격이 사실은 2주 후에 시작될 것이라고 믿게 하기 위한 것이었다.

몽고메리는 럼스덴Lumsden 장군같이 호전적인 휘하 장교들을 자제시켰다. 정예인 제10군단의 지휘관인 럼스덴은 기동전차 주도의 전투를 원했으나 분노하여 좌중을 압도해버린 몽고메리의 기세에 눌려 자신의 의견을 접었다. 몽고메리는 전임자들과는 달리 자신의 명령에 대한 반항이나 의문을 받아들이는 법이 없었다. 영국군의 전략을 결정하는 사람은 적어도 지금은 단 한 명이었다.

마지막 계획은 10월 6일에 드러났다. 독일군 방어선 뒤쪽의 옥살릭Oxalic을 목표로 한 주공격 '라이트풋 작전Operation Lightfoot'은 북쪽에서 제30군단의 4개 사단에 의해 시작될 것이다. 독일군 지뢰지대를 가르고 지나가는 2개 회랑지대를 통해서 제10군단이 제30군단을 뒤따라 진격할 것이다. 제10군단의 임무는 전차대를 격파하고, 제30군단의 진격을 방해하는 독일 아프리카군단을 저지하는 것이었다.

롬멜을 유인하기 위해 남쪽에서 영국군 제13군단이 제벨 카라크Jebel Kalakh, 카레트 엘 히메이마트와 엘 타카를 향해 양동공격을 실시할 것이다. 연막을 깔아주는 중요한 역할을 맡은 포대는 엄호와 지원사격을 하고 또 적군의 전방 위치에 포격을 가했다. 훌륭하고 대담한 커닝엄 공군 중장의 지휘 아래, 영국 공군은 방어선에 폭격을 가하고 저고도 공격을 수행함으로써 적군에게 고통을 더할 것이다. 커닝엄은 롬멜의 전선에 대한 대규모 폭격을 위해 200대의 폭격기와 500대의 전투기를 준비했다.

작전이 시작되자 몽고메리는 롬멜과 마찬가지로 노련한 군사적 수완가의 모습을 보이며 공보에 극도로 신중을 기했다. 10월 19~20일 모든 상급 지휘관들이 상황 보고를 위해 몽고메리의 이동본부에 소집되었다. 그리고 10월 21~22일에는 다른 장교들과 병사들에게 내용이 전달되었다. 몽고메리는 제8군의 목표와 그 목표를 달성하는 방법 및 과정을 설정하고 설명하는 데 뛰어난 재능을 보여주었다. 10월 22일 특별한 기자회견을 가진 몽고메리는 과장된 자신감과 허세를 표출했다. 그러나 그의 전임자들로부터 늘 마지막 일격과 최후의 승리라는 말을 들어온 기자들은 냉소했다. 전임자들은 모두 실패했다. 몽고메리라고 다를 게 있을까? 어쩌면 그는 전능하신 하나님과 직접 연결이 될지도 모른다![69]

신은 몬티의 편에 있지 않을지 몰라도 적어도 엄청난 대군은 그의 옆에 있었다. 하늘에서는 1,200대의 항공기를 가진 영국 공군이 점점 줄어가는 케셀링의 북아프리카 항공전대를 압도하고 있었다. 케셀링의 항공전대에는 기계와 부속품, 조종사, 연료, 그리고 희망이 부족했다. 지상에서도 몬티는 우위를 지키고 있었다. 제8군은 총 23만의 병력과 1,229대의 가용 전차를 이집트에 두고 있었다. 그중 19만 5,000명의 병력과 1,029대의 전차가 공격을 준비하며 전투구역에 주둔해 있었다. 영국에서는 보급품과 충원병력이 끊이지 않고 쏟아져 들어오고 있었고, 2,311문의 야포도 지원되었다.[70]

롬멜의 기갑군은 양 측면에 4개 전차사단과 8개 보병사단이 있었기 때문에 이론상으로는 이런 적과도 상대가 가능했다. 그러나 추축군 편제는 최고 전력에서 상당히 모자란 형편이었다. 평상시 9,180명이 정원인 제15기갑사단에는 3분의 1 수준인 3,300명만이 남아 있었다. 기갑군은 5만 명의 독일군과 5만 4,000명의 이탈리아군으로 총 10만 4,000명의 병

❶ 영국군 제8군의 보급물자들이 알렉산드리아를 향하고 있다. ❷ 연합군은 병력을 대규모로 증강해 미국이 설계한 셔먼 전차가 제8군 증원을 위해 해안으로 상륙하고 있다. ❸ 셔먼 전차는 빠르고 잘 무장되어 있었으며 대부분의 독일군 대전차포탄에 강한 것으로 입증된 두꺼운 경사장갑을 장착하고 있었다. 사진은 1942년 9월 북아프리카에 도착한 셔먼 전차의 모습이다.

력을 보유했으나, 5만의 독일군 중 실제 작전이 가능한 병력은 겨우 2만 9,000명에 불과했다. 한때 롬멜의 자랑스러운 독일 아프리카군단에 전차는 이제 단 489대만이 남아 있었다. 그중 278대는 현대 전차전에서는 거의 쓸모가 없는 이탈리아제였다. 211대의 독일군 전차 중 단 30대만이 75밀리 고속포를 장비한 4호 전차였다. 이 4호 전차는 몇 달 전만 해도 영국군이 배치할 수 있는 모든 전차를 압도했었다. 그러나 미국이 영국에 훨씬 우수한 전차를 지원하고 있는 지금, 몬티는 롬멜에 대해 단지 수적 우위 이상의 것을 갖게 되었다.

독일군이 아직 마주치지 못한 셔먼 전차는 무장과 속도, 엔진의 힘, 그리고 장갑에서 4호 전차보다 월등했다. 독일군 대전차포 중 이 괴물을 파괴할 수 있는 것은 거의 없었다. 오직 전능한 88밀리 포만이 셔먼의 두껍고 경사진 장갑을 관통할 수 있었다. 그러나 아쉽게도 전투가 시작되었을 때 셔먼은 그랜트와 합해 영국군 전차 전력의 절반에 불과했다.[71]

▼ 영국군의 전차 전력이 안정되면서 미국산 M3 리(Lee) 중형 전차에서 파생된 그랜트 전차는 예비전력으로 활용되었다.

사막의 결정전이 막을 올리다

양측은 각자의 강점이나 약점과는 상관없이 현재 가장 시급한 과제가 무엇인지 잘 알고 있었다. 몽고메리와 그의 상관 알렉산더는 성질 급한 처칠이 또 한 번의 패배는 물론 롬멜의 군대를 그대로 살려두는 반쪽짜리 승리도 용납하지 않을 것임을 분명하게 알고 있었다. 롬멜 역시 자신이 엘 알라메인에서의 이번 전투에서 패배한다면, 독일 기갑부대 전체가 소모전으로 분쇄되거나, 퇴각하는 동안 산산조각 날 것임을 감지하고 있었다. 어느 쪽에게도 실패는 용납될 수 없었다. 이제 사막전의 최종 결과를 결정할 전투가 막 시작되려 하고 있었다.

10월 23일 21시 30분경, 1,000문 이상의 영국군 야포가 탄막을 퍼부으며 독일군에게 지옥의 불을 뿜어냈다. 으르렁거리는 포화 소리는 시체라도 깨울 것 같았다. 어둠 속에서 영국군은 상대 진영에서 일렁이는 화염을 통해 독일군 야포와 탄약기지가 파괴된 것을 볼 수 있었다. 하늘은

▼ 엘 알라메인 전장에서 전차병이 휴식을 취할 수 있는 기회는 거의 없었다.

윙윙거리는 포탄과 30분 뒤에 독일군 전선으로 진격하라고 보병을 인도하는 보포스Bofors(스웨덴 최대의 방산업체) 조명탄으로 가득 찼다.[72] 다음날 밤 영국군 제10군단의 지원을 받은 2개 군단이 각각 남쪽과 북쪽에서 공격을 가했다. 영국군 제30군단의 4개 사단은 텔 엘 에이사와 미테이리야 능선Miteirya Ridge 사이의 좁은 10킬로미터 길이의 전선에 공격을 가했으며, 독일군 지뢰지대에 2개의 구멍을 뚫는 임무를 수행했다.

독일군 전선에서 중요하면서도 공격에 취약한 해안도로는 이탈리아군 부대와 제90경사단, 그리고 제164경사단이 두터운 사다리꼴 진형으로 지키고 있었다. 독일 아프리카군단은 롬멜의 계획대로 전차들과 함께 대기 상태에 있었다. 오스트레일리아군 제1여단이 독일군의 발을 묶어두기 위해 해안도로를 따라 위장 이동하는 동안, 인도군 제4사단은 루웨이사트 능선을 따라 강력한 공격을 개시했다. 영국군이 통로를 확보하려 애쓰는 곳으로 추축군은 기관총과 박격포, 야포사격을 퍼부었고, 그동안 제15기갑사단이 반격했다.

남쪽 영국군의 상황이 여의치 않더니 이내 심각해졌다. 자유프랑스군 보병은 히메이마트 주변 고지에 돌격해서 점령에 성공했다. 그러나 고지로 올라가는 길의 너무 부드러운 모래 때문에 프랑스군에게 필요한 무기가 지원되지 못했다. 영국군 제1기갑사단은 지뢰지대를 통과해서 몇 대의 전차를 보내려 했으나 영국군 제10군단 전체가 멈춰 서버렸다.[73] 소모전에서 무력에 의존한 몽고메리의 전선 돌파 계획은 단순하지만 정직했다. 그러나 잘 먹혀들지는 않았다. 리델 하트가 지적한 것처럼, 많은 사상자와 전력의 낭비를 피하기 위해서는 더 대담한 전략이 필요했던 것이다. 더구나 장비의 질과 양에 있어 월등히 우월했던 몽고메리가 채택한 전술이라는 점에서 이런 곤경은 더 아쉽고 놀라운 것이었다.[74]

사막으로 돌아와 지휘권을 회복하다

한편 오스트리아의 알프스에서 아내와 함께 요양 중이던 롬멜은 이런 북아프리카의 상황을 전혀 모르고 있었다. 롬멜의 부관인 베른트는 10월 24일 15시가 되어서야 새 원수와 간신히 전화 통화를 할 수 있었다.

"어젯밤 몽고메리의 공격이 시작되었습니다! 그리고 슈툼메 장군은 흔적도 없이 사라졌습니다!"

즉시 비너 노이슈타트^{Wiener Neustadt}의 비행장으로 차를 몰아간 롬멜은 히틀러에게 전화를 걸어 이 나쁜 소식을 알렸다.

히틀러는 동부전선에서 있을지도 모르는 임무를 위해 롬멜을 아껴두고 싶었고 또 총애하는 부하의 건강이 걱정되기도 했다. 그래서 히틀러는 롬멜에게 전선에 복귀하라는 명령을 즉시 내릴 수가 없었다. 슈툼메의 부재 또는 사망으로 인해 군의 임시 지휘권은 빌헬름 폰 토마 장군에게 넘어갔다. 롬멜은 아직 폰 토마를 만나보지 못했고 그에 대해 아는 것이 별로 없었다. 이런 사정 때문에 히틀러도 롬멜을 마냥 붙잡아두고 있을 수만은 없었다.

롬멜은 로마로 날아가서 독일군 연락장교인 린텔렌을 만나 기갑군의 연료 부족에 대해 이야기했다. 놀랍게도 연료 상황은 롬멜이 예상했던 것보다 훨씬 좋지 않았다. 롬멜의 부대에는 단 사흘치의 보급량만이 남아 있었다. 10월 25일 23시 25분에 마침내 롬멜은 그의 전투본부에 도착하여 히틀러와 로마에 전문을 보냈다.

"군의 지휘권을 다시 넘겨받았음."[75]

롬멜이 없는 동안 독일군에는 몇 가지 흥미로운 상황이 발생해 있었다. 슈툼메는 용감한 군인이자 유능한 야전지휘관이었지만 세 가지의 결정적인 판단착오를 저질렀다. 첫째로, 그는 줄어든 탄약 재고를 보존하기 위해 포대에게 대응 포격을 늦추거나 멈추라고 명령했다. 실제로 탄약의 재고 상황은 크라우제Krause가 슈툼메에게 보고한 것보다는 나았던 터라 슈툼메의 명령은 부대의 사기를 저하시키는 불행한 결과를 야기했고, 영국군이 방어선의 전방 지점을 쉽게 차지할 수 있게 도와준 꼴이 되고 말았다.

두 번째, 슈툼메는 전차들을 분산대형으로 배치했다. 이는 영국군의 최악 습관의 복사판으로, 영국군 전차가 무리지어 독일군 전차를 격파하거나 또는 한 대씩 차례차례 격파하기 딱 좋았다. 이로 인해 제15기갑사단은 롬멜이 돌아왔을 때는 원래 전력의 3분의 1로 줄어 있었다. 슈툼메의 마지막 가장 치명적인 실수는 지형학과 사막 환경에 대해 가장 기초적인 경험밖에 없으면서 현장 점검에 나선 것이었다. 길을 잃은 그는 포대의 공격을 받았고, 그 충격은 슈툼메에게 치명적인 심장마비를 일으켰다. 10월 24일 다른 많은 부대원과 함께 슈툼메는 사망했다. 너무 짧고 너무 빨리 끝나버린 지휘였다.[76]

10월 24일 영국군 제30군단은 옥살릭 전선에 도착했으나, 제10군단은 그날 안에 목표인 피어슨Pierson에 도달하지 못했다.[77] 10월 25일 02시경 남쪽이 위험하고 아슬아슬한 상황에서 전차대가 독일군 지뢰지대의 좁은 통로를 통과하기 위해 분투하고 있었다. 강인한 프라이버그 장군은 전차에 직접 탑승하여 기갑부대를 지휘했다. 03시 30분경, 몽고메리의 참모장인 프란시스 드 귄강Francis de Guingand은 불안정한 상황에 대한 논의를 위해 군단 지휘관들을 소집해서 회의를 열었다. 잠에서 깨어난 몽고메리는 병력 손실과 전차 손실이 발생하겠지만 무슨 일이 있어도 공격은 계속되어야 한다는 드 귄강과 군단 지휘관들의 의견에 동의했다. 마침내 그들의 끈기가 먹혀들기 시작하는 것 같았다. 08시경 군단 지휘관들은 제8기갑여단과 뉴질랜드 사단과 마찬가지로 제10기갑사단도 적의 지뢰지대를 돌파했다는 보고를 할 수 있었다. 10월 25~26일까지 전혀 전진하지 못하고 있는 것은 이제 제1기갑사단뿐이었다.[78]

사막의 지휘본부로 돌아온 롬멜은 폰 토마 장군을 처음으로 만났다. 토마는 보수적인 귀족 타입의 장교였다. 그는 말라빠진 체격에 금욕적이고 현학적이면서 또 대단히 통명스러웠다. 롬멜은 자신과 정반대인 그의 이런 모습을 금방 싫어하게 되었고, 이런 대조는 둘 사이의 협력도 어렵게 만들었다. 롬멜은 토마와 베스트팔이 영국군에게 반격하지 말라는 슈툼메의 명령을 따랐던 것도 마음에 들지 않았다. 이런 결정이 영국군으로 하여금 적은 손실로 전진기지와 지뢰지대를 점령하면서 방어선에 파고들 수 있게 했다고 롬멜은 지적했다. 토마는 영국군의 대담한 진격을 저지한 것은 독일군 포대였고, 적의 주공격은 북쪽에서 실시될 것으로 생각한다고 주장했다. 롬멜도 이런 지적과 적군의 전술에는 동의했다.

대부대를 보유한 영국군은 수많은 보병으로 지뢰지대를 지나는 통로를 개척할 것이다. 연막으로 위장하고 풍부한 야포의 지원을 받으면서 통로를 만들고 나면 영국군은 길을 따라서 대량의 전차를 쏟아부을 것이다. 영국군이 독일군의 이 무력한 방어선을 돌파하게 되면, 그것은 바로 재앙으로 바뀔 수 있음을 롬멜은 잘 알고 있었다. 영국군이 전차를 제대로 운용하면 퇴각하는 추축군의 측면을 포위하여 완전히 산산조각 낼 수 있기 때문이었다. 자신의 보병과 특히 빈사상태의 이탈리아군은 기동력이 떨어졌기 때문에 롬멜의 부대는 그런 돌파에 바로 괴멸될 수도 있을 것이다. 그렇기 때문에 무슨 수를 쓰든 영국군의 공격을 빗나가게 하거나 더 나아가서는 격파해내야 했다.

너무 늦어버린 지원

밤새 영국군은 최전선에서 조금 올라간 위치에 있는 28고지를 포대의 관측기지로 사용했고, 이 관측기지 덕분에 포대는 독일군에게 인정사정없는 타격을 가할 수 있었다. 아침에 롬멜은 점점 강해지는 포성 때문에 5시간밖에 잠을 못 잤다고 말했다. 영국군의 포격으로 수면 부족이 심해지면서 롬멜의 건강도 축이 났지만 병사들도 점점 지쳐갔다. 이후 며칠 동안 롬멜은 28고지 주변에서 벌어진 맹렬한 전투를 관찰했다. 양측에 의해 고지에 피의 강물이 넓어진 것 말고는 아무런 소득이 없었다고 그는 쓸쓸하게 기록하고 있다.

몽고메리가 결정적인 공격을 북쪽에서부터 개시할 것이라는 토마의 견해에 동의한 롬멜은 병력이 줄어든 제21기갑사단을 포함한 기갑부대의 남은 전력을 북쪽으로 이동시켰다. 그러나 독일 아프리카군단의 예비 연료가 너무 부족했기 때문에 이것은 정말 위험한 도박이었다. 다른 때는 완벽했던 롬멜의 통찰력이 만약 이번에 빗나간다면 이동한 부대들은 후퇴조차 할 수 없게 될 것이다. 그러나 독일군에게는 다행스럽게도 그의 직감은 옳았다. 10월 27일 하루 동안 롬멜은 영국군의 모든 진격을 받아넘기고 저지했다. 몽고메리의 공격은 답보상태에 머무르게 되었다.

한편 독일군의 예비대는 28고지에 대한 공격이 실패한 뒤 엄폐물이 전혀 없는 개활지에서 습격부대가 영국군 포대와 공중폭격에 노출되고 말았다.[79] 기동성과 전차의 뛰어난 활용으로 승리를 거두어오던 롬멜은 그러나 이번에는 완전히 궁지에 몰리고 말았다. 한계를 넘어서버린 위치는 결국 그를 덮쳐오게 되었고, 등한시했던 보급과 수송 문제는 자업자득이 되어 돌아왔다.

롬멜의 부대는 연료 없이 무력한 소모전을 치러야 했고, 그런 소모전을 통해 부대는 피 흘리며 죽어갔다. 또 다른 2척의 유조선이 침몰하면서 연료 사정은 더 악화되었고, 이로 인해 롬멜은 휘하 기갑부대를 영국군 포대의 사거리 밖으로 빼내지 못했다. 그것이 가능했다면 롬멜은 그가 승리를 확신하는 정정당당한 전차 총력전

▲ 롬멜의 독일 아프리카군단 전투력의 핵심인 제21기갑사단 장교의 모습이다.

으로 영국군 기갑부대를 끌어들일 수 있었을 것이다.[80]

적군에 의해 전황이 좌우되는 상황 하에서 롬멜은 자신이 결국 종국적인 패배에 직면해 있음을 직감했다. 롬멜의 자원이 보충되지 않는 동안, 이미 훨씬 많았던 영국군의 자원은 계속 늘어나고 있었다. 승리를 위해 모든 수를 다 썼던 롬멜의 부대가 패배한다면 결과는 참혹할 것이다. 그러나 적어도 롬멜의 부대로부터 심각한 저항 없이 북아프리카 전역을 석권할 수 있을 정도로 영국군 제8군이 강하지는 않았다.[81]

죽어서 뒹굴기 전에 이 오래된 '끈질긴 친구들'에게 지옥과도 같은 전투를 선사하겠다고 결심하기는 했지만 롬멜은 점점 패배주의자가 되어가고 있었다. 10월 28일 롬멜은 지휘관과 병사들에게 오늘 싸움은 자신을 포함한 모두가 고통스런 마지막까지 투쟁해야 하는 생사가 걸린 전투임을 당부하고 주지시켰다. 몽고메리의 공격이 북쪽에서 시작될 것이라는 롬멜의

예상은 적의 기밀문서를 탈취하여 확인하면서 확실해졌다. 문서에 의하면 몽고메리는 북쪽에서 공격할 것이고, 기갑부대가 돌파하고 나면 몽고메리는 엘 다바의 해안을 향해 북쪽으로 방향을 돌리는 것으로 되어 있었다. 오후에는 몽고메리가 영국군이 독일군 전선에 만들어놓은 쐐기 모양의 진형으로 공격을 위해 부대를 집결시키는 것도 관찰할 수 있었다.

21시경 영국군의 전형적인 강력한 탄막이 퍼부어지자 몇몇 부대는 포성 때문에 광란에 빠졌다. 1시간 뒤, 모스헤드가 지휘하는 노련한 오스트레일리아군 제9사단이 영국군 스타일의 진형을 갖추고 선두를 맡아 공격을 개시했다. 롬멜을 비롯한 모든 독일군이 가장 뛰어난 연합군 전사라고 인정했던 오스트레일리아군과 독일군 제125기갑척탄병연대 제2대대 사이에 밤새도록 피를 말리는 전투가 휘몰아쳤다. 정예부대인 제125기갑척탄병연대는 초인적인 방어를 해냈고 이로 인해 양측은 완전히 탈진해버렸다. 다음날인 10월 29일 새벽 독일군은 마침내 오스트레일리아군의 지독한 공격을 막아냈음을 알게 되었다.

피비린내 나는 닷새간의 전투로 1만 명의 영국군, 영연방군, 연합군 사상자가 발생했지만 독일군 전선에는 작은 흠만 났을 뿐이었다. 런던의 분위기는 우울했고, 그중 화이트홀Whitehall(트래펄가 광장에서 국회의사당까지 관청이 늘어선 런던의 거리명-옮긴이)에 있는 정부청사와 영국군 총사령부의 분위기는 최악이었다.

제1차 세계대전에 참전했던 처칠은 그런 희생을 다시는 되풀이하지 않겠다고 결심했었다. 그런데 이제 몽고메리와 알렉산더가 똑같은 진부한 실수를 그대로 재생 반복하고 있었다. 참호에 있는 적군을 향해 대규모 탄막을 형성하고 보병 돌격을 감행해 공격했지만 실패하고 말았다. 이런 방식으로 계속 갈 수는 없었다. 분노와 실망에 찬 처칠이 브룩 장군에게 말했다.

"이렇게 성의 없는 전투를 할 생각이었으면서 어떻게 몽고메리는 7일 내에 돌파할 수 있다고 말했지? 우리에겐 하나의 전투에서 이길 수 있는 단 한 명의 장군도 없다니!"

처칠의 격노를 이해할 수 없는 것은 아니었지만, 그렇다 해도 그 누구도 몽고메리나 영국 제8군에게 성의 없는 전투를 했다고 비난할 수는 없었다. 몽고메리는 단지 정면공격 방법을 선택하고 강한 전력을 온전히 하나로 집중시켜 활용하는 데 있어서 독창적인 감각이 없을 뿐이었다. 그를 변호하자면, 사실 그가 별달리 할 수 있는 일도 거의 없었다.

어떻게 해서든 빨리 압도적인 승리를 거두고 싶었던 처칠은 몽고메리를 신뢰하지 않는 것 같았다. 막다른 골목에 이른 몽고메리가 경질될 수도 있음을 알고 있던 브룩은 정오에 소집된 참모장 회의에서 거짓말을 했다. 그는

▶ 1942년 롬멜 휘하의 독일군은 공세를 취하기보다는 참호에 앉아 적의 다음 움직임을 기다리며 방어하는 경우가 많았다.

몽고메리가 마침내 롬멜의 방어선을 부숴버릴 더 크고 더 결정적인 공격을 준비 중이라고 주장했다.

물론 롬멜은 영국군의 우울한 분위기를 알고 있었다. 그는 자기 부대의 놀라운 저항이 야기한 몽고메리와 처칠의 불쾌감을 즐기고 있었다. 그러나 롬멜 역시 이보다 더 나빠지는 않았지만 나름대로 어려운 시간을 보내고 있었다.[82] 심지어 롬멜은 처칠보다 더 가라앉아 있었다. 같은 날 그는 사랑하는 아내에게 편지를 썼다.

"우리에겐 많은 희망이 남아 있지 않소. 나는 어깨에 짊어진 짐 때문에 잠을 잘 수가 없어서 뜬눈으로 밤을 샌다오. 낮에는 죽을 만큼 피곤하오. 여기서 일이 잘못된다면 과연 무슨 일이 일어날까? 이 생각이 나를 밤낮으로 괴롭힌다오. 그런 일이 일어난다면, 나는 빠져나갈 곳이 없소."[83]

불면증 때문에 롬멜은 03시 30분에 베스트팔의 휘하 장교 한 명과 산책을 하고 있었다. 그리고 무엇을 해야 할지에 대한 긴 독백을 시작했다. 롬멜은 엘 알라메인에 더 머물러 있다가는 우월한 영국군 제8군에 의해 부대가 괴멸될 것임을 알고 있었다. 영국군이 방어선을 돌파한다면, 연료가 부족한 그의 기갑사단들은 파멸을 맞게 될 것이고 이동이 느린 이탈리아군은 묵사발이 될 것이다. 나흘간의 휴식에도 불구하고 롬멜은 이 '가망 없는 싸움'을 어느 정도는 패배로 인정하고 있었다.[84]

10월 30일 07시경 롬멜은 바이어라인에게 전투는 진 것이라고 말했다. 마지막 불행은 절실히 필요한 연료를 싣고 있던 또 다른 유조선이 토브룩 외곽에서 가라앉았다는 소식이었다. 지도 위의 푸카에 붉은 선을 그은 롬멜은 그곳을 부대의 후퇴 지점으로 잡았다. 롬멜은 언제부턴가 후퇴를 계획하고 있었지만 이탈리아군과 독일군 최고사령부에게는 마지막까지 이를 비밀로 했다. 오후가 되자 롬멜은 푸카로의 최종 후퇴에 대해 논의를 시작했다. 전쟁이 끝난 뒤, 베스트팔은 반역을 저질렀다는 모든 비난으로부터 열심히 롬멜을 옹호했다.

군의 하루 소요량에 해당하는 600톤의 연료를 실은 이탈리아 유조선이 도착했다는 소식에 롬멜의 투지는 되살아났다.[85] 그러나 롬멜은 최초의 본능대로 행동했어야 했다. 리델 하트에 따르면 몽고메리의 허를 찌를 수 있었기 때문에 후퇴하는 것이 분명 옳았다. 그러나 원수는 강한 온정주의의 충동을 가진 자애로운 지휘관이었기 때문에 보병을 운명에 맡긴 채 버리고 가려 하지 않았다. 대신 롬멜은 그저 몽고메리가 계획된 공격을 취소해주기만을 간절히 바랐다. 몽고메리는 롬멜을 두려워했고 겁에 질린 영국군의 공격은 실패했다. 롬멜은 안도한 반면, 몽고메리는 전임자들처럼 공격을 미룬다는 이유로 해임될지 모른다는 불안감에 사로잡혔다.

북아프리카에서 온 소식에 매우 우울해하던 처칠은 자신의 분노와 절망을 불쌍한 브룩 장군에게 터뜨렸다.[86] 같은 날 롬멜의 본부에 도착한 케셀링은 연료 부족 문제를 해결하기 위해 독일 공군이 전적으로 수송 지원을 해주겠다는 약속을 했다. 융커스 88(제2차 세계대전 당시 독일 공군이 주로 사용한 다용도 쌍발 폭격기-옮긴이)이 똑같이 심한 압박을 받고 있는 동부전선의 공군부대로부터 차출될 예정이었다. 롬멜은 루시에게 다음과 같은 편지를 썼다.

"이런 지원들이 사실상 아무 가망이 없을 때 시작된다는 것은 비극이오."[87]

상관들의 무기력과 일선부대의 요구에 대한 무관심을 겨냥한 롬멜의 비판은 충분히 정당했다. 일찍이 그가 요청했던 대로 자원과 보급품, 그리고 충원 병력이 주어졌다면, 지금쯤 롬멜은 알렉산드리아와 나일 삼각주, 카이로, 나아가 수에즈 운하의 지배자가 되어 있었을 것이다. 그러나

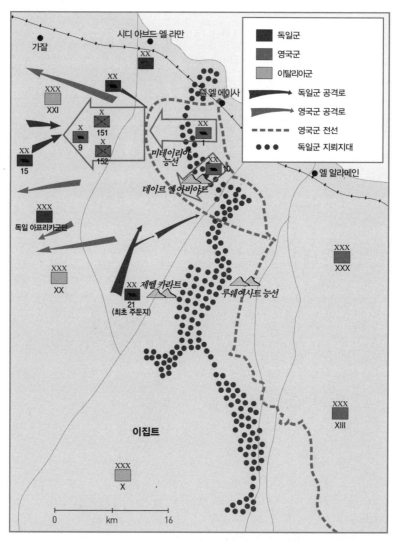

가잘

시디 아브드 엘 라만

XX

XX

XXX
XXI

X
151

X
9

X
152

XX
15

텔 엘 에이사

XX
1

미테이리야
능선

XX
10

데이르 엘 아비야드

독일 아프리카군단
XXX

엘 알라메인

XXX
XXX

제벨 카라트

루웨예사트 능선

XX
21
(최초 주둔지)

XXX
XX

이집트

XXX
XIII

XXX
X

범례	
■	독일군
■	영국군
■	이탈리아군
➤	독일군 공격로
➤	영국군 공격로
---	영국군 전선
●●●	독일군 지뢰지대

0   km   16

▲ 엘 알라메인에서의 두 번째 전투는 사막전의 중요한 전환점이 되었다. 이대로 전선을 유지할 수 없다는 것을 깨달은 롬멜은 최후의 한 명까지 싸워 사수하라는 히틀러의 광적인 명령을 무시하고 전략적 후퇴를 실시했다.

지원은 없었고, 히틀러와 무솔리니의 뒤늦은 지원은 전투의 결과를 바꾸기에는 너무 늦어버렸다.

같은 날 늦은 시각, 약 30여 대의 영국군 전차와 오스트레일리아군 보병이 해안으로 진격해왔다. 마침내 몽고메리가 그의 가장 중요한 돌파를 성취해내는 것처럼 보였다. 그러나 이는 완전한 허위 경보로 롬멜의 기갑부대는 영국군 기갑부대를 공격하여 격파하고 200명의 오스트레일리아군을 포로로 잡았다. 카발레로는 무솔리니를 대신하여 무선으로 롬멜에게 놀라운 국지적 승리를 거둔 것에 대해 축하를 보내고, 전장의 승리에 대한 총통의 자신감 어린 예언을 전달했다.

불복종은 해임, 복종은 괴멸

그러나 사령관 자신은 그런 승리에 대한 모든 믿음을 잃고 거울 속에서 돌이킬 수 없이 후퇴하는 모습을 보았다. 이제 중요한 것은 병력과 물자의 손실을 최소화하면서 푸카로 후퇴하는 것이었다. 푸카 전선을 시찰한 크라우제는 저지대와 연결되어 있고 우회공격을 받을 수 없는 이곳이 최적의 위치라고 판단했다. 부대는 작전에 사용할 이틀분의 연료와 많은 양의 탄약을 보유하고 있었다. 케셀링은 독일 아프리카군단이 언제나 탄약이 부족하다고 불평한다고 기록했다. 그러나 롬멜은 후퇴하면서 적의 손에 들어가지 않도록 하기 위해 수천 톤의 탄약을 파괴했다.[88]

알렉산더는 처칠에게 전보를 보냈다.

"적군은 필사적으로 싸우고 있습니다. 그러나 아군은 지속적으로 적군을 강하게 공격하고 있으며 인정사정없이 적군을 뚫고 나아가고 있습니다. 적군이 곧 붕괴될 것이란 큰 희망을 가지십시오."[89]

그러나 롬멜 역시 자신과 부대원들이 전투의 긴장을 감수할 수 있는 한 와해되지 않을 것이라는 큰 희망을 갖고 있었다.[90]

산개 진형을 던져버린 영국군은 다시 강력한 공격을 개시할 준비를 완료했다. 11월 1일 22시경 200문의 야포가 전선의 좁은 지역을 향해 강력한 탄막 포화를 퍼부었고, 공중에서는 영국군 폭격기들이 다른 지역을 맹폭격했다. 길고 추운 밤 내내 롬멜은 전장에 떠워진 낙하조명탄에 의지해 영국군의 공격을 관찰했다. 영국군의 폭탄과 포탄은 독일 아프리카군단의 본부를 강타했다. 토마는 부상당했으며, 통신은 교란되고 전화선은 끊어졌다.[91]

잠시 후 01시경 야포의 포화와 폭격기의 폭격이 그치자 영국군 제30군단은 뉴질랜드군 제2사단을 선두로 한 슈퍼차지 작전Operation Supercharge을 개시했다.[92] 독일군 전선을 돌파하려는 영국군의 대규모 전차들이 28고지의 914미터 전방을 맹렬하게 공격했다. 독일군과 이탈리아군 보병은 결사적으로 저항했고, 이른 아침의 어스름 속에서 필사적인 전투가 벌어졌다. 곧 전장은 불타는 영국군 전차의 잔해로 가득 찼다. 그러나 문제는 불타오르는 잔해만큼 많은 수의 전차들이 롬멜의 지친 병사들에게 진격하려고 기다리는 중이라는 것이었다. 설상가상으로 다수의 영국군 장갑차가 뚫고 들어와서 추축군의 후방을 휘저으며 롬멜의 경장갑차량과 보급품 집적소에 큰 타격을 주고 있었다.[93]

영국군의 전차 손실은 심각했다. 제9기갑여단은 공격 도중 보유 전차의 4분의 3을 잃었다.[94] 결전의 날이 왔다. 오늘 롬멜의 부대는 살아남거나 괴멸될 것이다. 11월 2일 11시경 포대 관측원들이 롬멜에게 전화를 걸어 수많은 영국군 전차들이 28고지의 남서쪽을 돌파하여 서쪽을 향해 진격 중이라는 반갑지 않은 소식을 전했다. 전차의 수를 400대로 본 관측원들은 지뢰 초소 J와 K 뒤쪽에도 500대의 전차들이 진격 신호를 기다리고 있다고 보고했다.

롬멜은 사막에서의 마지막 대규모 전차전을 앞두게 되었다. 롬멜이 본부를 떠나는 것을 본 암브루스터Armbruster 중위는 자신이 느낀 것을 이렇게 기록했다.

"아마도 오늘 결판이 날 것이다. 가련한 롬멜, 그는 너무 많은 책임을 져야 했으나 그가 할 수 있는 일은 거의 없었다. 로마의 무리들에게 저주를! 우리가 잘해낼 수 있기를 신에게 기도하자."[95]

당시 전차의 4분의 3을 잃은 롬멜은 도저히 극복할 수 없는 차이에 직면해 있었다. 영국군이 최전선에 600대의 전차를 보유하고 있는 데 비해, 롬멜은 30대를 가지고 있을 뿐이었다. 독일 아프리카군단이 그렇게 오래 버틴 것은 참으로 놀라운 일이었다.[96]

더구나 88밀리 포의 포탄에도 거의 뚫리지 않는 셔먼 전차는 아직 사막전에는 나타나지도 않았다. 또한 롬멜의 독일 아프리카군단은 월등한 연합군 전차뿐만 아니라 우월한 공군력과도 싸워야 했다. 1시간 동안의

▲ 1942년 11월, 영국의 프리스트 자주포가 불타는 적의 전차를 지나 서서히 전진하고 있다.

▼ 영연방 연합군은 엘 알라메인 전투에서 본격적인 공세를 취하기 시작했다. 남아공군 보병이 안개를 뚫고 적의 진지로 돌진하고 있다.

▲ 제2차 엘 알라메인 전투에서 독일군 포병이 밀려드는 연합군의 공격을 제압하기 위해 안간힘을 쓰고 있다.

▼ 제2차 엘 알라메인 전투에서 독일군 전차들이 전장을 향해 질주하고 있다.

전투에서 28고지에 7회 연속 폭격이 가해졌다고 롬멜은 당시의 상황을 기록했다.

13시 30분 통신감청원이 영국군의 전문을 낚아챘다. 몬티는 휘하 전차들에게 엘 다바로 가는 도중에 있는 가잘Ghazal의 해안을 향해 북동쪽으로 방향을 전환하라고 명령했다. 롬멜은 모든 가용 전력과 포대, 그리고 아리에테 사단을 몬티의 중간 목표지점인 텔 엘 아카키르Tell el Aqqaqir를 향해 북쪽으로 이동시켰다. 전투는 오후 내내 격렬하게 몰아쳤다. 상황을 지켜보던 롬멜은 15시 30분이 되자 부대를 파멸에서 구할 수 있는 것은 오직 후퇴하는 방법밖에 없음을 확신하게 되었다. 1시간 뒤 롬멜은 참모들에게 라만 트랙Rahman Track을 끼고 있는 전선으로 후퇴하라는 명령을 내렸다.

이는 푸카 전선으로의 최종 후퇴를 향한 첫 번째 단계였다. 그날 저녁 롬멜에게 전화를 걸어온 토마는 한때 자랑스러웠던 독일 아프리카군단의 전차 전력이 35대로 줄어들었다고 보고했다. 그 소식은 롬멜의 결심을 부추겼다. 푸카로의 후퇴는 '시기'의 문제이지 '가부'의 문제가 아니었다.[97]

롬멜은 토마와 독일 아프리카군단에게 군의 잔여병력이 푸카로 후퇴하는 것을 엄호하라고 명령했다. 독일 아프리카군단은 11월 4일 아침까지 전선을 지키면서 보병에게 탈출할 시간을 줄 것이다. 롬멜은 토마에게 그의 기갑부대가 지연전을 수행해야 한다는 점을 명백히 했다. 21시경 전 부대에 후퇴 명령이 떨어졌으나, 롬멜은 무솔리니와 히틀러 모두에게 이 사실을 숨겼다.

카발레로는 이 후퇴 명령을 롬멜의 본부에 있는 이탈리아군 연락장교 만치넬리Mancinelli 대령을 통해 들었다. 카발레로는 롬멜에게 무선을 보내 방어선은 무슨 일이 있어도 지켜내야 한다는 무솔리니의 요청을 전했다. 그는 롬멜에게 변함없이 수비 중인 독일군을 지원하기 위해 곧 많은 연료가 공급될 것이라고 말했다. 이 이탈리아 장군은 롬멜이 아직도 250대의 전차와 수많은 탄약 보급품을 보유하고 있다고 생각하는 것 같았다. 롬멜은 독일군 최고사령부에 대한 보고에서 군의 절박한 상황은 말하고 있었으나 후퇴 가능성은 언급하고 있지 않았다.[98] 자신이 받은 보고가 로마에서 받는 내용과 똑같은 것이라고 확신한 히틀러는, 보고서에 재수 없는 단어 '후퇴'는 언급되지 않았기 때문에 엘 알라메인 전선에서 여전히 모든 게 잘 되어가고 있다고 생각하며 만족한 채 잠자리에 들었다.

11월 30일 08시 30분경, 최고사령부의 아첨꾼인 카이텔 원수가 히틀러의 잠을 깨웠다. 카이텔은 롬멜이 한밤중에 보낸 보고에 보병부대에게 후퇴를 허가한다는 내용이 들어 있다는 소식을 가져왔다. 전에 없이 분노한 히틀러는 끓어오르는 울화를 요들^Alfred Jodl(제2차 세계대전 동안 독일 최고사령부 작전참모장으로 거의 모든 작전을 입안함. 뉘른베르크 전범 재판소에서 유죄 판결을 받고 1946년 10월 처형됨-옮긴이)의 부관인 발터 발리몬트 ^Walter Warlimont 장군에게 터뜨렸다. 그는 진행 상황을 히틀러에게 전달할 책임이 있었다.[99] 히틀러는 롬멜에게 보낼 새로운 명령을 써 내려가는 동안 그야말로 분노에 차 있었다. 그는 무슨 일이 있어도 계속 버티고 마지막 병사와 마지막 탄알이 남을 때까지 엘 알라메인 전선을 지키라고 명령했다. 히틀러의 악명 높은 '영광스런 죽음'이라는 명령은 11시 30분경 로마에 전달되었고, 블레츨리에서의 에니그마^Enigma(제2차 세계대전 당시 독일군의 암호해독기. 런던 근교 블레츨리 파크^Bletchley Park의 시골 저택에 마련된 암호사령부에서 영국과 유럽의 유명한 수학자들이 독일군의 암호전문을 해독했다. 이 에니그마에 대해서는 1980년대가 되어서야 비밀해제되어 일반에 공개되었다-옮긴이) 해독작업 덕분에 얼마 지나지 않아 그 명령의 사본은 처칠의 책상 위에 올라가 있었다.

전날 저녁 18시 30분부터 영국군은 독일 기갑군의 전방에 제곱마일당 1,000개의 폭탄을 투하하고 있었다. 롬멜은 밤새도록 잠을 이루지 못했다. 저녁 무렵 롬멜의 부대는 대부분 푸카로 이동 중에 있었다. 이들 중에는 지휘관을 잃은 리토리오 사단도 포함되어 있었다. 퇴각할 때 사용할 만큼의 연료만 보유하고 있던 롬멜은 베스트팔을 본부에 남겨두고 해안도로를 따라 차를 몰았다. 2시간이 지나도록 영국군은 자신들의 적이 엘 알라메인에서 철수하고 있는 것도 몰랐다.[100] 영국군 포병대는 아무도 없는 히메이마트 진지를 포격하고 있었다. 해안도로가 차량들로 꽉 막힌 것을 영국군 정찰 항공기가 발견한 것은 11시 30분경이었다. 몬티는 마침내 수주일 동안 기다려왔던 롬멜의 후퇴 소식을 듣게 되었다.

바이어라인은 풀 죽은 롬멜에게 단 32대의 전차를 보유한 독일 아프리카군단이 라만 트랙을 따라 반원 진형으로 수비 중이라는 보고를 올렸다. 그리고 토마는 크게 위축된 독일 아프리카군단이 다수의 셔먼을 포함한 100대의 영국 전차를 격파했다는 반가운 소식을 전해왔다. 롬멜은 베스트팔과 점심을 먹던 중에 히틀러로부터 계속 버티라는 명령을 받았다. 롬멜은 분노와 당황이 섞인 반응을 보였다. 만일 롬멜이 후퇴를 계속한다면 히틀러는 불복종을 이유로 그를 해임할 것이다. 그러나 그의 명령에 복종한다면 롬멜의 부대는 괴멸되고 말 것이다.

▼ 연합군에게 제물이 된 독일군 3호 전차가 텔 엘 에이사의 폐허에 멈춰 서 있다.

히틀러를 거역하다

롬멜은 여러 가지 답변을 작성했지만 보내지는 않았다. 그리고 11월 3일 14시 28분경 토마에게 전화를 걸었다. 독일 아프리카군단의 사령관 토마는 다음과 같이 부대의 현황을 보고했다. 제21기갑사단 전차 12대, 제15기갑사단 전차 10대, 그리고 이탈리아군 리토리오 사단 전차 17대. 그것이 전부였다. 롬멜은 히틀러의 명령을 그대로 되풀이하는 것으로 답변을 대신했다. 토마는 이에 원칙적으로 동의했지만 명령을 어기고서라도 작은 규모의 국지적인 퇴각은 감행할 작정이었다.[101]

이유는 알 수 없지만 롬멜은 히틀러의 계속 버티라는 명령을 수행하는 데 동의했다. 정확한 이유는 롬멜 자신만이 알았겠지만 다른 사람으로 교체되는 데 대한 두려움이 아마 크게 작용했을 것이다. 어쩌면 롬멜은 복

▼ 영국군의 '이쁜이' 스튜어트 경전차가 박살난 3호 전차를 지나치는 동안 3호 전차 뒤에 숨어 청음초병 (聽音哨兵)이 소리로 적의 움직임을 탐지하고 있다.

▲ 셔먼 전차 옆에 2개의 묘가 보이는 가슴 찡한 사진이다. 롬멜의 이집트 진격을 막기 위해 수천 명의 병사가 산화했다.

종합으로써 자신의 소중한 부대를 파멸로부터 지키려 했는지 모른다. 그는 이전의 후퇴 명령을 번복하고, 부대원들이 재치 있게 '전신주로'라고 부르는 전선을 따라 중간 방어를 하도록 명령했다. 이 지역에는 천연의 방어물이 없어 후퇴하는 병력은 영국군의 공격에 그대로 노출될 형편이었다.[102]

롬멜의 참모장인 바이어라인은 자신의 상관이 히틀러의 정신 나간 명령을 무시하지 않고 복종하기로 한 것에 매우 놀랐다. 후퇴를 허락해달라는 간절한 전문을 계속 무전으로 보내는 동안 푸카로의 후퇴에 사용했어야 할 롬멜의 소중한 시간은 더 낭비되고 있었다. 롬멜은 리토리오와 아리에테 사단이 용맹스러운 저항을 하면서 괴멸 직전의 상황에 처했음을 알렸다. 독일 아프리카군단의 전차는 24대로 줄어들었고, 보병부대는 평상시의 절반 수준이었으며, 포대는 원래 화력의 3분의 2를 상실했다. 전투가 계속된다면 이제 곧 롬멜은 후퇴시킬 병력이 없어지게 될 것이다.

롬멜은 후퇴 이유를 있는 그대로 설명하기 위해 자신의 부관인 베른트를 히틀러의 동프로이센 본부인 라스텐부르크Rastenburg로 보내기로 결정했다. 그러나 베른트가 동프로이센에 도착하는 데는 적어도 하루가 걸릴 것이다. 따라서 롬멜은 어쩔 수 없이 18시 40분까지 계속 버티라는 명령을 새로이 하달했지만,[103] 자신의 부대가 운이 다했다는 것을 잘 알고 있었다. 롬멜은 11월 3일 루시에게 편지를 썼다.

"이제는 더 이상 성공적인 전투 결과를 기대하기 어렵게 되었소. 우리에게 일어날 일은 이제 신의 뜻에 달려 있소."[104]

다행히도 롬멜은 감을 찾기 시작했다. 그가 명령에 불복한다면 아직 기갑군을 살릴 시간은 있었다. 롬멜은 하극상을 선택했다. 그리고 다시 후퇴를 시작하라는 명령을 내렸다. 히틀러에 대한 롬멜의 믿음은 완전히 깨졌고, 특별히 애정을 쏟았던 롬멜에 대한 히틀러의 신뢰 또한 마찬가지였다. 총통에 대한 충성의 맹세보다도 자기 병사들의 안전을 우선했던 롬멜은 당연히 내려야 할 명령을 내렸다. 롬멜이 히틀러를 미쳤다고 맹렬히 비난했다는 것은 이제 누구나 다 아는 사실이었다.[105]

그가 좀 더 일찍 명령을 어겼더라면 롬멜의 부대는 지금쯤 푸카 전선에 안전하게 자리 잡았을 것이다. 이제는 너무 늦었다. 엘 알라메인의 롬멜에게 가는 도중에도 케셀링은 물러서지 말고 계속 저항하라는 히틀러의 명령을 그대로 수행하기로 결심했다. 그러나 롬멜의 본부에 도착한 그는 기갑군의 전차가 고작 24대로 줄어들었다는 말을 들었다. 동부전선의 경험에서 나온 히틀러의 발상이 사막전에는 적합하지 않음을 깨달은 케셀링은 자신의 생각을 바꾸었다. 롬멜이 어떻게 해야 하겠느냐고 묻자 케

▲ 독일 아프리카군단의 지휘관인 리터 폰 토마(오른쪽) 장군이 영국군 제8군 지휘관인 몽고메리(왼쪽) 장군에게 경례를 하고 있다. 현 위치를 사수하라는 히틀러의 광적인 명령에 따라 전장으로 향한 폰 토마 장군은 결국 영국군에게 포로로 잡히고 말았다.

셸링은 "당신 자신의 판단대로 하라"는 간단한 대답을 내놓았다. 설마 히틀러가 기갑군과 독일 아프리카군단 전체를 전멸시키려는 의도를 갖고 있다고는 믿을 수 없었다.

　전면 퇴각 중이던 이탈리아군은 11월 4일 푸카에 도달했다. 몰락의 기세를 늦추기에는 너무 늦었지만,[106] 그럼에도 불구하고 모든 이탈리아 부대가 도주한 것은 아니었다. 11월 3일 폴고레 사단의 정예 공정부대원들은 놀라운 전투를 벌여서 보병이 퇴각할 시간을 벌어주기도 했다. 그 다음날 롬멜은 텔 엘 맘프스라Tell el Mamfsra의 관측기지에서 남동쪽으로 향하고 있는 거대한 모래바람을 보았다. 그것은 최후의 저항을 하고 있던 아리에테 사단이었다. 이 용감한 부대원들은 마지막으로 자신들의 양철쪼가리 전차에 탑승하여 그 전차들과 함께 학살되었다. 한때는 대단했던 자신의 막강 아리에테 사단, 롬멜은 그들의 마지막 고통스런 죽음을 목격하고 있었다.

이즈음 폰 토마는 계속 굳건히 저항하라는 히틀러의 명령은 완전히 미친 짓이라며 바이어라인에게 목소리를 높인 후 명예로운 죽음을 좇아 전장으로 뛰쳐나갔다. 그러나 폰 토마는 영국군에게 잡혀 포로가 되고 말았다. 한때 위세 당당하던 독일 아프리카군단의 사령관을 잡은 영국군은 몹시 기뻐했다. 이는 롬멜 다음 가는 전리품이었다.[107]

롬멜은 후퇴 명령을 내렸고, 다음날 히틀러는 마지못해 승인했다. 엘 알라메인의 두 번째 전투는 이렇게 우울하게 끝났다. 롬멜에게 이 전투는 애초부터 가망 없는 싸움이었다. 이번 전투에서 그는 거의 모든 기갑 전력을 상실했고, 영국군은 2만 명의 이탈리아군과 1만 명의 독일군을 포로로 잡았다.[108]

"세상이 널 버렸다고 생각하지 마라.
세상은 널 가진 적이 없다."

Chapter 8

몰락

두 차례의 세계대전에서 여러 차례 죽음과 맞서왔던 롬멜은

이제 가장 난처하고 곤란한 선택 앞에 서게 되었다.

그는 가족을 구하기 위해 죽음을 택했다.

벤츠 승용차를 타고 속도를 높인 롬멜은

청산가리 캡슐을 깨물었고, 그 즉시 사망했다.

'사막의 여우'는 적군이 아니라 그의 신화를 만드는 데 일조했던

히틀러에 의해 궁지에 몰려 살해되고 말았다.

312쪽 사진

롬멜은 사막전에서 세운 뛰어난 공훈으로 칭송받았지만, 연합군의 프랑스 상륙에 독일이 방어태세를 갖추면서 다시 새로운 도전 앞에 서게 되었다. 다시 한 번 보급의 부족과 동료들의 질시 속에서 사막의 여우는 혼란에 사로잡히게 된다.

● 롬멜은 전력을 다했지만 몽고메리가 놓은 덫에서 달아나는 것 외에는 다른 선택이 없었다. 마지막까지 영리했던 '사막의 여우'는 전투를 계속함으로써 자신과 부대를 구해냈다. 그러나 롬멜은 현실주의자였으며 실용주의적 마인드를 지닌 직업군인이었다. 그는 재앙의 전조를 읽을 수 있었고 독일이 전쟁에서 패하리라는 것도 알았다. 그것은 단지 시간문제일 뿐이었다. 엘 알라메인에서의 교훈에도 불구하고 늘 그랬듯 롬멜은 충성스러운 군인정신으로 계속 싸우는 쪽을 택했다. 이런 결정은 더 깊은 좌절을 가져왔고, 점점 늘어만 가는 히틀러의 편집증적인 고집, 양보도 타협도 없는 태도는 롬멜을 패배주의자로 만들면서 예전의 우상에 대해 더 공공연하게 반항적이 되도록 했다. 결국 롬멜은 총통 각하의 관심사보다 국가의 이익에 봉사하기로 결정했고, 이 때문에 자신의 목숨을 잃게 되었다. 1942년 후반기부터 '사막의 여우'뿐 아니라 독일에게는 시간이 얼마 남지 않았다.

위대한 후퇴

롬멜은 푸카에 일시적인 '정지선'을 설정했다. 그리고 몽고메리는 휘하 기갑부대에게 적을 추격하기 시작하라는 명령을 내렸다. 늘 그렇듯 영국군의 진격은 느리고 우유부단했다. 그 바람에 몽고메리는 패배한 롬멜 군대의 잔여병력을 쓸어 담을 황금 같은 기회를 놓치고 말았다.[1] 자신의 후퇴를 적군의 수적 우세에 대한 부담 때문이라고 정당화한 '사막의 여우'는 어떻게 하면 자신의 소중한 부대를 구해낼 수 있을 것인지를 궁리하면서 잠을 설쳤다.[2] 물론 롬멜은 예전에도 어려운 상황에 처한 적이 있었다. 1년

전에도 그는 독일 아프리카군단을 키레나이카에서 큰 어려움 없이 빼냈었다. 그러나 이번이 그때와 다른 점은 롬멜이 희망을 잃었다는 점이다.

11월 3~4일 밤사이에 영국군 기갑부대가 주춤거리는 바람에 롬멜의 부대를 잡을 기회를 놓쳐버렸다. 11월 5일에도 비슷한 기회가 날아갔다. 영국군이 새벽에 푸카에 도착했을 때는 이미 때가 늦었다.[3] 그럼에도 불구하고 영국군은 2만 명의 이탈리아군과 1만 명의 독일군을 포로로 잡았다.[4] 대체로 영국군의 진격은 서투르면서 지나치게 신중했다. 전차의 진격은 늘상 연료 부족으로 지연되었고, 신은 롬멜의 편에 있는 듯이 보였다. 11월 6일 오후에 사막에는 이상한 일이 일어났다. 강한 호우가 먼지 날리던 '도로'를 진창으로 바꾸어놓았던 것이다. 롬멜은 탈출에 성공했다. 11월 7일 밤사이에 추축군은 최소한의 저항도 없이 메르사 마트루에서 시디 바라니로 떠났다. 한편 영국 공군의 무시무시한 사막공군은 솔룸과 할파야 협로에 폭격을 가했다.[5]

새롭고 위험한 적

연합군의 프랑스령 북아프리카 침공은 롬멜에게는 불쾌한 기습이었다. 그의 전략적 상황은 더 나빠졌다. 일본이 1941년 12월에 진주만을 기습 공격한 후 미국도 연합군에 합류했다. 독일군이 이 새롭고 위험한 적의 존재를 처음 느낀 곳은 바로 북아프리카였다. 영국과 소련의 편으로 전쟁에 참가한 미국은 동맹을 돕기 위해 무기와 보급물자를 끊임없이 실어 나르고 있었다. 이제 처음으로 미국의 군대와 병기가 독일군과 머리를 맞대는 정면 대결에 직면하게 될 상황이었다.

미군은 유럽 본토에서의 싸움을 원했다. 이 슬레지해머 작전은 1941년 8월 처칠과 루스벨트의 뉴펀들랜드 회담에서 논의된 것이었다. 그러나 슬레지해머 작전은 아직 때가 일러 실패할 것이라는 처칠의 견해가 우세하여 1942년 6월 17일 연합군은 대신 프랑스령 북아프리카 침공을 결정했다.[6]

이제 전쟁의 양상은 이전과는 같지 않았다. 약 500척의 전투함과 350척의 수송선이 모로코와 알제리 해안에 미-영 연합군을 상륙시키기 위해 선발되었다. 공식적으로, 비시 프랑스의 지도자인 페탱 원수는 장 다를랑Jean Darlan 제독이 지휘하는 북아프리카의 군대가 연합군의 상륙을 막을 수 있을 것이라고 독일군에게 장담했다. 그러나 독일군은 이에 회의적이었으며, 그런 의심에는 상당한 이유가 있었다. 페탱은 다를랑에게 '너무 심하게'는 저항하지 말라고 명령하고 있었던 것이다.[7]

미국에서 곧바로 바다를 건너온 조지 패튼George Patton 장군의 서부 기동타격대가 11월 8일 사피Safi와 페달라Fedala, 그리고 메디아Mehdia에 상륙했다. 프레덴덜Lloyd R. Fredendall 장군의 중앙 기동타격대는 오란Oran에 상륙했으며, 라이더Ryder 장군의 동부 기동타격대는 알제리의 수도 알제Algiers에 상륙했다.[8] 해변에서 기다리고 있는 것이 노련한 롬멜의 병력이 아니었다는 점은 연합군에게 행운이었다. 연합군은 대신 사기가 떨어지고 무장도 빈약한 비시 프랑스군과 마주치게 되었다. 말을 점잖게 하는 사람이 아닌 패튼은 자신의 경험 없는 병사들과 장교들이 허둥거리는 것에 격노했다. 상륙에도 서투르고 자신의 부대에 화력 지원도 제대로 하지 못하는 미 해군에게 패튼은 가장 심한 욕설을 퍼부었다.

프랑스인들로부터 해방자로 따뜻한 환영을 받을 것이라 기대했던 미군은 오란과 메디아에서 맹렬한 지역 프랑스 저항군에 부딪혀 꼼짝 못

▲ 영국의 블랙와치 연대에 포로로 잡힌 독일군 병사들이 사막에서 포로이송차량을 기다리고 있다.

하게 되자 충격에 빠졌다.[9] 하지만 다소 어설프고 약하긴 해도 연합군의 힘을 보여주자 프랑스인들은 곧 제압되었다. 11월 9일 다를랑은 휘하 군 병력에게 무기를 내려놓으라고 명령했다. 그러나 독일군의 대응은 늘 그렇듯 신속하고 무자비했다. 독일군은 튀니지에 대한 점령을 시작했고, 11월 11일에는 비시 정부의 통제를 받는 프랑스 식민지 지역으로 진군해갔다.[10]

튀니지, 교두보 또는 함정

연합군의 침공은 히틀러와 독일군 최고사령부에게는 상당히 불쾌한 기습이었다. 연합군은 이미 모로코와 알제리를 제압했지만, 히틀러는 어떻

▲ 롬멜의 제21기갑사단 소속 MG34 기관총사수들이 이미 명분을 잃은 싸움을 계속하고 있다.

▼ 미군이 참전하자, 사막전의 경험을 가진 롬멜 부대의 잔존 병력조차 압도적인 수의 연합군 병력과 전차와 항공기 앞에서 무릎을 꿇고 말았다. 사진은 튀니지에 있는 한 감시초소의 모습이다.

▲ 독일의 융커스 Ju52 군용 수송기들이 보급물자와 증원 병력을 싣고 지중해를 횡단하고 있다.

▼ 롬멜의 라이벌이자 튀니지의 추축군 공동사령관인 폰 아르님 장군(왼쪽). 롬멜과 아르님의 불편한 관계로 인해 독일군의 지휘체계에는 혼선이 빚어졌고 프랑스령 북아프리카의 방어진은 후퇴하게 되었다.

게 해서든 튀니지를 지키겠다고 결심했다. 많은 것이 위험에 처해 있었다. 비시 정부와 북아프리카 식민지의 몰락은 이탈리아의 필연적인 붕괴를 예고하고 있었다. 만일 연합군이 싸움 없이 튀니지를 점령하게 된다면, 롬멜의 군대가 항복해야 함은 물론 시칠리아까지 연합군의 침공을 받게 될 것이다. 이는 무솔리니의 몰락과 전쟁에서 이탈리아가 탈락하게 됨을 의미할 뿐 아니라, 히틀러의 제국에서 남쪽지역 전체가 와해됨을 예고하는 것이었다.[11]

11월 25일 롬멜 휘하의 네링 장군이 튀니지에 도착하여 새로이 편성된 제90군단의 전술본부를 설치했다. 그리고 한쪽으로는 검게 도색된 융커스 Ju52s가 시칠리아와 아프리카 해안을 정기적으로 왕복하며 매일 1,000명의 추축군 병사를 튀니지로 실어 나르고 있었다. 히틀러는 진심으로 튀니지를 지키고 싶어했다. 또한 롬멜과 같은 깊은 실망거리를 피하는 데 골몰하던 그는 자신의 새로운 부대 지휘관으로 2명의 보수적인 장군을 임명했다.

제5기갑군에서는 하인츠 치글러Heinz Ziegler 중장이 명목상 위르겐 폰 아르님Jürgen von Arnim 대장의 휘하에서 복무하게 될 예정이었다. 동부전선에서 제39기갑군단의 사령관으로 복무했던 치글러는 그 끈질기고 꾸준한 에너지로 히틀러를 매료시킨 것이 틀림없었다. 아르님은 롬멜과는 달리 보수적이고 완고한 구식의 프로이센 융커Junker 계층(지방호족이라는 뜻으로 프로이센과 동부 독일의 지주계층을 말한다. 프로이센은 봉건적인 융커 계층의 주도로 군국주의적 성격이 강한 절대주의체제를 확립했다. 극단적인 보수주의를 대변하며 군주제 및 군사 전통을 옹호하고 농업보호주의 정책을 지지했다-옮긴이) 장교였다. '사막의 여우'와는 눈이 마주치자마자 충돌을 빚을 게 뻔했다.[12]

▲ 롬멜은 튀니지 방어에서 결정적 역할을 했지만 보급과 증원 병력의 부족으로 어려움에 처하게 되었다.

    치글러와 아르님이 항공기 편으로 동프로이센에 위치한 히틀러의 라스텐부르크Rastenburg 본부에 도착했다. 그들을 맞은 카이텔은 정예인 헤르만 괴링 사단을 포함한 3개 기갑사단과 3개 차량화사단과 함께 병력과 전차도 계속해서 제공해주겠다고 말했다. 아르님은 보급선에 대해 불안하고 회의적이었지만, 자신이 원하는 보급품만 주어진다면 튀니지는 실용적인 교두보가 될 수 있을 것이라고 생각했다. 늘 가장된 낙관주의자였던 히틀러는 아르님에게 전혀 걱정할 것이 없으며 보급품은 곧 도착할 것이라고 장담했다.[13]

    그러나 그의 말은 사실과 완전히 거리가 멀었다. 히틀러의 이 결정은 스탈린그라드에서의 좌절보다 더 큰 재앙을 초래하게 된다. 롬멜은 이런 대규모 자원과 병력이 전역의 초기 단계에 도착하지 않았던 이유가 궁금했다. 만약 그랬다면 독일군의 승리는 보장되었을 것이다. 그러나 이제는 너무 늦었다. 그저 이탈리아의 몰락과 유럽 본토에 연합군이 주둔하는 것을 막기 위해서 귀중한 자원들이 이미 적의 손에 떨어진 전선에 투입되고 있었다. 수많은 병사들이 교두보를 확보하기 위해 희생되고 있었다. 아프리카집단군에게 재앙의 전조는 이미 나타나 있었다.[16] 엘 알라메인 이후 사실 그런 결과는 필연적이고 당연시되고 있었다. 히틀러를 거역하면서까지 위대한 후퇴를 감행함으로써 완전절멸로부터 자신의 부대를 구하려 했던 롬멜이 확실히 옳았다.

11월 8일 연합군이 북아프리카에 상륙했다는 소식에 롬멜은 할파야 협로에서 버티려던 계획을 취소하고 대신 엘 아게일라에서 대기하기로 했다. 이곳은 방어에도 더 적합했고 보급선도 단축시킬 수 있었다. 다음날

▼ 북아프리카에 상륙한 미군은 무장은 잘 갖추었지만 사막전 경험이 없었다.

롬멜은 시디 바라니를 포기했고, 11월 11일에 할파야 협로에서 빠져나왔다. 그리고 이틀 후 영국군이 토브룩에 입성했다. 이제는 영국군이 독일 아프리카군단을 잡아 가두는 데 실패했다는 것이 분명해졌다.[15] 실제로 독일군의 돌파는 영국군을 더욱 신중하게 만들었다. 영국군이 서쪽으로 자신을 따라오고 있는데 과연 '사막의 여우'가 함정을 준비해두지 않았을까?

몽고메리는 제7기갑사단과 뉴질랜드군 사단으로 구성된 특별 추격군을 편성했다. 당시 롬멜의 병력은 약 5,000명의 독일군과 후위를 방어하는 2,500명의 정예 이탈리아군 전투부대밖에 남아 있지 않았다.[16] 롬멜은 엘 아게일라에서 진격하는 영국군을 막을 수 있기를 바랐다. 엘 아게일라는 측면은 와디 파레그Wadi Faregh가 막고 있고, 언덕에 이탈리아군이 건설한 보루가 솟아 있으며, 또한 소금호수가 메르사 브레가로부터 접근하는 것을 어렵게 하는 곳이었다. 롬멜은 부대원들에게 영국군의 전진을 지연시킬 수 있도록 저지선 사이에 두터운 지뢰지대를 설치하라고 명령했다. 지뢰가 부족했던 독일군 공병들은 깡통과 여분의 헬멧으로 위장하여 가짜 지뢰를 만들었다. 이것도 모래에 섞여 있으면 진짜 지뢰처럼 보였다.

영국군은 11월 20일 벵가지에 입성했다. 몽고메리는 보급과 트리폴리로의 대규모 진격에 대비하여 부대를 재편성하기 위해 영국군 제8군에게 정지 명령을 내렸다. 보급에 신경 쓰지 않고 사막을 가로질러 미친 듯이 돌격하는 것은 몽고메리의 스타일이 아니었다. 만일 롬멜이 영국군 제8군을 지휘했다면 상황은 달라졌겠지만, 실제로는 그렇지 않았기 때문에 롬멜과 그의 지친 부대원들은 3주간의 귀중한 휴식을 얻을 수 있었다. 12월 12일이 되어서야 영국군은 다시 공격을 시작했다. 그리고 그날 새벽 독일군은 메르사 브레가를 포기했다.

이틀 후, 갑작스럽게 뉴질랜드군 2개 사단이 엘 아게일라에 전혀 예상

▲ 1942년 12월 메르사 브레가 인근에서 이동 중인 독일군.

치 못한 측면공격을 가하면서 롬멜의 허를 찔렀다. 전방 삼각 진형이 포위되는 것을 막기 위해 롬멜은 주둔지로 점찍어놨던 장소를 포기하라고 명령했다. 이는 놀랍고 갑작스런 반전이었다. 시간을 벌기 위해서 롬멜은 남아 있는 전차들을 투입해서 해안도로를 따라 전진하던 영국군 제7기갑사단에 반격을 시작했다. 롬멜은 귀중한 시간을 벌기는 했지만 이미 줄어들고 약화된 전차 전력의 5분의 1을 상실했다.

이어 12월 15~16일에도 영국군의 전위 부대와 독일군의 후위 부대는 해안도로를 따라 계속해서 충돌했다. 이때 가장 중요한 전투가 메르두마Merduma에서 발생했다. 12월 17일 롬멜 부대의 본대는 탈출했지만, 뉴질랜드군과 독일군 사이의 전투는 메르사 브레가에서 12월 18일까지 계속되었다. 엘 아게일라 전투는 이렇게 종료되었다. 히틀러는 자신의 병사들이 한 치의 땅이라도 적에게 내주지 않고 저항하며 싸우다가 죽기를 바랐다.[17] 롬멜이 버틴 것은 오로지 히틀러의 이런 아집 때문이었다. 이즈음 롬멜은 독일 아프리카군단은 모든 것이 부족하기 때문에 성공할 가능성

이 거의 없으며, 바스티코는 전체적인 상황에 대해 깊이 절망하고 있다고 기록하고 있다.[18]

엘 아게일라가 함락된 후 이제 롬멜의 중요한 임무는 트리폴리를 방어하는 것이었다. 그러나 롬멜과 히틀러는 이런 목표를 달성하는 방식에 있어 상당히 다른 생각을 갖고 있었다. 동맹국을 곤경에서 구해내고 또 정치적인 위신도 세워야 했기 때문에 리비아의 이탈리아령을 가능한 한 많이 지켜내고 싶었던 히틀러는 롬멜에게 보우에라트Bouerat에서 물러서지 말고 저항하라는 명령을 내렸다. 이곳은 천연의 엄폐물이 없는 취약한 방어선이라 남쪽에서부터 우회공격을 당할 수도 있는 곳이었다.

롬멜은 홈스Homs와 타루나Tarhuna 사이에 있는 더 좋은 방어선을 찾아냈다. 이 방어선은 트리폴리 남쪽에 있는 제벨 나푸사Jebel Nafusa의 낮은 언덕을 따라 이어지고 있었다. 이곳에서 롬멜은 몽고메리의 느린 진격 덕분에 방어를 강화하여 진지를 구축할 수 있었다. 더 나은 선택지는 제쳐놓고, 롬멜은 또다시 쓸모없고 의미도 없는 저항을 하라는 히틀러의 명령을 수행해야 했다. 이번에는 보우에라트였다. 엘 알라메인에서의 명령 "계속 저항하라"의 완벽한 반복으로, 이제 독일 아프리카군단은 완전히 같은 결과만 남겨두게 되었다.

트리폴리가 함락되다

영국군은 12월 21일에야 시르테에 도착했다. 그리고 맹렬한 전투 끝에 나흘 후 도시를 점령했다.[19] 롬멜과 동료 장교들은 병사들의 사기를 높이기 위해 어떤 침울한 표정도 보이지 않으려고 애썼지만 그럼에도 불구하고 상황은 절망적이었으며, 최고사령부가 했던 보급 약속은 조금도 지켜지지 않았다.

"적이 우리의 보급을 노리고 있는 판에 그런 약속이 지켜질 리 없다."[20]

롬멜은 아프리카 전선에도 직접적으로 영향을 주면서 전쟁의 향방을 결정하게 될 스탈린그라드의 상황을 훨씬 더 우려하고 있었다.[21] 그 역시 다른 독일군과 마찬가지로 전쟁이 흘러가는 방향에 공포심을 느끼고 있었던 것이다.

다시 전투는 소강상태에 들어갔다. 1월 15일 새벽 영국군 제7기갑사단은 시르테에 위치한 독일군 전선을 돌파하여 타루나의 남쪽을 향해 긴 우회진격을 했고, 15시간 후 영국군 제51사단은 양동작전으로 독일군 전선을 공격했다. 롬멜은 부대원들에게 후퇴 명령을 내렸으나, 이번에는 몽고메리가 '사막의 여우'가 쉽게 빠져나가도록 놔두지 않았다. 독일군의 후퇴를 차단하기로 작정한 몽고메리는 밤낮으로 진격을 계속했다. 그리하여 롬멜은 홈스-타루나 방어선 구축에 필요한 시간을 확보하지 못했다. 1월 19일 타루나는 영국군 제51사단에게 함락되었고, 이제 트리폴리로 향하는 길은 활짝 열리게 되었다. 리비아의 수도를 지키라는 히틀러의 명령에도 불구하고 롬멜은 후퇴를 계속하라고 지시했다.

오코너가 소망하던 때로부터 2년이 지난 1943년 1월 23일에 마침내 영국군은 백파이프를 불고 드럼을 치고 군화를 덜걱거리며 트리폴리에 입성했다. 영국군은 가장 결연한 적을 상대로 길고 고된 전역을 치른 뒤에 최종 목적지에 도달한 것이다. 그러나 영국군은 독일 아프리카군단의 맹렬한 후위 방어 작전으로 인해 2월까지 튀니지 국경에 도달하지 못했다.[22]

튀니지에서 퇴각하던 롬멜은 부대가 기력을 회복하고 손실을 보충한 후에 가능하다면 연합군의 진격을 멈추게 할 수 있기를 희망했다. 1942

▲ 1943년 1월 영국군 제8군의 전차들이 가로수가 늘어서 있는 트리폴리 시가지로 입성하고 있다.

년 12월 튀니즈 점령에 실패한 연합군은 앤더슨^{Kenneth Anderson} 장군의 제1
군과 몬티의 제8군 사이에 롬멜의 군대를 가둔다는 야심 찬 계획을 입안
했다. 사실 아르님의 제5기갑군과 롬멜의 독일 아프리카군단이 점점 더
가까워짐에 따라 독일군의 상황도 조금씩 나아지고 있었다. 우선, 독일군
이 방어해야 할 전선의 길이가 줄어들었다. 두 번째로, 제5기갑군과 독일
아프리카군단의 협력방어가 가능했고 보급선이 과도하게 길어진 적군에
게 반격을 가할 수도 있었다. 나폴레옹의 열렬한 찬양자인 롬멜은 현재의
위치가 적군을 하나씩 공격해서 깨뜨리기에 이상적인 장소임을 인식하
고 있었다. 그러나 연합군 최고사령관인 아이젠하워 장군은 상당히 다른
생각을 갖고 있었다. 아이젠하워는 스팍스^{Sfax}를 점령하여 이를 기반으로
미숙한 미군 부대가 롬멜의 후방을 위협한다는 새틴 작전^{Operation Satin}을 계
획하고 있었다.²³

사막의 마지노선 마레트

튀니지의 마레트선^{Mareth Line}은 프랑스의 마지노선처럼 견고하게 요새화되거나 명성이 자자한 방어선은 아니었지만 독일군에게는 확실히 매력적인 곳이었다. 여러 달 동안 사막을 가로질러 후퇴한 추축군은 한동안 안전한 피난처를 갖고 요새화된 거점에서 싸울 수 있는 사치를 즐기게 되었다. 그러나 '사막의 마지노선'이라고 불린 이 방어선의 명성은 허세에 불과했다. 마레트선은 튀니지에서 이탈리아군을 몰아내기 위해 1934~1939년에 프랑스군이 구축한 것이었으며, 해안가의 제벨 다하르^{Jebel Dahar}에서 마레트까지 이어져 있었다. 마레트선을 이루고 있는 것은 한 줄짜리 콘크리트 진지 토치카와 철조망 약간으로, 그것이 방어선의 전부였다.[24]

콘크리트 토치카와 고정된 방어선을 신뢰해본 적이 없는 롬멜이 마레트선에 만족할 리는 없었다. 몽고메리가 마음만 먹는다면 마레트선은 남쪽으로부터 우회공격을 당할 수 있었기 때문에 롬멜은 마레트선에서 싸우기보다 와디 아카리트^{Wadi Akarit}로 후퇴하는 쪽을 원했다. 그곳은 전차공격을 막을 수 있는 천연의 깊은 장애물, 사막 깊숙한 곳 초트 엘 제리드^{Chott el Jerid}라는 거대한 소금호수에 위치하고 있었기 때문에 우회공격을 받을 수가 없었다.

그러나 무솔리니와 히틀러 모두 그 계획이 마음에 들지 않았다. 늘 그렇듯 독재자들은 한 치의 땅도 빼앗기고 싶어하지 않았으며, 이번에는 무솔리니가 더 고집스러웠다. 트리폴리의 함락을 목격했던 치욕에 아직도 분개해 있던 무솔리니는 분풀이로 바스티코와 카발레로를 해임해버렸다. 바스티코는 암브로시오 장군으로 교체되었다.[25]

불행한 이탈리아 동지와 달리 자리를 보전하고 있던 롬멜은 3만 명의 독일군과 4만 8,000명의 이탈리아군 병력으로 튀니지의 교두보를 계속 지키고 싶어했다. 몽고메리는 여전히 느린 속도로 전진할 것이고, 공들여 준비를 끝내기 전에는 진격을 시작하지 않을 것이다. 또한 알제리에서 진격해오는 영-미 연합군을 상대하는 동안 마레트선이 충분히 몽고메리를 저지할 수 있을 것이라고 확신했다. 그러면 롬멜은 영국군 제8군을 상대하기 전에 영국군 제1군에게 공격을 가할 수 있을 것이다. 그러나 불행하게도 제21기갑사단이 아르님의 휘하에 편입되었기 때문에 롬멜은 리버슈타인 대령의 사단만 가지고 이 작전을 수행해야 했다.

2월 초 튀니지에는 10만 명의 독일군과 26만 명의 이탈리아군 병사들이 있었다. 그러나 이들 중 4분의 3만이 전투부대였고 그나마 전차는 겨우 280대뿐이었다. 반면 미군 제1기갑사단은 단독으로 300대의 전차를 보유하고 있는 데다 연합군 부대의 보급품은 계속 증가하고 있었다.[26] 언제나 롬멜이 가장 걱정했던 것은 동부전선의 비참한 전황뿐만 아니라 불안하고 만족스럽지 못한 보급 상황이었다. 1943년 1월 20일 롬멜은 루시에게 편지를 썼다.

"파울루스Friedrich Paulus(독일군 원수 1942년 1월 제6군 30만 명을 이끌고 스탈린그라드로 진격하나 1943년 1월 31일 생존자 9만과 함께 소련에 항복했다-옮긴이)는 아마도 나보다 더 좋지 않은 상황에 처해 있는 것 같소. 그는 더 무시무시한 적군과 상대하고 있어. 신이 우리 모두를 저버리지 않기를 바랄 수밖에 없소."27

아르님은 기선을 제압하고 공격의 주도권을 쥐기 위해 1월 말 연합군 전선에 몇 번의 공격과 정찰을 감행했다. 1월 31일 한스 힐데브란트Hans Hildebrandt 대령이 이끄는 독일군 제21기갑사단은 영국군 제1군에 대한 전면 공격의 발판으로 삼기 위해 파이드 협로Faid Pass를 점령했다. 그리고 2월 1일 아르님은 알제리로 향하는 2개의 중요한 협로를 확보했다. 추축군 부대가 합류하자 이제는 연합군을 무너뜨릴 수 있을 것 같았다. 그러나 아르님이 롬멜의 휘하에 있지 않아 서로 협조가 이루어지지 않았기 때문에 지휘라인에 치명적인 혼선이 발생하기 시작했다. 전형적인 프로이센 장교인 아르님은 롬멜을 나치의 선전도구이자 히틀러의 하수인쯤으로 간주했고, 롬멜은 아르님을 가장 질 나쁘고 답답하고 상상력이 결여된 보수적인 프로이센 샌님으로 생각했다. 아르님은 롬멜 밑에서 일하는

▼ 1943년 마레트선 인근의 독일군 차량들. 튀니지의 마레트 방어선은 원래 프랑스군이 이탈리아군에 대항하여 만든 것으로, 해안의 제벨 다하르에서 마레트까지 한 줄로 늘어선 콘크리트 토치카와 철조망으로 이루어져 있었다.

것을 거절했고, 그것은 롬멜도 마찬가지였다. 이런 혼란을 더 가중시키려는 듯 이탈리아 제1군은 아예 조반니 메세Giovanni Messe 장군의 독자적인 지휘를 받고 있었다. 그중 최악은 롬멜이 병에 걸린 것이었다. 그는 불면증과 순환기 질환에 시달리고 있었지만 그럼에도 불구하고 판단력과 타이밍에 대한 감각을 잃지는 않았다.

롬멜은 아르님이 파이드 협로에서 가프사Gafsa를 거쳐 동부 도르살레Dorsale와 테베사Tebessa를 향해 공격하는 안을 내놓았고, 로마 수뇌부도 이 계획을 지지하고 있었다. 자신의 기갑사단을 롬멜에게 넘기려 하지 않았던 아르님은 이를 내켜하지 않았지만, 미군이 지키고 있는 테베사와 가프사에 대한 공격계획을 마지못해 받아들였다.[28]

롬멜은 이탈리아군을 신뢰하지 않았다. 이탈리아군은 투지라곤 없이 완전히 패배주의자처럼 보인다는 것이 롬멜의 생각이었다. 원래 사람과 국가는 변하지 않기 때문에[29] 롬멜은 분명 이탈리아가 마지막 순간에 독일을 버릴 것으로 확신하고 있었다. 독일 아프리카군단이 몽고메리를 맞아 마레트선에서 싸우게 될 경우, 롬멜은 그곳에서 제15기갑사단을 빼낼 수 없게 될 것이다.

2월 9일 케셀링은 장군들 사이의 분쟁을 조정하기 위해 튀니지로 날아갔다. 그는 장군들을 설득해 현재 보유한 전력으로 가프사와 시드바우르지드Sidbour Zid에 위치한 연합군 제1군의 거점을 공격하는 계획에 동의하도록 했다.[30] 그러나 문제는 해결되지 않았다. 롬멜과 아르님은 여전히 서로를 싫어했고 협조도 거절했다. 이런 끝없는 갈등은 분명 독일군의 공격 결과에 크나큰 악영향을 미칠 것이고, 결국 최종 실패의 중요한 원인 중 하나가 될 것이다.

연합군 측의 상황도 추축군이 상상했던 것보다 훨씬 좋지 않았다. 그들

▲ 롬멜(가운데)과 케셀링(오른쪽). 북아프리카 전역 동안 두 사람은 서로에 대한 존경심을 잃지 않았다.

도 나름대로의 문제에 봉착해 있었다. 미군은 무장도 훌륭하고 보급도 풍
족하게 받았으나 전투 경험이 부족했다. 따라서 사막에서 잔뼈가 굵은 강
인한 롬멜의 병사들을 상대하기에는 역부족이었다. 그리고 딱히 나을 것
도 없는 영국군이 미군이 주도하는 작전에서 부수적인 역할을 수행하고
있었다. 프랑스군은 비시 정부에 부역했다는 오점을 가진 장교 집단의 지
휘를 받았으며, 무장도 빈약했고, 현대전 경험도 부족했다. 자유프랑스군
병사와 북아프리카 원주민들의 용기도 무경험과 노후한 장비를 보상할
정도는 되지 못했다. 여기에 사령관을 선택하는 문제가 상황을 더욱 악화
시켜버렸다.

조화되지 않은 제1군을 지휘하기 위해서 아이젠하워는 아마 처칠을
달래려는 의도도 있었겠지만, 완고하고 인상이 좋지 않은 스코틀랜드 출
신 케네스 앤더슨 장군을 선택했다. 앤더슨은 동맹군에 대해 별로 애정을

▲ 프랑스령 북아프리카에서 연합군을 몰아내기 위한 헛된 노력을 하면서 독일군 낙하산부대원들이 튀니
스를 행군하고 있다.

갖고 있지 않았고, 프랑스군은 영국군의 지휘를 받는 것에 대해 조심스럽
게 불쾌감을 표시했다. 됭케르크와 다카르, 오란에서 영국군의 배신을 목
격했던 프랑스인의 감정은 여전히 날카로운 상태였다. 미군 제2군단 사
령관인 로이드 프레덴덜 소장 역시 파트너인 프랑스군을 경멸하면서도
프랑스인들처럼 영국인 사령관을 싫어했다.[31] 롬멜과 독일군의 노련한 병
사들이 특별히 좋은 상태가 아니라 해도 연합군은 정말 쉬운 먹잇감처럼
보였다.

로마의 지원을 받다

1943년 2월 12일 슈투카들이 시디 보우 지드Sidi bou Zid의 마을을 폭격하는 동안 게프하르트Gebhardt 전투단, 즉 캄프그루페Kampfgruppe가 정반대편에서부터 휩쓸고 들어갔다. 시디 보우 지드에 거주하던 아랍과 프랑스 민간인들은 알제리 국경을 향해 달아났다. 롬멜은 대담한 계획을 갖고 있었다. 아르님이 방어선을 지나 강하고 빠르게 공격을 가한다면, 아르님의 병력은 남쪽에서 올라오는 롬멜의 병력과 한 지점에서 만날 수 있을 것이다. 그렇게 된다면 롬멜과 아르님은 함께 연합군 전선 너머로 진격해서 콩스탕틴Constantine의 전략 항구시설을 포함한 알제리 동부 전체를 점령할 수 있을 것이다. 1940년 프랑스에서의 상황이나 사막전이 시작된 지 1년이 지난 시점에도 연합군은 쫓기는 형국에 몰리면 완전히 패배하기 전까지 계속 평정을 잃곤 했다. 그렇게 되면 다시 독일군의 구미에 맞게 형세를 일변시킬 수 있을 것이다.

그러나 아르님은 테베사에 대한 롬멜의 공격을 지원하기 위해 제21기갑사단을 이동시켜달라는 요청을 거절했다. 제21기갑사단의 부대원들은 가장 노련한 고참 병사들인 데다 강력한 신형 티거Tiger 전차를 보유하고 있었기 때문에 이런 거절은 매우 불행하고 안타까운 일이었다.[32] 롬멜의 대담한 전략을 좋아했던 로마의 이탈리아군 수뇌부는 아르님과는 반대로 롬멜을 지원했고, 2월 19일에 롬멜의 지휘권 밑으로 제21기갑사단의 전차대와 메세의 이탈리아군 병력을 이전시켰다. 병력을 이관시키라는 직접적인 명령에도 불구하고 여전히 아르님은 티거 전차들이 수리를 받아야 하는 상태이기 때문에 롬멜에게 보낼 수 없다고 주장했다.[33]

같은 날 로마로부터 공격 명령을 받은 롬멜은 제21기갑사단에게 독일 아프리카군단 돌격단의 지원을 받아 스비바Sbiba와 크수르Ksour를 공격하라고 명령했다. 한편 제10기갑사단은 스베이틀라Sbeitla(튀니지의 수도 튀니스 남서쪽에 위치한 소도시. 로마시대의 신전과 비잔틴 유적이 잘 보존되어 있다-옮긴이)를 공격할 예정이었다. 프랑스군 지휘관인 웰베르Welvert 장군은 프랑스군과 미군으로 방어선을 구축했다. 롬멜은 미군이 서투르고 경험이 없지만 배우는 속도가 놀랄 만큼 빠르며 반격도 강력하다고 기록했다. 이번 전투는 토브룩의 재판이었다. 힐데브란트의 제21기갑사단은 포대와 지뢰지대로 구성된 웰베르의 방어선을 돌파하는 데 실패했다. 공격은 중단되고, 다음날 아침의 새로운 돌격을 위한 준비가 밤새도록 이어졌다. 롬멜은 카세린 협로Kasserine Pass로 주의를 돌렸다.[34]

또 하나의 스탈린그라드

카세린은 전형적인 조그만 아랍 마을이었다. 스베이틀라 남서쪽으로 약 32킬로미터 떨어진 아틀라스 산맥의 기슭, 선인장으로 뒤덮인 거친 자갈밭에 자리 잡고 있었다. 벌판 한가운데로는 하타브Hatab강이 흐르고 있었고, 좁은 협로가 2개의 산 가운데에 끼어 있었다. 지뢰를 매설할 시간이 없었던 연합군은 땅 위에 바로 지뢰를 놓아두었다. 카세린 협로는 4,000명의 미군과 프랑스군이 곡사포와 75밀리 포로 지키고 있었다.

2월 18일 롬멜은 카세린 협로로 전방 정찰부대를 보냈다. 몇몇 겁 많고 순진한 미군 병사들은 그저 독일군을 보기만 해도 달아나버렸다. 아침나절 '늙은 슈타르크'라는 별명을 가진 알렉산더 슈타르크Alexander N. Stark(슈타르크Stark는 독일어로 '강한'이라는 뜻-옮긴이) 대령이 카세린 협로에 도

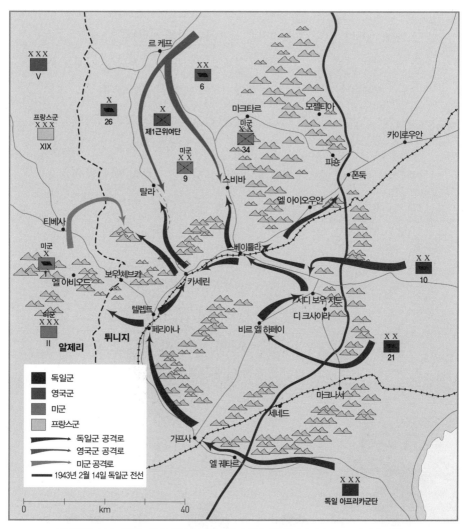

르 케프

XXX
V

X X
6

프랑스군
XXX
XIX

X
26

X
제1근위여단

마크타르   모젤티아

미군
XXX
34

카이로우안

피숑

폰둑

미군
X X
9

탈라

스비바

엘 아이오우안

티베사

미군
X

엘 아비오드

보위체브카

카세린

베이틀라

시디 보우 치드

X X
10

디 크사이라

미군
XXX
II   알제리

튀니지

텔렙트

페리아나

비르 엘 하페이

X X
21

마크나시

세네드

가프사

엘 궤타르

독일군
영국군
미군
프랑스군
독일군 공격로
영국군 공격로
미군 공격로
1943년 2월 14일 독일군 전선

0   km   40

XXX
독일 아프리카군단

▲ 영국군 제8군이 진격해오자 롬멜은 튀니지를 향한 연합군의 압박에서 벗어나기 위해 일제공격을 펼치기로 결정했다. 1943년 2월 14일, 롬멜은 영국군과 미군 전선에 동시에 공격을 가하기 시작했다. 처음에는 카세린에서 성공을 거두었지만 방어군의 완강한 저항에 밀려 결국 후퇴하고 말았다.

착해 병사들을 지휘하여 전선을 지키게 했다. 폭우로 지면은 진창이 되었고 안개가 시야를 가렸지만, 그런 악천후 속에서도 독일군 제8기갑연대는 산에서 프랑스군을 몰아냈다. 칼 뷜로비스Karl Bülowis 대령이 지휘하는 독일 아프리카군단의 돌격단은 오후에 공격을 시작했으나 별로 성공을 거두지는 못한 채 미군 포대의 강력한 사격을 받고 후퇴했다. 해질 무렵에도 카세린 협로는 여전히 연합군의 수중에 놓여 있었다.

미군은 초반의 흥분과 초조감을 극복하고 마침내 반격을 시작했지만, 독일군은 오히려 미군의 거점으로 침투하여 연합군 부대를 혼란으로 몰아넣었다. 미군의 제19공병연대는 계속 버텼지만 그다지 쓸 만한 반격을 가하지 못했다. 이와는 대조적으로 프랑스군 포대는 진격하는 독일군을 향해 무자비한 포격을 계속했다. 그러나 이런 저항에도 불구하고 탈라 가도Thala road에 대한 연합군의 방어는 결국 붕괴되었다.

롬멜은 이제 프리츠 폰 브로이히Freiherr Fritz von Broich 장군이 이끄는 제10기갑사단의 도착을 기다릴 뿐이었다. 제10기갑사단은 뷜로비스가 테베사를 향해 이동하는 동안 탈라를 공격할 예정이었다. 제10기갑사단의 전진 방위가 시작되기만 하면 롬멜은 이제 몽고메리의 병력이 마레트를 공

▼ 1943년 2월 영국 제8공병대대 소속 병사들이 탈라~카세린 가도에서 지뢰탐지 작업을 하고 있다.

격하기 위해 진격하는 것도 감지할 수 있게 될 것이다. 그러나 아르님은 여전히 24대의 티거 전차를 롬멜에게 이관시키지 않고 있었고, 그동안 연합군은 협로의 수비를 더욱 강화시켰다. 롬멜은 신뢰할 수 있는 유일한 이탈리아군 베르살리에리Bersaglieri 부대(이탈리아의 주요 정예부대 중 하나. 저격부대로 유명하다-옮긴이)에게 공격 명령을 내렸다.[35]

2월 20일은 롬멜에게는 좋지 않은 날이었다. 독일 아프리카군단 돌격단의 지원에도 불구하고 베르살리에리 부대는 탈라 가도에서 고어 군Gore Force에 의해 저지되었다. 롬멜은 느린 진격을 이유로 독일군 지휘관들을 매섭게 질책했다. 한편 뷜로비스는 탈라 가도에서 중요한 전진에 성공했고, 제10기갑사단은 카세린 마을을 점령했다. 스비바에 도착해서 힐데브란트의 부대가 적의 강력한 포화에 꼼짝 못 하고 있음을 알게 된 롬멜은 다시 카세린 협로로 돌아왔고, 몽고메리가 마침내 마레트에 도달했다는 불길한 소식을 전해 들었다.

며칠 동안 계속해서 증가되는 독일군 포대와 전차의 포화에도 불구하고 연합군은 카세린 협로를 지켜냈다. 그러나 고어 군은 사령관이 전사하면서 마침내 붕괴되었다. 그리고 2월 21일 토요일, 카세린 협로 전체가 독일군의 수중에 들어왔다. 그날 아침 롬멜은 브로이히에게 탈라를 공격하고 뷜로비스에게는 제벨 함라Jebel Hamra에 있는 연합군을 상대하라고 명령했다. 두 지휘관이 서로를 지원할 수 있을 것이라는 판단에서였다. 그러나 고집불통 아르님은 케셀링의 계속된 요청에도 불구하고 여전히 롬멜에게 티거 전차들을 넘겨주지 않고 있었다. 이 때문에 롬멜은 카세린 협로의 함락에 이어서 양 방향으로 연장된 공격을 가할 수 없게 되었다. 대신 롬멜은 탈라와 르 케프Le Kef에 자신의 병력을 집중시키기로 결정했다.

제10기갑사단에 의해 보강된 힐데브란트의 부대가 제벨 함라를 공격한 것은 오후 늦은 시각이었다. 제10기갑사단은 571명의 포로와 28문의 야포를 획득하고 38대의 전차를 격파했다. 이번 전투에서 연합군은 1주일도 못 되어 무너졌고, 엘 알라메인에서 구겨졌던 롬멜의 명성은 완전히 되살아났다. 케셀링은 로마에서 '사막의 여우'에게 아프리카 전장의 모든 지휘권을 부여해야 한다는 의견을 제시했다.[36]

그러나 롬멜은 전력의 차이가 뚜렷한 이번 전투의 최종 결과에 대해 환상을 갖지는 않았다. 연합군은 반격에 필요한 모든 것을 곧 충분히 축적할 것이고, 풍부한 물자의 우위를 등에 업고 튀니지에서 추축군 부대를 분쇄할 수 있을 것이다. 어마어마한 야포 사격과 전력의 증가를 보며 롬멜은 연합군이 빠른 시간 내에 반격 준비를 마칠 것임을 확신했다.

빌로비스는 폭우 속에서 꼼짝 못 하다가 제벨 함라를 잃었고, 연합군은 초기의 혼란을 수습하기 시작했다. 전투는 연합군에게 유리하게 돌아갔고, 이미 미군의 장비에 깊은 인상을 받았던 롬멜은 미군이 매우 빠르게 전선의 병력을 보충하고 보급을 수행하는 것에 놀라고 말았다.

▼ 롬멜의 사막전에서 가장 효율적인 전차는 장포신의 75밀리 주포를 장착한 4호 전차였다.

▲ 1943년 봄, 영국군 제8군 보병들이 마레트선의 철조망을 지나고 있다.

▼ 1943년 2월 14일 튀니지의 카세린 협로, 처음에는 롬멜이 성공적인 방어를 펼치는 듯했지만, 결국 연합군의 화력 앞에 무너지고 말았다.

2월 22일 날이 개자 연합군은 추축군 전선에 쉬지 않고 맹렬한 공중폭격을 가했다. 전선 근처에는 조그마한 비행장 겨우 하나를 보유하고 있을 뿐임에도 불구하고 연합군의 공세는 끊임이 없었다. 그러나 그런 공격에도 그날 저녁까지 연합군이 획득한 것은 소수의 이탈리아군 및 독일군 포로뿐이었다. 롬멜은 연합군이 가진 물량의 우위로 인해 추축군이 패배할 것이라고 더욱 확신하게 되었다. 또한 지나치게 길어진 독일군의 보급선이 연합군에게 마치 공격해달라고 요청하는 꼴을 만들어버렸다는 사실도 깨닫게 되었다.

육체적으로 피로한 데다 심적으로도 지친 롬멜은 브로이히에게 공격 중지를 허락했다. 그리고 자신의 우려를 케셀링에게 전달했다. 2월 23일 롬멜 추축군의 지휘권을 아르님과 메세에게 넘겨주었다. 다음날 독일군은 철수했고 그날 저녁에 카세린 협로는 다시 연합군의 수중으로 넘어갔다.

이제 롬멜은 마레트선 근처의 위태위태한 추축군 거점으로 돌아왔다.[37] 독일군은 아프리카에서 마지막 주사위를 던졌지만 결국 패배했다. 현장에서 롬멜이 단독 사령관으로서 자신의 공격 계획을 추진해나갈 수 있었더라면 이번 전역은 승리로 끝나고 미군의 비행장과 보급품 집적소는 점

령되었을 것이다.[38] 그리고 그로 인해 미군은 1941~1942년의 영국군처럼 '사막의 여우'의 공격에 심각한 타격을 받았을 것이다. 롬멜이 돌아왔을 때도 마레트 주변의 독일군 잔여 병력의 수는 달라진 것이 없었다. 롬멜에게는 마레트선 자체를 방어하는 빈약한 이탈리아군 사단이 있었고, 그 뒤에는 제10·제15·제21기갑사단의 전력을 포함해 약 1만 명의 독일군 보병과 200문의 야포, 그리고 160대의 전차가 있었다.[39] 이 수치는 롬멜의 병력이 얼마나 줄어들었는지를 그대로 보여주고 있었다. 이런 전력으로 전투를 수행했다는 것은 완전히 기적이었다. 메데닌Medenine에 단 1개 사단만을 배치하고 있던 몽고메리는 롬멜이 또 어떤 술책을 준비할지 몰랐기 때문에 뉴질랜드군 제2사단, 제201근위여단, 제8기갑여단 등으로 전력 보강을 서둘렀다.

　3월 3일 몽고메리는 메데닌의 방어선을 완성했다. 이때 롬멜은 심하게 병들고 쇠약해져 있었다. 그리하여 메데닌 공격을 위한 롬멜의 준비는 평상시의 세심한 기준에 미치지 못했고, 결국 공격은 실패로 끝났다. 부대

▼ 북아프리카 전역에 미군이 도착하자 전황은 급격히 바뀌었다. 사진은 미군 전차가 영국군 보병을 지원하는 장면.

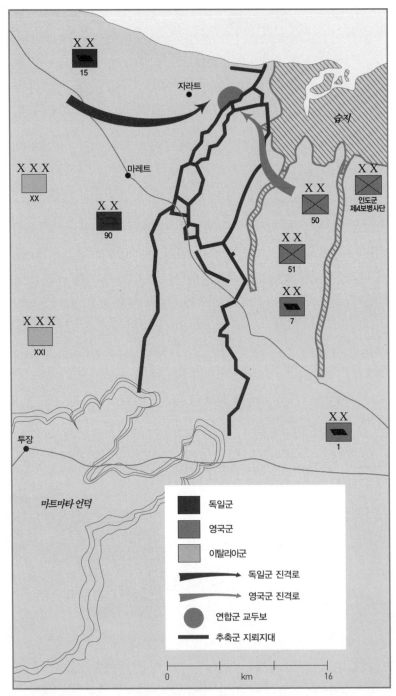

▲ 1943년 3월의 마레트선 전투는 북아프리카에서 롬멜이 치른 마지막 전투였다. 몽고메리의 진격에 롬멜은 부대를 후퇴시켰고, 별다른 타격을 입지 않은 성공적인 후퇴였지만 며칠 후 그는 유럽으로 소환되었다.

원에 대한 롬멜의 격려는 전혀 설득력을 갖지 못했고, 롬멜뿐 아니라 참모들도 하달된 계획을 그리 신뢰하지 않았다. 게다가 롬멜은 넓은 전선을 따라 세 갈래 방향으로 공격을 해나가야 했다.

3월 6일 이른 아침, 슈투카 편대와 네벨베르퍼^{Nebelwerfer} 로켓발사기의 합동 공격이 영국군 전선을 덮쳤다. 09시경 밀집대형으로 공격하던 독일군 전차들은 영국군 포대가 진격하는 독일군을 향해 무시무시한 직사 포화를 개시하기 전에 영국군 전선에 도달하려 하고 있었다. 그러나 보병은 전차들을 영국군 대전차포의 처분에 맡긴 채 후퇴해야 할 지경이 되었다. 영국군은 롬멜 고유의 전술을 모방해서 무시무시한 효과가 나도록 완성시켜놓고 있었다. 3시간 후, 공격은 잠잠해졌다. 자신의 전차 지휘관들을 지휘하고 바로 가까이에서 통제하는 데 실패한 롬멜은 진격 중단을 지시해야 했다.

15시 30분경 선두의 보병이 포대와 슈투카 편대의 지원을 받아 새로운 공격을 개시했고, 전차들은 보병 뒤에서 비밀리에 이동하고 있었다. 그러나 공격은 영국군 포대의 격렬한 포화에 의해 즉시 저지되고 말았다. 저녁 무렵 전면 후퇴 중인 독일군의 모습에서 질서나 위엄 같은 것은 찾아볼 수 없었다. 몽고메리가 더 집요한 공격을 가했다면, 롬멜의 병력은 완전히 분쇄되었을 것이다. 그러나 몬티는 패한 적군을 추격하지 않기로 결정하고 마레트선 위로 질서정연한 진격을 계속했다.⁴⁰

롬멜에게 아프리카의 싸움은 이제 끝났다. 마지막 공격은 실패했고, 그는 귀중한 150대의 전차 중 52대를 상실했다. 이제 남은 것은 추축군 부대가 언제, 그리고 어떤 상황에서 항복해야 하느냐는 문제뿐이었다. 그러나 롬멜은 이런 궁극적인 치욕과 재난에서 제외되었다. 앞서 거둔 승리의 너무나 소중한 상징인 그의 이름은 마땅히 보존되고 보호되어야 했다.

▲ 1943년 4월 마레트 방어전에서 포로로 잡힌 추축군 병사들.

　3월 9일 롬멜은 모든 지휘권을 아르님에게 넘겨주었다. 그리고 깊어진 병을 치료하기 위해 본국으로 향했다. 귀국길에 롬멜은 튀니지가 적의 손에 넘어갔으므로 이제 추축군은 철수해야 한다고 일 두체Il Duce(지도자, 우두머리를 뜻하는 이탈리아어로 무솔리니 총통을 가리킨다—옮긴이)를 설득하기 위해 로마에 들렀다.[41]

　튀니지에서의 필사적이고 고통스러운 싸움은 두 달 동안 더 계속되었다. 그리고 1943년 5월 12일 마침내 아르님은 알렉산더 장군에게 항복했다. 다음날, 무솔리니가 원수로 승진시킨 메세가 아르님의 뒤를 따랐다. 100만에 달하는 추축군 병사들 중 약 4분의 1이 헛되이 포로가 되고 말았다. 히틀러와 무솔리니는 훗날의 싸움을 위해 그들을 구했어야 했다.[42] 병사와 장비의 허망하고 막대한 손실이라는 측면에서 볼 때, 이는 또 다른 '스탈린그라드'였다.

▲ 독일군의 가장 강력한 티거 전차마저 튀니지에서 패배하고 말았다.

친구라는 가식을 내려놓다

롬멜은 1943년 5월이 되어서야 회복되었다. 그의 악화된 건강상태와 깊어진 우울증은 훨씬 더 큰 재난인 독일과 1943년 초기 독일군의 상황을 그대로 반영하고 있었다. 독일의 병력 자원은 절정에 달했고, 독일 내의 약 90만 병력은 연합군의 공습에 대비한 2만 문의 대공포에 배치되었다. 총 병력의 3분의 1은 동부전선에 있었다.

5월 9일 히틀러는 자신의 본영에서 롬멜을 만나 아프리카에 대해 논의했다. 이때만큼은 솔직하고 정직해진 히틀러는 롬멜의 말에 전적으로 귀를 기울였어야 했다며 자신의 과오를 인정했다. 그리고 이탈리아군이 쓸모가 없다는 롬멜의 견해에도 동의했다. 히틀러는 무솔리니의 충의를 신뢰했으나 그렇다고 그것이 무솔리니의 파시스트 정권에 대한 신뢰로까지 이어지지는 않았다. 히틀러의 외교 고문인 콘스탄틴 폰 노이라트 Constantin von Neurath는 로마에서의 음모에 대해 인지하고 있었지만, 흔들리는 무솔리니 정권의 실체에 관한 그의 견해는 분노한 외무장관 리벤트로프의 마음에는 들지 못했다. 리벤트로프는 일국의 외무장관임에도 불구하고 외교 문제에 관한 한 독일제국 전체에서 가장 명청한 인간이라고 노이라트는 롬멜에게 말했다. 물론 롬멜도 이에 동의했다.

다음 두 달 동안 롬멜은 새로운 지휘권이 주어지리라는 희망을 가지고 히틀러의 곁에 머물렀다. 엘 알라메인 이후, 히틀러를 제거하는 것만이 독일을 재앙으로부터 구해낼 수 있는 유일한 방법이라고 참모들 앞에서 공공연하게 말하던 롬멜은 그러나 다시 총통에게 빠져 있었다.[43] 1943년 7월 만슈타인을 우연히 만난 롬멜이 말했다.

"나는 여기서 일광욕 치료 중이오. 햇빛과 신념을 흡수 중이지요."

비꼬거나 빈정대려는 의도가 전혀 담기지 않은 말이었다.[44] 그러나 히틀러와 있을 때도 롬멜은 재치와 솔직함을 잃지 않았다. 그는 독일이 전쟁에서 패하게 될 것을 확신했고, 히틀러는 자신이 가장 좋아하는 지휘관의 견해에 귀를 기울이는 듯했다. 심지어 히틀러는 롬멜에게, 협상을 하고 싶어도 아무도 자신과 강화를 맺으려 하지 않는다는 말도 했다. 실용적이고 현실적인 사람인 롬멜은 히틀러의 현실감각 결여와 자기 파괴적 운명론에 충격을 받았다. 롬멜은 히틀러의 상태에 대해 완전한 확신을 가지고 루시에게도 말했다. 그의 의견에 따르면, 히틀러는 더 이상 정상이 아니었다.[45]

현역에서 물러나 있는 것이 싫었던 롬멜은 북이탈리아로 병력을 잠입시키는 임무와 함께 오스트리아 주둔 독일군의 지휘권을 부여받았다. 다행히도 롬멜은 휘하에 가우제와 폰 보닌von Bonin같이 믿을 수 있는 옛 독일 아프리카군단의 노련한 장교들을 둘 수 있었다. 롬멜은 무솔리니가 축출될 경우 이탈리아군을 무장해제하는 일명 알라릭 작전Operation Alaric의 임무도 맡게 되었다.

시칠리아에서는 후베Hans Vanlentin Hube 장군이 지휘하는 약 7만 병력의 제14기갑군이 연합군 부대의 침공을 맞아 방어 전역을 적절히 잘 수행해냈다. 그러나 무솔리니가 국내 상황에 대한 통제권을 상실함에 따라 이탈리아 정세가 요동치면서 제14기갑군은 매우 불안하고 위험한 상태에 놓이게 되었다. 7월 15일 롬멜은 B집단군의 사령관에 임명되어 그리스 북부의 테살로니키Thessaloniki(터키령일 때는 살로니키Saloniki로 불렸으나 1913년 그리스 영토가 된 이래 옛 이름으로 되돌아갔다-옮긴이)로 날아갔다.

7월 25일 로마에서 벌어진 회의에서 무솔리니의 운명이 결정되었다. 총통에 대한 불신임 투표가 통과된 것이다. 28표 중 무솔리니의 사위 치아노Ciano 백작을 포함한 18명의 표에 의해 무솔리니의 20년 독재는 끝이 나고, 바돌리오Pietro Badoglio 원수가 정권을 잡았다. 독일인 누구도, 특히 히틀러와 롬멜은 한순간도 바돌리오의 후의와 성실성을 믿지 않았다. 독일 정보기관은 이탈리아인들이 아이젠하워와 위험한 접촉을 갖고 있다는 사실과 이탈리아의 항복이 단지 시간문제라는 것을 알고 있었다.

7월 30일 롬멜의 명령을 받은 독일군은 훌륭한 '동맹' 정신에 따라 이탈리아에 투입되었고, 경제적으로 이탈리아에서 가장 중요한 지역인 북이탈리아의 모든 전략 거점과 통로를 점령하기 시작했다. 남부지역은 방어할 필요가 없지만 이탈리아 중부를 가로질러 살레르노Salerno와 카시노Cassino, 아펜니노 산맥Appenines 등 몇 개의 방어선은 구축되어야 한다는 것이 롬멜의 주장이었다. 8월 15일 롬멜은 히틀러의 군사적 심복인 알프레트 요들 장군과 함께 볼로냐Bologna로 날아가 이탈리아 최고사령부를 만났

▲ 1943년 9월 나치가 이탈리아를 점령할 당시의 독일군 티거 I 전차.

다. 로아타Roatta 장군이 주최하는, 서로 적대하면서 의심하는 회담 자리였
다. 이탈리아군 혐오자라는 평판에도 불구하고, 또한 무능한 이탈리아군
의 반대와 항의를 마주해야 함에도 불구하고 롬멜은 가르다Garda 호수에
자신의 본부를 설치했다.

　연합군은 9월 3일에 이탈리아 남부의 칼라브리아Calabria에 상륙하기 시
작했다. 그리고 닷새 후 이탈리아 국민들의 열렬한 갈채와 지지 속에 〈라
디오 로마Radio Rome〉는 그날 아침 방송에서 이탈리아군이 연합군과의 휴
전에 조인했다고 발표했다. 그리고 10시경 히틀러의 본영에서 악세 작전
Operation Achse(Achse는 추축, 즉 axis와 같은 뜻이다-옮긴이), 즉 이탈리아 점령
을 시작하라는 명령이 무전으로 발령되었다. 다음날인 9월 3일 아침 연합
군은 살레르노에 상륙했고, 열흘 뒤 롬멜은 82명의 이탈리아 장군과 1만
3,000명의 장교와 43만 명의 병사를 사로잡았다고 보고할 수 있었다.

이제부터 6개 사단으로 구성된 독일 제10군이 살레르노와 로마 남쪽의 전선을 지키게 될 것이다. 9월 23일 마침내 롬멜은 자신의 부대에 이탈리아군을 적으로 간주하라고 명령함으로써 친구라는 가식을 내려놓았다.[46]

가혹한 점령군 사령관 역할에는 적합지 않았던 롬멜은 파괴활동 용의자의 사살을 중지시키고, 이탈리아인과 유대인을 학대하는 병사를 처벌했다. 그런 그도 파시스트들에 대해서는 혐오감을 보였다. 10월에 가르다에서 무솔리니와 마지막 회담을 가진 롬멜은 다소 아쉬움을 남기고 11월 21일 이탈리아를 떠났다. 이에 따라 롬멜은 2년 동안 자신의 군사적 고향이었던 지중해 전선을 완전히 떠나게 되었다. 지중해의 푸른 바다를 롬멜은 다시는 보지 못했다.[47]

▼ 1943년 9월, 로마 인근 브라치아노에서 아리에테 사단 병사들이 바돌리오 장군의 휴전 방송에 환호하고 있다.

이렇게 또다시 적시에 떠난 것이 롬멜의 개인적 명예를 지켜주고 후세에 군인으로서의 이름을 남기게 해주었다. 롬멜은 본질적으로 비군사적인 임무를 완벽하게 수행했다. 그것이 독일군을 잠재적인 재앙으로부터 구해낸 것은 의심의 여지가 없다. 오랜 맞수인 케셀링이 이탈리아 전선의 지휘권을 맡게 된 것도 롬멜에게는 행운이었다. 방어적이고 움직임이 적은 싸움은 케셀링의 장기였고 전차 지휘관인 롬멜이 능력을 발휘할 수 있는 임무가 아니었다.

노르망디에서 마지막 저항을 준비하다

롬멜같이 경험 많고 뛰어난 지휘관을 너무 오랫동안 쓰지 않고 버려두는 것은 히틀러에게는 막대한 손실이었다. 1943년이 끝나가고 있으니 조만간 연합군이 영국해협을 건너 프랑스를 침공할 것이다. 따라서 이제 롬멜에게 적합한 임무가 구체화되고 있었다. 임무는 방어선을 준비하고, 연합군의 침공에 반격을 가해서 격퇴시킬 계획을 입안하는 것이었다. 1943년 11월 롬멜은 북쪽 네덜란드에서부터 남쪽 스페인 국경에 이르는 대서양 해안 방어를 책임지는 총감에 임명되었다.[48]

롬멜은 자신의 앞선 전역에서 사령관이었던 게르트 폰 룬트슈테트 원수의 명목상의 지휘를 받았다. 건장한 프로이센 장교 룬트슈테트는 롬 멜에 대해 많은 편견을 가지고 있었지만, 다행히 '사막의 여우'가 나치의 동조자이며 열렬히 히틀러를 숭배하는 사람이라는 오해는 곧 풀리게 되었다.

나아가 룬트슈테트는 롬멜이 실제로 매우 용감하고 충성스러우며 성실하고 존경스러운 인물이라고 생각하게 되었다. 다시 말해 롬멜은 믿을

만한 사람이었다. 더구나 히틀러에게 직접 연락할 수 있다는 사실은 문제
가 발생했을 때 상당히 편리했을 것이다. 롬멜과는 대조적으로 룬트슈테트
는 나치에 대해 명목상의 지지자 이상인 적이 결코 없었으며, 히틀러에 대
해서는 '보헤미아 병정That Bohemian Corporal'(체코 서부지역을 보헤미아라고 하며
16세기 이후 오스트리아 합스부르크가의 지배를 받았다. 히틀러는 오스트리아
세관원의 아들이었다-옮긴이)이라 부르며 깊은 경멸감을 숨기지 않았다.[49]

건강을 회복하기 위해 1년여를 보낸 뒤, 새로운 지휘권과 함께 중요
한 임무를 받아 만족하고 있던 롬멜은 곧 임무에 완전히 집중했다. 롬멜
은 전역의 일상으로 돌아가면서 예전의 영광스러운 시절로 복귀했다. 그
는 군대 식당에서 간소한 식사를 했으며 탁상행정으로 시간을 낭비하지
않았다. 그리고 동료들이 수년 동안 이루었던 일보다 더 많은 것을 몇 주
내에 해냈다. 1944년 1월 15일 롬멜은 B집단군의 사령관에 임명되었다.

▼ 1944년 초 대서양 방어선을 시찰 중인 롬멜.

▲ 독일군은 기관총 사수들을 보호하고 연합군을 프랑스 해안에서 몰아내기 위해 수많은 강화 벙커를 만들었다.

◀ 롬멜은 참호와 요새를 건설할 노동력을 찾기 위해 고심했다.

임명 당일 그의 첫 번째 명령은 해안 방어선의 건설에 대한 것이었다. 이 작업은 서부최고사령부의 성의 없는 관리 하에 수년 동안 예정만 되어 있던 일이었다. 그러나 이제는 가장 높은 우선순위를 부여받았고 작업은 가능한 한 빨리 시작될 것이다.

건설을 시작하라는 명령을 내린 후, 북쪽 네덜란드에서부터 남쪽 솜강에 이르는 광범위한 지역에 걸쳐 시찰을 시작한 롬멜은 다른 병기들 간의 협조가 원활하지 않은 데 대해 휘하 지휘관들에게 주의를 주었다. 롬멜은 또 해안 포대의 열악한 상태에 충격을 받았다. 주요 항구의 외곽은 어떤 방비나 보강도 전혀 되어 있지 않았던 것이다.[50] 1월 8일 앙카라의 독일 정보기관이 1944년 봄에 연합군이 유럽 서부를 침공한다는 오버록 작전Operation Overlock에 관한 정보를 입수하면서 해안 방어는 이제 긴급한 일이 되었다. 한 달 뒤 독일군은 그 정확한 작전명이 '오버로드Overlord' (지배자라는 뜻-옮긴이)이며 연합군이 상륙할 수 있는 가능한 지점은 단 두 곳, 노르망디Normandie와 파드칼레Pas-de-Calais라는 사실을 알게 되었다. 독일군은 또 연합군의 상륙 시기가 1944년 5월과 8월 사이라는 것도 알게 되었다.[51]

독일군 내부에서는 어느 지점이 공격당할 것이고 공격에 대한 가장 적절한 대응은 무엇인가 하는 문제를 놓고 의견이 분분했다. 히틀러와 마찬가지로 롬멜은 연합군이 파드칼레를 가로지르는 뻔한 경로를 선택할 것이라고는 믿지 않았다. 더 멀리 떨어진 노르망디를 상륙지점으로 보는 것이 타당하다고 판단했다. 롬멜은 자신의 모든 기갑부대를 가능한 한 해안에 가까이 집결시키고자 했다. 전투가 시작되면 압도적인 연합군의 공군력 때문에 주간에는 전차가 이동할 수 없을 것이라고 생각한 것이다. 롬멜의 판단이 옳았다.

그러나 룬트슈테트는 롬멜의 분석에 완전히 반대했다. 그는 연합군이 파드칼레 주변에 상륙할 것이며, 연합군을 영국해협으로 물리칠 강력한 반격을 가하기 위해서 전차들을 내륙 깊숙한 곳에 집중시켜야 한다고 생각했다. 룬트슈테트의 견해에 대해서는 1940~1941년 전역에서 전차전의 귀재였던 구데리안이 가장 크게 공감을 표했다.

일찍이 '대서양 방벽Atlantic Wall' 건설에 대해 히틀러에게 반대를 표명했던 구데리안은 방벽의 방어선 시찰에서 돌아온 뒤 롬멜의 견해에 충격을 받았다. 히틀러는 구데리안에게 라 로슈 기용La Roche Guyon[52]에 위치한 롬멜의 본부에 가서 이 문제를 논의하라고 명령했다. 그러나 롬멜은 양보하려 하지 않았다. 구데리안에게 롬멜은 연합군의 상륙은 노르망디에서 이루어질 것이며, 연합군의 공군력은 독일군이 기동전을 수행할 수 없도록 할 것이기 때문에 연합군이 교두보를 강화할 기회를 갖기 전에 해안에서 그들을 격파해야 한다고 말했다.[53]

오직 시간만이 롬멜의 생각이 옳다는 것을 입증해줄 것이다. 그러나 문제는 영국 상공으로 보내 연합군이 집결하고 있는 장소를 찾는 첩보 임무를 수행할 만한 항공기가 롬멜에게는 없다는 것이었다. 독일군 정보기관도 영국에 침투할 수 없었고, 파드칼레 공격을 위해 영국 동부에 주둔할 것으로 예상되는 패튼의 집단군이 속임수인지 아닌지를 알아낼 수 있는 방법도 없었다. 결국 독일군은 장님이나 다름없었다.[54]

독일군은 440킬로미터의 해안선을 단 5개 사단이 지키고 있는 실정이었다.[55] 그나마 위안이 되는 것은 이들 부대원들이 러시아에서 단련된 대로 대단히 거칠게 반격하는 동부전선의 고참병이라는 사실이었다. 또한 제7군의 돌만Friedrich Dollmann 장군과 노르망디에서 병력을 지휘하고 있는 마르크스Erich Marcks 장군이, 침공에 대응하는 방법에 관해 롬멜과 생각을 같이하고 있는 것도 다행스러운 일이었다. 그러나 네덜란드의 사령관은 1944년 3월이 되어서도 해안 방어선에 관해 아직 아무것도 이루어진 것이 없다는 보고를 해왔다. 그는 징계를 받았고, 병사들은 방어선 강화 작업에 투입되었으나 전혀 위급함을 느끼지 못하고 있었다.

사막에서와 마찬가지로 롬멜은 언제나 시찰을 하면서 부하들을 격려

하고 설득하고 질책했다. 그
는 지뢰 할당량을 매설하지
못한 데 대해서는 어떤 장교
든 절대로 잊지 못하도록 호
되게 꾸짖었다.[56]

한편, 롬멜과 최고사령부
와 전선의 반대자들 사이
에 발생한 논쟁은 계속되었
다. 히틀러는 연합군이 노르
망디를 침공할 것으로 확신
했다. 왜냐하면 연합군이 병
력을 영국 남서부에 집결시
켰기 때문이다. 그러나 히틀
러는 또 연합군이 파드칼레
에 더 강력한 두 번째 침공
을 준비할 것이라는 우려도

▲ 서부기갑집단군 사령관인 가이어 폰 슈베펜부르크 장군
은 연합군의 상륙지점에 대한 롬멜의 견해에 반대했다.

계속 가지고 있었다. 롬멜에게는 불행하게도 서부기갑집단군 사령관 가
이어 폰 슈베펜부르크Geyr von Schweppenburg 장군도 룬트슈테트와 구데리안
의 견해를 지지하여, 파리 근교의 프랑스 북부에 5개 기갑사단을 배치하
는 문제에 대해 히틀러를 설득했다.[57] 이런 방침은 롬멜의 제안에 완전히
배치되는 것이었다. 그리고 마침내 연합군의 작전이 개시되었을 때, 이는
독일군이 노르망디에 상륙하는 연합군을 분쇄하는 데 실패한 주요한 원
인 중 하나가 되었다.

60척의 군함을 가진 해군도, 400대의 항공기를 보유한 제3항공전대도

연합군의 침략을 물리치거나 심각한 손실을 가할 만큼 전력이 강하지 못했다. 롬멜은 자신의 견해를 고집했다. 그러나 롬멜의 의견에 많은 부분 공감했으면서도 딱하게도 히틀러는 타협하는 쪽을 택하고 말았으며, 이에 따라 독일군 병력은 해안에 있는 너무 많은 지점들을 방어하려 하면서 과도하게 얇게 퍼져버렸다.[58]

격추당할 위험 때문에 히틀러가 비행을 금지시키는 바람에 롬멜은 히틀러의 별장이 있는 베르히테스가르텐Berchtesgarten까지 기차를 타고 이동했다. 3월 19~20일 그곳에서는 히틀러와 롬멜의 중요한 회의가 있었다. 롬멜은 기갑부대에 대한 지휘권을 받아서 제21기갑사단을 노르망디 근처로 이동시키고, 파드칼레 지역을 지원하기 위해 제10친위기갑사단을 센강 북쪽으로 옮기고 싶어했다. 늘 그랬던 것처럼 히틀러는 망설였으며, 밀집대형의 기갑부대 지휘법을 아는 단 한 사람에게 통제권을 넘겨주려 하지 않았다.[59]

롬멜은 자신의 계획을 밀고나갔다. 그는 장애물과 벙커, 총좌, 포대와 참호 등 지형에 적합한 것은 무엇이든지 만들기 위해 부하들을 지칠 때까지 몰아붙였다. 해변에 건설되거나 꼿꼿이 서 있는 수중 장애물 대부분은 롬멜의 아이디어로 그의 지휘에 따라 만들어진 것이었다. 롬멜은 해변에 약 5,000만 개의 지뢰를 매설할 계획이었다. 그러나 실제로는 겨우 600만 개만 매설되었다.

그리고 방어선의 두 번째 전선에서 롬멜은 룬트슈테트의 계획을 취소하고 해변에 모든 것을 집중시켰다. 롬멜은 유럽 서부의 전투에서 이기고 지는 것은 노르망디 해변에 상륙한 첫날에 달려 있다고 생각했다. 롬멜의 계획을 망치는 것에는 레지스탕스의 파괴활동뿐만 아니라 연합군의 폭격과 현저하게 부족한 노동력도 있었다. 게다가 괴링은 협조를 거절했다.

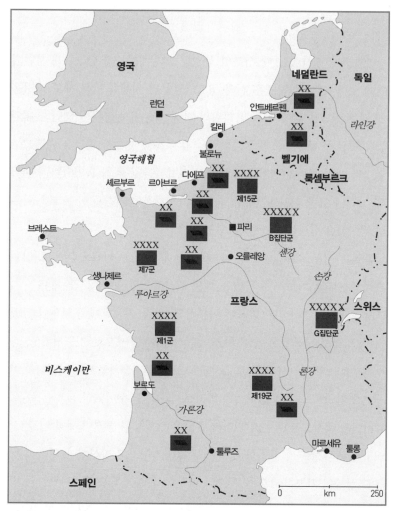

영국

네덜란드   독일

런던

안트베르펜

라인강

칼레

불로뉴   벨기에

영국해협   룩셈부르크

셰르부르   르아브르   다에프

브레스트   파리

B집단군

오를레앙   센강

생나제르   손강

루아르강   프랑스   스위스

제7군   G집단군

제1군

비스케이만

보르도   론강

가론강   제19군

툴루즈   마르세유   툴롱

스페인

0   km   250

▲ 연합군의 노르망디 상륙 전날 독일 육군 및 기갑사단의 배치 현황이다. 롬멜은 임박한 공격에 대비해 방어망 구축에 최선을 다했지만 시간이 너무 부족했다. 롬멜의 계획은 합리적이고 타당했지만 히틀러의 협조 부족과 시간 부족으로 예정대로 실행되지 못했다.

괴링은 30만 명의 쓸모없는 지상군과 5만 명의 통신병을 갖고 있었고, 롬멜은 해안 요새를 구축하는 데 이들을 투입하고자 했다. 위신과 자존심 때문에, 괴링은 자신의 부하들이 그런 하찮은 임무에 이용되는 것을 거절 했다. 그리고 롬멜에게 프랑스에 있는 자신의 포대에 대한 지휘권을 부여

하는 것도 거부했다.[60]

연합군이 공격했을 때 서부의 독일군 지휘체계는 혼란스럽게 분할되어 있었다. 게다가 롬멜은 휘하 장교들로부터 지원을 받는 데도 어려움을 겪고 있었을 뿐만 아니라 괴링의 방해 덕분에 대부분의 해안 포대와 항공 지원 문제에서도 전혀 통제력을 갖지 못했다. 그중 최악은 슈베펜부르크의 반대 때문에 전차들이 롬멜의 직접적인 통제 밖에 있었다는 점이다. 그러나 그럼에도 불구하고 주어진 6~8개월의 기간 동안 롬멜은 서부의 방어선을 상당히 개선할 수 있었다.

롬멜은 서부 60개 사단 중 43개 사단에 대한 지휘권을 가지고 있었으며, 노르망디에도 6개 사단을 배치해두고 있었다. 이들 중 제352 · 제709 · 제716보병사단은 침공이 이루어질 바로 그 해안에 투입되어 있었다. 결정적으로 롬멜은 용케 제21기갑사단을 캉Caen으로 이동시켰고, 슈베펜부르크의 기갑사단 중 3개 사단을 노르망디 근처로 이동시켰다.[61] 이제는 연합군이 공격해올 때까지 바라보며 기다릴 뿐이었다.

자신의 군사교본과 논리에 따라 롬멜은 연합군의 공격이 새벽 시간, 그리고 날씨와 조수가 유리한 때에 이루어질 것이라고 확신했다. 따라서 당분간 상륙이 가능하지 않을 것으로 판단한 롬멜은 헤를링엔Herrlingen의 집으로 돌아와서 루시의 50세 생일을 축하하고 있었다. 롬멜은 연합군이 이렇게 날씨가 나쁜 상황에서 공격을 하지는 않을 것이라고 생각했다. 그러나 그의 생각은 틀렸다.

잔인한 생일선물

6월 6일은 루시의 생일이었다. 롬멜은 휴식과 안정을 취하고 그동안 소홀했던 가족과 함께하려고 이날을 비워두었다. 그러나 일어난 상황은 너무나 달랐다. 07시 30분경 전화가 울렸다. 롬멜의 참모장인 슈파이델 Speidel 장군은 연합군 공수부대가 노르망디에 착륙했다고 보고했다. 슈파이델은 1시간 뒤에 다시 전화를 걸어왔다. 심각한 그의 목소리는 롬멜이 가장 우려하던 것을 확인해주고 있었다. 연합군이 침공한 것이었다. 연합군 부대가 끊임없는 물결처럼 노르망디의 해안으로 밀려드는 동안, 밤새 투입된 공수부대원들은 상륙거점으로부터 깊숙이 떨어진 곳에 침투하여 고립된 거점을 형성하고 후방 지원을 준비하고 있었다. 엘 알라메인에서처럼 롬멜은 적이 공격을 개시할 때 전선에 있지 않았다. 롬멜이 전선에 도착했을 때는 이미 10만 명의 연합군이 유럽 대륙의 해안에 들어와 있었다.[62] 독일은 제2의 전선을 갖게 되었고, 패배가 제국의 눈앞에 닥쳐와 있었다.

독일군에게 롬멜의 부재는 치유될 수 없는, 말 그대로의 완전한 재앙이었다. 본부에 있었더라면 롬멜은 독일군 관료체계가 가진 '고르디우스의 매듭Gordian knot'(그리스 신화에서 유래된 말로 풀기 어려운 일이나 문제를 가리킴. 알렉산드로스 대왕이 단칼에 끊어버렸던 일로 유명하다-옮긴이)을 잘라버릴 수 있었을 것이다. 또한 그가 직접 지휘했다면 집중된 가용 기갑사단들로 반격을 가하여 연합군을 침공 후 48시간 이내에 분쇄시키고 해협으로 쫓아낼 수 있었을 것이다. 그러나 롬멜이 없었기 때문에 이 모든 것이 가능하지 않았다. 해안으로 기갑부대와 보병부대를 이끌고 갈 사람도 없었고 연합군이 노르망디에 교두보를 확보하는 것을 막을 사람도 없었다.

이런 혼란과 리더십 부재가 초래한 하나의 사례로, 디데이^{D-Day} 첫날 반나절 동안에 캉에서 해안으로 제21기갑사단을 보내는 데 실패한 것을 들 수 있다. 영국군을 향해 전차대를 이동시키는 것은 단 몇 시간이면 될 일이었다. 롬멜은 이 소식을 듣고 폭발하여 슈파이델에게 전화로 명령했다. "당장 사단을 이동시켜 공격하라! 병력 보충을 기다리지 말고 즉시 공격하라!"

오직 용감한 마르크스 장군만이 자신의 BMW 승용차로 기갑부대를 인도하여 캉에서부터 직접 연합군에 대한 공격을 이끌었다. 그러나 제21기갑사단의 지휘관 포이흐팅어^{Feuchtinger}는 지휘력을 보여주지 못했고, 공격은 취소되었다. 룬트슈테트의 참모인 보도 침머만^{Bodo Zimmerman} 대령은 상황이 어떻게 되었냐는 질문에 이렇게 답했다.

"아주 개판입니다. 포이흐팅어는 달아났습니다."[63]

맹렬한 속도로 독일과 프랑스를 가로질러 달린 롬멜은 6월 6일 10시에 라 로슈 기용에 있는 자신의 본부에 도착했다. 그는 냉정해 보였으나 결심은 확고했다. 상륙이 시작된 후 롬멜의 병력은 적에게 1만 명의 사상자를 내는 피해를 입혔다. 그러나 불행하게도 연합군은 15만 5,000명의 병력으로 130제곱킬로미터 넓이의 교두보를 확보했다. 롬멜이 가능한 한 신속하게 기갑사단들을 움직여서 반격하지 않는다면 침공은 분명히 성공하게 될 것이다.

롬멜은 제21기갑사단과 제프 디트리히^{Josef Sepp Dietrich} 친위대 대장이 지휘하는 제1친위기갑사단을 연합시켜 6월 7일 아침에 취약한 연합군의 전선을 공격하려고 했다. 그러나 겁을 먹은 디트리히는 공격을 연기시켰다. 이런 사태는 연합군이 올가미에 머리를 집어넣은 상황에서도 독일 시민과 군인들 사이에 만연했던 알 수 없는 느긋함을 그대로 반영한 것이었다.

▲ 롬멜(왼쪽)과 제1친위기갑사단장인 제프 디트리히 장군(오른쪽).

이런 여유를 가질 수가 없었던 롬멜은 디트리히의 흐리멍덩한 지휘를 질책했다. 그러나 연합군의 공군력이 압도적인 것은 분명했다. 롬멜의 가장 강력한 기갑사단 중 하나인 기갑교도사단$^{Panzer\ Lehr\ Division}$은 공중공격에 의해서만 5대의 전차와 85대의 장갑차, 그리고 123대의 트럭을 잃었다. 제21기갑사단의 전차는 이제 55대로 줄어들었다.[66] 해안에서 승리하거나 아니면 지는 것이라고 했던 롬멜의 우려 그대로 연합군의 공군력은 여실히 입증되고 있었다. 연합군이 상륙거점을 확보했으니 전투는 이미 패배한 것이나 다름없었다.

히틀러 제거를 논의하다

6월 8일 영국군과 미군의 상륙거점이 합쳐진 후, 미군은 셰르부르와 전략적 항구가 있는 콩탕탱 반도 전체를 점령한다는 목표를 세웠다. 불행하게도 엉터리 정보를 넘겨받은 롬멜은 영국 동부에 주둔하고 있는 것으로 추측되는 패튼의 미 제1집단군이 파드칼레에 두 번째 상륙을 할 것으로 믿고 있었다. 롬멜이 바다로 연합군을 몰아내려면 지원군이 필요했지만, 결국 이런 이유 때문에 어떤 부대도 제15군이 있는 파드칼레에서 노르망디로 이동할 수가 없었다.

독일군 보병은 대부분 전투 경험이 풍부한 30대 병사들이었던 반면, 전차병들은 10대 소년이거나 20대 청년들이었다. 이 전차병들은 매우 능숙하고 대담했으며 거대한 티거나 판터Panther 전차도 능숙하게 다루었다. 6월 9일에 랑제리Lingeries 마을 주변에서 벌어진 것과 같은 전차전은 전차들이 서로 근거리에서 사격하게 되는 짧고 격렬한 전투였다.

롬멜은 그날 르망Le Mans에 있는 제7군 본부에 있었다. 불행하게도 히틀러는 미군이 파드칼레를 공격할 것이라는 소문을 믿었다. 따라서 그는 롬멜의 가장 강력한 기갑사단인 2만 1,000명의 병력을 가진 제1친위기갑사단을 벨기에로 돌려서 이 '위협'에 대응하게 했다. 미군은 생트메르에글리즈Sainte-Mère-Église로부터 쳐들어와서 셰르부르에 대한 공격을 개시했다.

6월 10일, 롬멜은 전차 전력이 네 배나 우세함에도 불구하고 여전히 반격을 개시하지 않고 있었다. 다음날, 자신의 전차 전력을 집중시켜 대규모 공격에 투입한다고 생각하고 있던 슈베펜부르크는 연합군 공군력의 무시무시함을 제대로 체험하게 되었다. 연합군 폭격기가 슈베펜부르크의 본부를 공격하여 그의 참모 전원이 사망해버린 것이었다. 기적적으로 슈베펜부르크는 다치지 않고 탈출했다. 휘하 해군 지휘관인 루게Ruge 제독과 이야기를 나누던 롬멜은 너무 늦기 전에 연합군과 강화협정을 맺어야 함을 절감했다. 그날은 더 큰 불행들이 줄을 이었다. 카랑탕Carentan을 포기해야 했고, 롬멜의 가장 용감하고 유능한 지휘관인 마르크스 장군이 연합군 전투기의 공격에 전사하고 말았다.[65]

콩탕탱 반도의 남쪽 끝에 있는 미군이 셰르부르에 도달하기 전에 대규모 공격을 가하기 위해 롬멜은 모든 가용 전력을 집중시키려 했다. 그러나 히틀러의 의견은 달라서, 6월 12일 그는 롬멜이 영국군을 공격하기를 원했다. 롬멜은 더 비관적이 되었고, 여전히 적이 파드칼레로 공격해올 것이라 생각하고 있었다. 자신이 가장 아끼는 장군이 패배주의의 징조를 보이는 것을 우려한 히틀러는 6월 17일 롬멜을 수아송Soisson(파리에서 북동쪽으로 98킬로미터 떨어져 있다. 독일과의 전쟁 때는 항상 통과지가 되어 두 차례 세계대전 때 피해가 컸다-옮긴이)에 있는 자신의 본부로 불렀다. 롬멜은 히틀러에게 상황보고를 하면서 자신의 젊은 부대원들이 '새끼 호랑이'처럼 싸운다며 찬사를 보냈다. 그러나 용맹이 병력 보충과 보급 문제를 대신해주지는 않는다고 경고했다.

자신의 부대를 반도에서 구해내고 싶었던 롬멜은 부대를 빼내기 위해 룬트슈테트의 지원을 받았다. 히틀러는 7월 중순까지는 복귀해서 셰르부르를 지켜야 한다는 것을 조건으로 후퇴에 동의했다. 공습경보가 발령되어 있는 동안 롬멜과 히틀러는 대피소에서 더 깊은 이야기를 나누었다. 롬멜은 힘겨워지는 군사적 상황에 대해서 정치적 해결책을 찾고 외교를 이용해줄 것을 히틀러에게 요청했다. 뜻밖의 말을 들은 히틀러는 퉁명스럽게 말했다.

"그건 귀관이 상관할 문제가 아니다. 그 문제는 내게 맡겨라."[66]

이것이 관계가 남달랐던 히틀러와 그의 제1지휘관 사이가 끝나게 되는 시초였다. 롬멜은 총통에 대한 환상이 깨지게 되었고, 총통은 롬멜을 불신하기 시작했다.

6월 18일, 롬멜의 부대는 콩탕탱 반도에 있던 독일군 집단에서 분리되어 나왔다. 이 결정으로 최소한 롬멜은 제77보병사단은 구해낼 수 있었다. 흩어지고 약해진 3개 사단이 지키고 있던 셰르부르의 상황은 나흘 후

▼ 미군 보병이 저격과 포격을 피하면서 낮은 자세로 셰르부르를 향해 달리고 있다.

▲ 1944년 6월 말 셰르부르가 미군에 함락된 후 힘겹게 방어하던 포르 뒤 룰(Fort du Roule)에 독일군 시신들과 장비들이 어지럽게 흩어져 있다.

더욱 절망적이었다. 6월 24일 기갑교도사단은 수적으로 현저하고 명백하게 우세한 연합군을 맞아 예전보다 더욱 가망 없어 보이는 전투를 치르면서 2,600명의 병력을 잃고 말았다. 롬멜과 루게는 정치적 해법을 찾는 것이 너무 늦어지기 전에 히틀러를 권좌에서 제거할 필요성에 대해 다시 논의했다. 셰르부르는 다음날 함락되었다. 롬멜은 그 소식을 듣고 몹시 우울해했고, 제7군 사령관 돌만은 자결했다. 롬멜은 사망 원인을 전투에서 입은 부상 때문이라고 발표하도록 명령했고, 돌만의 장례식은 파리에서 국장으로 치러졌다. 은폐된 자살과 국장, 몇 달 후 자신이 똑같은 운명을 맞게 될 것을 롬멜은 아직 알지 못했다.[67]

운이 다한 영웅의 마지막 승리

6월 말~7월 초는 롬멜에게 사건이 많았던 중대한 기간이었다. 6월 28일 롬멜은 히틀러와 함께 베르히테스가르텐에서 열린 회의에 참석했다. 롬멜이 종합적인 전략상황을 개괄하려 하자 분노한 히틀러는 그의 말을 막고 노르망디의 상황에 대한 순수한 군사적 보고만 하라고 명령했다. 롬멜은 이에 동의하고 나서도 재차 독일의 전략적·정치적 상황을 언급하고 말았다. 그러자 격분한 히틀러는 롬멜에게 회의실에서 나가라고 명령했다. 돌아오라는 요청은 없었고, 히틀러와 화해하지 않은 채 롬멜은 그 다음날 떠났다.

그날 몽고메리의 기갑부대는 캉 근처에서 디트리히의 친위기갑사단에 큰 타격을 입혔다. 디트리히의 친위기갑사단은 히틀러로부터 무슨 일이 있어도 캉을 지키라는 또 하나의 '승리가 아니면 죽음'이라는 명령을 받

▼ 1944년 여름 독일군의 티거 I 전차들이 연합군과의 일전을 위해 이동 중이다.

왔다. 서부 기갑군 사령관은 이제 슈바펜부르크에서 하인리히 에버바흐 Heinrich Eberbach 장군으로 교체되었고, 7월 2일에는 룬트슈테트가 서부 총사령관에서 해임되었다. 그러나 롬멜이 아니라 한스 폰 클루게 Günther Hans von Kluge 장군이 그 자리를 맡게 되었다는 소식은 충격이었다. 클루게는 훌륭한 혈통의 프로이센 융커 계층 출신으로, 부대원들과 그를 좋아하는 사람들은 '영리한 한스'라고 부르고 있었지만 매우 거만한 사람이었다. 그는 냉혹하고 양보와 타협이 없었으나 영리하고 용감했다. 클루게는 7월 3일에 롬멜의 본부에 도착했다.

클루게는 동부전선에서도 지휘를 잘해냈지만 롬멜은 보자마자 그를 싫어하게 되었고, 그것은 상대도 마찬가지였다. 클루게는 롬멜의 면전에서 그동안 너무 많은 독자적 행동이 허락되었다고 말할 만큼 뱃심이 좋았다. 룬트슈테트 때와는 달리 이제 롬멜은 명령을 따르라는 요구도 듣게 될 참이었다. 클루게는 롬멜의 부대에 불굴의 정신과 결연한 의지를 불어넣기 위해 자신이 왔다는 것을 분명히 했다.

롬멜이 이런 터무니없는 주장에 이의를 제기하자, 클루게는 반박했다. "지금까지 귀관은 사단보다 규모가 큰 부대는 실제로 지휘해본 적이 없다."

그러나 이는 사실이 아니었을 뿐만 아니라 집단군 전체의 사령관인 롬멜을 심하게 모욕하는 것이었다. 롬멜은 평정을 잃었다. 클루게와의 관계는 사실상 히틀러와의 관계보다 더 악화되었다.[68]

이틀 후 롬멜은 훨씬 더 마음이 맞는 동료, 롬멜의 본부에 막 도착한 에버바흐 장군과 전선의 상황에 대해 회의를 가졌다. 에버바흐는 유쾌하고 대담하며 영리했다. 게다가 그는 롬멜과 같은 슈바비아 사람이었다. 둘은 서로를 좋아했으며 긴밀한 협조에도 문제가 없었다. 롬멜처럼 에버바흐도 독일군의 우수한 전차병과 전차가 연합군의 것보다 더 낫다고 확신하고 있었다.

7월 7일 영국군이 8만 발의 포탄을 독일군 전선에 퍼붓자 그들의 확신이 옳았다는 것이 입증되었다. 제16공군야전사단은 달아났으나, 제12친위기갑사단의 10대 병사들은 소수의 티거 전차로 103대의 영국군 전차를 격파해낸 것이었다. 이런 선전은 캉을 조기에 돌파하려는 몽고메리의 희망을 꺾어버렸다. 이 놀라운 전술의 승리는 일시적이기는 했으나 독일군의 사기를 크게 높여주었다.

7월 9일 롬멜은 자신의 본부에서 케사르 폰 호파커Caesar von Hofacker의 방문을 받았다. 히틀러를 제거할 쿠데타를 계획하면서 롬멜의 지원을 얻기 위해 프랑스 군사장관인 슈튈프나겔Stülpnagel 장군이 보낸 것이었다. 롬멜은 호파커의 이야기를 들었으나 참여하지는 않기로 했다. 긴급한 현안들이 많았기 때문이다.

▼ 생로 구역의 교전은 특히 더 치열했다. 7월 13일 이 지역을 방문한 롬멜은 상황이 절박하다고 보고했다.

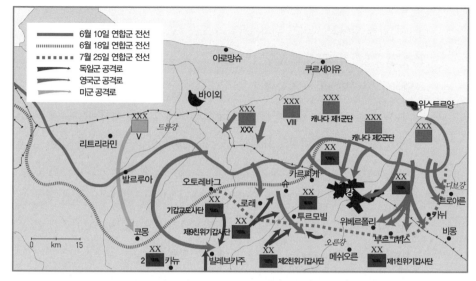

▲ 몽고메리는 독일군 기갑부대를 끌어내 무력화시키기 휘해 캉 인근에서 전투를 벌일 계획을 세웠다.

7월 12일, 전투가 시작된 지 겨우 5주 만에 롬멜은 2,400명의 장교와 225대의 전차를 포함하여 9만 7,000명의 병력을 잃었다. 그는 이런 손실을 입고 6,000명의 병력과 17대의 전차를 지원받았다. 롬멜의 부대는 서서히 죽어가고 있었고 전쟁은 곧 패배로 끝날 것 같았다. 롬멜이 방문했던 7월 13일에, 생로Saint-Lo 구역의 상황은 절망적이었다. 롬멜은 클루게에게 보내는 보고서를 이렇게 끝맺었다.

"아군 부대들은 모든 전장에서 영웅적으로 싸우고 있으나 대등하지 않은 전투는 마지막을 향해 가고 있습니다. 이런 상황에서는 정치적인 결말이 나와야 할 것으로 보입니다. 집단군의 최고사령관으로서 이렇게 솔직하게 말씀드릴 수 있게 되어 다행스럽게 생각합니다."[69]

롬멜과 그의 부대에게 심판의 날은 빠르게 다가오고 있었다. 7월 17일 롬멜 휘하의 부대들은 캉에서 마지막 전투를 했다. 이곳에서 독일군은 일련의 방어선을 구축했다. 첫 번째 방어선은 보병 거점들로 이루어져 있었고, 두 번째 방어선은 티거 전차, 88밀리 포, 야포 194문, 그리고 네벨베르퍼 로켓발사기 272대로 조직되었다.

영국군 기갑부대의 공격을 받은 독일군은 아군 전차병들이 흘린 피와 독일군 전차의 잔해가 흩뿌려져 있는 땅을 지켜내기 위해 결사적으로 싸웠다. 오후 늦게 몇몇 거칠고 대담한 영국군 전차들이 마침내 네 번째 방어선에 도달했다. 그러나 그들의 영웅적인 노력에도 불구하고 영국군 전차들은 이 방어선을 돌파할 수 없었다. 네 번째 방어선 뒤쪽에는 히틀러유겐트의 어린 병사들이 배속된 제80친위전차사단이 티거와 판터를 끌고 마지막 방어선을 지키며 그들을 기다리고 있었다.

저녁때까지 126대의 영국군 전차가 격파되었다. 그 대부분은 셔먼 전차였다. 영국군은 공격이 실패했다는 것을 인정해야 했다. 롬멜의 기갑부

▼ 캉에서 독일군은 일련의 방어선을 구축하고 보병과 전차, 대공포를 배치했다. 사진은 4연장 20밀리 Flak 38 대공포

▲ 네벨베르퍼 다연장 로켓포는 캉 전투에서 그 효력을 유감없이 입증했다.

대는 가장 결연하고 끈질긴 적을 상대로 마지막 승리를 기록했다. 자신의
첫째가는 적인 버나드 로 몽고메리 원수에게 마지막 일격을 가한 것은
롬멜을 흐뭇하게 했을 것이다.

그날 아침 롬멜은 제프 디트리히와 회의를 했다. 정치에 관해 이야기하
고 싶어하는 디트리히에게 롬멜은 충성과 신의에 대해 물었고, 디트리히
는 단호하게 대답했다.

"저의 보스는 원수님뿐입니다. 계획하는 것이 무엇이든 저는 무조건 복
종합니다."

롬멜이 히틀러에 대한 어떤 종류의 군사적 행동을 계획하고 있었을까,
아닐까? 아마 우리는 결코 진실을 알 수 없겠지만, 롬멜은 참모들에게
디트리히를 마침내 자신의 편으로 끌어들였다는 말은 했던 것으로 전해
진다.

롬멜이 돌아오는 길에 마주친 프랑스 피난민들은 이번 노르망디 상륙작전과 관련하여 독일군보다 연합군에게 더 분노하고 있었다. 많은 피난민들이 롬멜을 알아보고 존경과 찬탄을 담아 인사했다. 롬멜의 마지막 운전병인 다니엘 상병은 안전을 위해 주요 도로를 피해서 본부로 돌아가는 길이었다. 그러나 마침내 운이 다한 롬멜은 지나가던 연합군 항공기의 기총소사에 부상을 당하고 말았다. 이때 입은 부상으로 한동안 몸을 움직일 수 없게 된 롬멜은 그 후 다시는 전장으로 돌아오지 못했다. 이 기회를 움켜쥔 클루게는 히틀러의 허가를 받아 스스로 B집단군의 사령관이 되었다.[70]

▲ 장렬히 싸우다 최후를 맞은 독일군 티거 I 전차가 폐허 속에 버려져 있다.

▼ 1944년 7월 영국군 보병이 폐허가 된 캉을 지나고 있다.

친애하는 총통의 마지막 명령

심한 머리 부상으로 고통을 겪던 롬멜은 치료와 휴식을 위해 독일로 이송되었고, 미군은 생로를 점령했다. 7월 18일 롬멜의 집단군은 11만 명의 사상자가 발생했으나 2,117대의 적 전차를 격파했다.

이틀 후, 동프로이센에 있는 히틀러의 본부에서 큰 폭발이 발생해 정례회의가 중단되었다. 이 폭발사고로 그의 측근 여러 명이 부상을 당했으나 히틀러는 상처를 입지 않았다. 암살자는 대령인 클라우스 쉥크 그라프 폰 슈타우펜베르크Cluas Schenk Graf von Staufenberg 백작이었다. 그는 37세로, 고급

▼ 셔먼 전차를 장비한 미군의 기동부대가 생로의 중심가를 조심스럽게 전진하고 있다. 8일간의 대치 후 7월 도시는 함락되었다.

훈장을 받았으나 다리를 저는 퇴역군인이었다. 폭군을 제거했다고 확신한 그는 폭발 직후 즉시 '늑대굴'을 떠나서 베를린으로 날아갔다. 그리고 군의 동조자들이 마침내 행동을 시작했으나, 베를린에서 군사 및 정치 권력을 탈취하는 데는 실패했다.

음모자들은 체포되었고, 여전히 히틀러에게 충성스러웠던 군에 의해 사살되었다. 늘 그렇듯 나치의 테러가 뒤따랐으며 '친애하는' 총통의 암살음모에 관련되었다는 날조된 근거에 따라 수천 명이 체포되었다. 그들 중 2명, 헤를링엔에 있는 롬멜의 자택에서 롬멜을 끌어들였던 호파커와 슈파이델 장군은 밤낮으로 게슈타포의 감시를 받았다. 롬멜은 슈파이델이 결백하다고 믿고 있었으나 결국 그는 체포되었고, 이 일로 롬멜은 히틀러에게 만정이 떨어졌다. 10월 1일 롬멜은 히틀러에게 편지를 썼다. 그러나 슈파이델을 칭찬하면서 그의 결백을 옹호하는 편지 내용은 롬멜 자신의 생존에도 타격을 주고 말았다. 히틀러의 눈에는 이런 옹호 자체가 바로 반역으로 보였던 것이다.

며칠 뒤 롬멜은 지역 나치 당직자에게 히틀러가 제정신이 아니라고 말했다. 물론 자신에게 조금도 도움이 되지 않는 말이었다. 이는 즉시 당직자의 상관인 마르틴 보르만Martin Bormann에게 보고되었다. 불행하게도 롬멜이 자신을 무시했던 1939년 이래로 그에게 원한을 품어왔던 보르만은 이제 복수할 좋은 기회를 잡게 되었다. 그는 자신에게 보고된 롬멜의 언행이 총통에게 지켜야 할 마지막 선을 넘은 모욕이기 때문에 이는 명백한 유죄라고 히틀러를 설득했다.

10월 10일 히틀러는 자신의 집무실을 방문해 결백을 입증하라고 롬멜에게 명령했다. 그러나 단순히 노르망디 전투의 지휘와 작전수행을 설명하는 자리일 것으로 생각했던 롬멜은 그의 초청을 거절하고 말았다. 나흘

후 히틀러의 '죽음의 천사'로 알려져 있는 부르크도르프^{Burgdorf}와 마이젤^{Meisel} 장군이 헤를링엔에 도착했다.

개인적으로 부르크도르프를 알고 있던 롬멜은 전형적인 슈바비아식 환대로 그들을 맞았다. 세 사람은 응접실로 가서 감정을 드러내지 않고 이야기를 나누었다. 겉으로는 친근한 잡담처럼 보였다. 그러나 곧 롬멜은 부르크도르프가 가져온 히틀러의 메시지에 충격을 받았다.

"자살하여 귀관과 귀관의 가족이 공개재판의 수치를 면하게 하라. 재판을 택한다면 귀관의 가족은 강제수용소로 보내질 것이다."

두 차례의 세계대전에서 여러 차례 죽음과 맞서왔던 롬멜은 이제 가장 난처하고 곤란한 선택 앞에 서게 되었다. 그는 가족을 구하기 위해 죽음을 택했다. 벤츠 승용차를 타고 속도를 높인 롬멜은 청산가리 캡슐을 깨물었고, 그 즉시 사망했다. '사막의 여우'는 적군이 아니라 그의 신화를 만드는 데 일조했던 히틀러에 의해 궁지에 몰려 살해되고 말았다.⁷¹

독일의 가장 유명한 장군이자 과거 위대한 군사력의 상징인 롬멜은 이렇게 죽었다. 그의 장례식은 히틀러가 아닌 룬트슈테트가 주관하는 국장^{國葬}으로 치러졌다. 히틀러는 조심스럽게 지휘되고 있는 허구의 게임 속에서 위선자 역할을 하고 싶지 않았다. 빈리히 베어가 크렙스^{Krebs} 장군에게 히틀러가 롬멜을 죽였다고 말하자, 크렙스는 베어에게 입을 다물라고 했다.

"친애하는 베어, 당신도 국장을 받을 것이라고 착각하지는 마시오."⁷²

전쟁이 끝나고 나서야 롬멜의 죽음을 둘러싼 진실이 밝혀질 수 있었다. 오늘날에도 에르빈 롬멜은 망설임이나 거리낌 없이 독일군과 연합군 모두에게 찬사를 받는 유일한 독일 장군으로 남아 있다. 그는 군인의 전형이며 신사였고, 불멸의 '사막의 여우'였다. 아군에게나 적군에게나 똑같이.

헤를링엔 공동묘지에 있는 롬멜의 무덤.

1891   11월 5일, 에르빈 롬멜 출생. 독일 남부 슈바비아의 하이덴하임에서
중학교 교장의 3남 1녀 중 장남으로 태어남.

1910   7월, 뷔르템베르크 제124보병연대에 사관후보생으로 입대.

1911   11월, 단치히 사관학교 졸업.

1912   1월, 소위 임관.

1914   6월 28일, 오스트리아-헝가리제국 황태자 페르디난트 대공이 사라예
보에서 저격당함.

7월 28일, 오스트리아가 세르비아에 선전포고를 하면서 제1차 세계대
전이 시작됨.

8월 1일, 독일이 러시아에 선전포고를 함.

8월 3일, 독일이 프랑스에 선전포고를 함.

8월, 롬멜의 독일군 제5군 소속 연대가 아르덴 남쪽 프랑스 동부지역
을 침공함. 블레 마을을 점령한 전과로 2급 철십자 훈장을 받음.

1915   9월, 중위 진급.

1916   10월, 롬멜의 뷔르템베르크 산악대대가 루마니아 전선으로 배치됨.

11월 27일, 루시 몰린과 결혼.

1917	4월 6일, 미국이 독일에 선전포고를 함.
	8월 10일, 롬멜의 부대가 루마니아 전선에서 코스나산을 공격하여 점령함.
	10월, 이탈리아 전선에서 마타주르산을 습격하여 점령하고 이탈리아군 9,000명을 포로로 잡음.
	12월 18일, 독일 최고의 훈장 푸어 르 메리테를 받음.
1918	10월, 대위 진급.
	10월 5일, 연합군이 독일 힌덴부르크 방어선을 점령함.
	11월 9일, 독일제국 황제 빌헬름 2세 퇴위.
	11월 11일, 독일이 연합국에 항복하면서 제1차 세계대전이 끝남.
1918	12월, 종전 후 롬멜이 제124보병연대 중대장으로 복귀.
1920	12월, 슈투트가르트 소총중대의 훈련 지휘관이 됨.
1928	12월, 결혼 12년 만에 장남 만프레트가 출생함.
1929	9월, 드레스덴 보병학교 전술교관으로 발령.
1933	1월, 소령 진급.
	10월, 고슬라르로 전근되어 제17보병연대 3대대장으로 임명됨.
1934	6월 30일, 룀 숙청사건, 즉 '장검의 밤' 사건으로 히틀러의 오랜 동지인 에른스트 룀이 이끌던 나치돌격대(SA)의 고위간부 등 히틀러에 반대하는 인사들이 숙청됨.
1935	3월, 중령 진급.
	10월 15일, 포츠담 사관학교 전술교관으로 자리를 옮김.
1937	대령 진급.
1938	11월 10일, 빈 노이슈타트 사관학교의 교장으로 임명됨.
1939	3월 15일, 독일이 체코슬로바키아를 병합함.
	3월, 체코슬로바키아로의 행진과 메멜란트 점령에 롬멜이 총사령관으로 지휘를 맡음.

8월, 소장 진급. 히틀러의 경호대장으로 임명됨.

9월 1일, 독일이 폴란드 침공을 개시함.

10월 3일, 유럽에서의 전쟁에 대해 미국이 중립을 선언함.

1940　2월 6일, 롬멜이 제7기갑사단의 사단장으로 임명됨.

4월 9일, 독일이 덴마크와 노르웨이를 침공함.

5월 10일, 독일군이 서부전선에서 총공격을 개시하여 프랑스, 네덜란드, 룩셈부르크, 벨기에를 침공. 롬멜은 제7기갑사단을 이끌고 벨기에를 침공.

5월 14일, 프랑스 마지노선을 돌파한 공로로 롬멜이 철십자 훈장을 받음.

5월 15일, 네덜란드가 독일에 항복함.

5월 28일, 벨기에가 독일에 항복함.

6월 10일, 이탈리아의 무솔리니가 연합국에 선전포고를 함.

6월 14일, 독일군이 파리에 무혈입성함.

6월 22일, 콩피에뉴 숲에서 독일-프랑스 휴전협정이 조인됨.

7월 11일, 독일 치하 프랑스에 비시 정권이 수립됨.

9월 27일, 베를린에서 독일, 이탈리아, 일본이 3국동맹을 체결함.

1941　2월, 롬멜의 독일군이 아프리카에 입성함.

4월 1일, 롬멜의 독일 아프리카군단이 리비아의 아게다비아를 점령함.

4월 7일, 리비아의 데르나를 점령함.

4월 12일, 리비아의 바르디아를 점령하고 이집트 국경에 도달함.

4월 16일, 이틀에 걸쳐 토브룩을 두 번 공격하나 실패함.

5월, 제1차 헬파이어 전투에서 승리, 할파야 협로를 점령함.

6월, 제2차 헬파이어 전투에서 영국군에 압승을 거둠.

12월 11일, 11월 23일 '죽음의 일요일' 전투 후 이집트 국경을 포기하고 가잘라로 후퇴함.

12월 20일, 벵가지를 포기하고 메르사 브레가로 후퇴함.

1942 1월 23일, 안텔라트와 소누, 므각스를 점령하여 영국군의 퇴각로를 차단.

6월 11일, 롬멜이 아프리카에서 가장 힘든 전투였다고 기록한 비르 하케임을 점령함.

6월 21일, 천혜의 요새도시 토브룩을 함락함.

6월 22일, 독일의 최연소 육군 원수로 임명됨.

7월, 이집트 엘 알라메인에서의 제1차 전투에서 영국군에 패배함.

10월, 엘 알라메인의 제2차 전투에서 패하여 튀니스로 퇴각함.

1월, 미국의 조지 패튼 장군이 아프리카에 상륙함.

1943 1월, 영국군이 리비아의 수도 트리폴리에 입성함.

3월, 히틀러가 롬멜을 본국으로 송환함.

5월 13일, 독일 아프리카집단군이 영국군에 항복함.

7월, 연합군의 시칠리아섬 상륙과 함께 무솔리니는 실각하여 체포·감금됨.

7월 30일, 롬멜이 이탈리아에 병력을 투입함.

9월 23일, 이탈리아 신임 수상 피에트로 바돌리오가 연합국과 휴전협정을 체결함.

10월 13일, 이탈리아가 독일에 선전포고를 함.

11월, 롬멜이 네덜란드에서 스페인 국경에 이르는 '대서양 방벽' 구축을 위한 총감에 임명됨.

1944 1월 15일, B집단군 사령관으로 임명됨.

6월, 히틀러를 축출하고 연합국에서 호감을 갖고 있는 롬멜이 국가원수직을 맡아 강화조약을 추진해야 한다는 제의를 받음.

6월 6일, 연합군 노르망디 상륙.

7월 17일, 영국 폭격전투기의 공격으로 머리에 중상을 입게 됨.

7월 20일, 히틀러 암살음모가 실패로 돌아감. 롬멜이 암살자들과 접촉했다는 것이 밝혀짐.

10월 14일, 히틀러의 명령에 따라 롬멜이 음독자살로 생을 마침.

1945 4월 28일, 무솔리니가 이탈리아 반파쇼 의용군에 체포되어 정부(情婦)와 함께 사살됨.

4월 29일, 이탈리아 영토에서 방어전을 수행하던 독일군 항복.

4월 30일, 히틀러가 베를린 지하방공호에서 자살함.

5월 1일, 독일 공보장관 요제프 괴벨스 자살.

5월 2일, 독일 총통본영이 베를린에서 소련군에게 항복함.

5월 4일, 독일 주둔 전 독일군 연합국에 항복.

5월 8일, 독일 최고사령부 작전 참모장 알프레트 요들이 공식 항복문서에 서명.

5월 22일, 게슈타포와 친위대 대장 하인리히 히믈러 자살.

8월 15일, 일본 항복.

| 주 |

프롤로그

1. Wolf Heckmann, *Rommel's War in Africa*, London, 1981. p.16. 이안 자콥 (Ian Jacob) 장군의 일기에서.
2. *Purnell's History of the Second World War*, Vol. 6. Michael Mason, *Target Rommel: The Keyes Raid* (Nov. 1941). pp.653-655.
3. Heckmann, p.16.

Chapter 1 훌륭한 군인

1. 제1차 세계대전이 일어나기 전 롬멜에게는 진지한 관계의 연인이 있었고 그 사이에는 게르트루트라는 딸까지 있었지만, 그러나 이런 사실은 최근에서야 세상에 알려지게 되었다. 롬멜은 그녀를 자신의 딸로 인정하고 경제적인 지원과 보살핌을 아끼지 않았으나 불행히도 그녀의 어머니는 1928년 비탄 속에 세상을 떠났다. 게르트루트가 이탈리아인과의 결혼에 대해 아버지의 허락을 구한 것을 보아도 그가 딸의 인생에서 중요한 역할을 하고 있었음은 짐작할 수 있다. 롬멜은 이 문제와 관련해, 남자가 진실하고 정직한 사람이기만 하다면 문제될 것이 없다며 결혼을 허락했다. TV 다큐멘터리 〈리얼 롬멜〉에서 롬멜의 손자와 가진 인터뷰에서.

2. Irving, *The Trail of the Fox*, pp.8-11. 병사들 사이에서는 롬멜도 히틀러처럼 술과 담배와 여자를 싫어하는 사람으로 알려져 있었다. 그러나 장차 그의 보스가 될 히틀러와는 달리 롬멜은 결혼을 했으니 극히 정상적인 사람이었던 셈이다.
3. Fraser, *Knight's Cross*, pp.23-44.
4. Basil Liddell Hart, *History of the First World War* (London, 1997), pp.264-268.
5. Fraser, pp.48-51.
6. Ibid, p.52.
7. Ibid, pp.54-56. 러시아가 진격해오자 롬멜의 독일군은 8월 19일 아쉬움 속에 루마니아군에 코스나산을 넘기고 물러났다.
8. Ibid, pp.61-65.
9. Ibid, pp.65-71.
10. Ibid, p.72, p.77. 페르디난트 쉐르너 (Ferdinand Schörner)는 마타주르산을 탈환했다는 공로로 롬멜에 앞서 '블루 맥스' 훈장을 받았다. 롬멜이 이에 항의하면서 둘 사이 필생의 라이벌 관계가 시작된다. 1945년 5월 보헤미아에서 집단군 본대를 지휘한 쉐르너는 히틀러의 마지막 장군으로 알려져 있다.

Chapter 2
정치군인 히틀러의 등장

1. Irving, pp.19-22. 롬멜의 오랜 두통거리이자 살아 움직이는 가시 같은 존재였던 쉐르너는 슈투트가르트에서도 롬멜에게 꼴사납고 짓궂은 장난을 쳤다. 롬멜은 그의 '유머감각'을 좋아하지도 않았을 뿐만 아니라, 이탈리아 전역을 치르는 동안 이 파렴치하고 야심 가득한 장교의 계교를 잊지 않고 있었다.
2. Ibid, p.23.
3. Ibid, pp.24-27.
4. Ibid, pp.28-30.
5. Christer Jörgensen and Chris Mann, *Tank Warfare* (London, 2001), pp.9, 10, 12, 19.
6. See H. Reid, *J. F. C. Fuller: Military Thinker (London 1987), and J. F. C. Fuller, Tanks in the Great War, 1914-18* (London, 1920).
7. Jörgensen & Mann, p.20.
8. Heinz Guderian, *Achtung Panzer! The Development of tank warfare* (London, 1999), p.142. Original publication in German (Berlin, 1937).
9. Jörgensen & Mann, p.21. 이 책의 Chapter 4, 이집트에서의 호바트의 좌절 부분 참조.
10. Ibid, pp.21-22.
11. Deighton, p.167.
12. Guderian, p.143.
13. Aidan Crawley, *De Gaulle* (London, 1969), p.71.
14. Len Deighton, Blitzkrieg, p.235. 마지노선은 1930~1932년까지 프랑스 육군 장관이었던 앙드레 마지노의 이름을 딴 것이다. 그는 1940년 5월 이전에 사망함으로써, 굳게 믿고 자랑하던 마지노선이 뚫려 프랑스를 지켜내지 못하게 되는 굴욕을 보지 않아도 되게 되었다.
15. John Williams, *France: Summer 1940* (London, 1940), p.12.
16. William Shirer, *The Collapse of the Third Republic: an inquiry into the Fall of France in 1940* (London, 1940), p.167.
17. Guderian, p.145; Deighton, p.234.
18. Guderian, p.146.
19. Deighton, p.231.
20. Williams, pp.62-63. 1940년 데이턴은 소뮈아를 세계 최고의 전차라고 설명했다.
21. Ibid. 영국군 전차는 마크 II 마틸다(A12)가 75대, A10이 126대, 그리고 A13이 30대였다.
22. Williams, p.17.
23. Deighton, p.224.
24. Ibid, p.221.
25. Guderian, p.133; Thomas L. Jentz, *Panzertruppen* (Atglen, 1996), p.8.
26. Deighton, p.179.
27. Ibid, p.221.
28. Jentz, p.8; R. R. Abramovitch, *The Soviet Revolution* (London, 1962), p.254.
29. Guderian, *Panzer Leader*, pp.23-25.
30. Ibid, pp.27-28.
31. Ibid, p.32.
32. Jentz, pp.24, 30.
33. Guderian, *Panzer Leader*, pp.31, 36; Deighton, p.179.
34. PzKpfw는 Panzerkampfwagen의 약자로 기갑전차를 뜻한다.
35. Deighton, pp.186-188.
36. Williams, pp.50-51.
37. Williams, p.51; Deighton, pp.232-233.
38. Deighton, p.224.
39. Ibid, p.194.
40. Ibid, pp.200-201.
41. Ibid, p.202.
42. Purnell's, Vol.1, Barrie Pitt, *Blitz-*

krieg!, p.11.
43. Jentz, pp.45-46.
44. Irving, p.36.
45. Ibid, pp.38-40.

Chapter 3 유령사단

1. Aidan Crawley, *De Gaulle* (Collins, London, 1969), pp.70-76. 구데리안과 마찬가지로 드골도 프랑스 군부 지도자들과 사이가 원만치 않았다. 드골은 1934년에 출판한 그의 책 『직업군인L'Armee de Metier』에서 전차 사용을 적극 주장하여 고위 장교들과 마찰을 빚었다.
2. Purnell's, Vol. 2, Major General R. H. Barry, *The Military Balance*, pp.95-103.
3. British Expeditionary Force.
4. Purnell'ss, Vol. 2, Alistair Horne, *Breakthrough at Sedan, 10-20 May 1940*, pp.113-114.
5. Shirer, p.587.
6. Irving, p.40.
7. Horne, *To Lose a Battle*, pp.246-270.
8. Ibid, p.311.
9. Ibid, pp.271, 295-296.
10. 프랑스군이 수문을 손대지 않고 그대로 둔 것은 뫼즈강의 수위가 너무 낮아져 독일군이 건널 수 있게 될 것을 염려했기 때문이었다. 그러나 결국 이 중요한 위치에 병력을 배치하여 독일군이 둑과 수문을 장악하지 못하도록 막는 것까지는 하지 못했다.
11. Horne, pp.297-299, 311. 코라프 장군은 용감하기는 했지만 전차 경험은 하나도 없이 과거의 방식에만 집착하는 시대에 뒤떨어진 프랑스 식민지 사령관이었다. 1940년 5월경의 코라프는, 프랑스군에게는 불행하게도 군부 내 사령관들 중에서도 원칙주의자에 속하는 사람이었다.
12. Ibid, pp.312-315.

13. Ibid, pp.316-317, 361-363.
14. Ibid, pp.368-369, 394-396.
15. Williams, *The Fall of France*, p.56.
16. Horne, pp.398-399.
17. Horne, *Breakthrough at Sedan*, p.123.
18. Horne, *To Lose a Battle*, p.400.
19. Ibid, pp.460-463.
20. RP.34, Rommel to wife, 23 May 1940.
21. Irving, p.42.
22. Horne, *To Lose a Battle*, p.465.
23. Horne, *Breakthrough at Sedan*, p.120.
24. Horne, *To Lose a Battle*, pp.468, 498.
25. Irving, p.45. 이것이 바로 롬멜식 전쟁 스타일의 본질이었다.
26. Horne, *To Lose a Battle*, pp.501-503.
27. Irving, p.46.
28. Horne, *To Lose a Battle*, p.502, Footnote 2.
29. Ibid, pp.530, 549-550.
30. Horne, *Breakthrough at Sedan*, Purnell's, Vol. 2, p.124.
31. Horne, *To Lose a Battle*, pp.562-565, 567-569.
32. Irving, pp.46-47.
33. Horne, *To Lose a Battle*, pp.586-587.
34. RP.34, Rommel to Lucie, 23 May 1940.
35. RP.34, Rommel to Lucie, 24 May 1940.
36. Ibid, Rommel to Lucie, 26 May 1940. See Horne, *To Lose a Battle*, p.604, Footnote 2.
37. Horne, *To Lose a Battle*, p.604.
38. Irving, p.47.
39. RP.39, Schraepler to Frau Rommel,

27 May 1940.

40. RP.39, Rommel to Lucie, 27 May 1940.

41. Irving, p.48.

42. RP.42-43, Rommel to Lucie, 29 May 1940.

43. Irving, p.48. 튀링엔군은 같은 독일군들 사이에서도 최소의 무장에 가장 나약한 군인으로 알려져 있다.

44. Ibid.

45. RP.43, Rommel to Lucie, 3 June 1940.

46. RP.43, Rommel to Lucie, 4 June 1940.

47. Irving, p.49.

48. RP.53, Rommel to Lucie, 7 June 1940.

49. RP.53, Rommel to Lucie, 10 June 1940, at 05:00 hours.

50. RP.62, Rommel to Lucie, 11 June 1940.

51. Irving, p.50.

52. RP.66, Rommel's notes.

53. RP.66, Rommel to Lucie, 12 June 1940.

54. RP.66, Rommel to Lucie, 14 June 1940.

55. Purnell's, Vol. 2, pp.173-174, Colonel Adolphe Goutard, *The Fall of France, 20 May-25 June 1940*. 1893년생인 고타르Goutard도 1940년의 이 전투에 참여했다. 그리고 3년 후 그는 튀니지에서 롬멜의 군대를 상대로 설욕의 기회를 얻게 된다.

56. 'World at War'(BBC series, Vol. 2), 프랑스군 총사령부 참모진이었던 보프레Beaufre 대령과 1970년대에 한 인터뷰에서.

57. Irving, p.51.

58. RP.66, Rommel to Lucie, 16 June 1940.

59. Irving, p.51.

60. RP.66, Rommel to Lucie, 20 June 1940.

61. Irving, p.51.

62. 1916년 필립 페탱(1856~1951) 장군은 끈질긴 방어로 베르됭을 지켜내고, 1년 후 개혁조치를 단행하여 프랑스군의 사기를 회복시켰다. 페탱은 신중하고 사려 깊은 사령관으로 알려져 있었으나 1940년 무렵의 그는 완전히 패배주의에 빠져 프랑스의 패배를 좌익세력의 영향 때문이라고 비난하기도 했다. 페탱은 프랑스가 '독일 병정'의 처분에 맡겨지는 굴욕과 절망을 감수하면서 마침내 휴전협정 요청이라는 무기력한 결정을 내리고 말았다.

63. Goutard, p.175.

64. RP.85, Rommel to Lucie, 25 June 1940.

65. Irving, p.52.

Chapter 4
북아프리카의 회오리바람 속으로

1. 1935~1936년의 침략 때 이탈리아가 점령한 에리트레아와 에티오피아(당시 아비시니아 왕국), 그리고 이탈리아령 동아프리카 해안 지역.

2. 1882년 영국은 이집트를 침략하여 점령했으나 1914년까지 이집트는 공식적으로 터키 오스만 제국의 영토였다. 제1차 세계대전 후 이집트는 형식상 독립국가의 형태를 취했으나 영국은 군대를 주둔시키고 정치적으로도 사실상 지배하고 있었다. 알렉산드리아와 수에즈 운하에 해군기지를 두고 있는 이집트는 영국이 구상하는 '중동계획'의 가장 중요한 교두보였다. 수단은 앵글로이집트수단이라는 국명으로 명목상 영국과 이집트의 공동 통치국이었으나 1898~1901년에 다른 식민지와 함께 영국에 정복된 후에는 실질적으로 영국의 지배를 받고 있었다.

3. *General History of Africa*, Vol.

VII(ed. A. Adu Boahen), pp.51-53.
4. Dennis Mack-Smith, *Mussolini* (London, 1993), p.255.
5. Jörgensen & Mann, pp.71-72.
6. Kenneth Macksey, *Beda Fomm* (London, 1972), pp.26-28.
7. Ibid, pp.63, 71, 73-74, 78-79, 90, 94, 106, 109, 121, 123.
8. Salmaggi & Pallavisini, p.104.
9. Jörgensen & Mann, p.73.
10. Macksey, p.47.
11. Fraser, p.217.
12. RP.87, Rommel to Lucie, 8 Jan. 1941.
13. Fraser, p.214.
14. Ibid, p.217.
15. 스페인어로 지도자라는 의미.
16. Ian Kershaw, *Hitler*, Vol. 2(London, 2000), p.348.
17. Purnell's, Vol. 4, Liddell Hart, *The Rommel Papers*, p.354.
18. Salmaggi & Pallavisini, p.104.
19. 영국 방송사 채널 4의 2002년 다큐멘터리 〈리얼 롬멜〉에서 롬멜의 부관 빈리히 베어와 가진 인터뷰에서.
20. Salmaggi & Pallavisini, p.104.
21. Arthur Swinson, *The Raiders*, pp.32-37.
22. Jackson, *The North African Campaign*, pp.69, 89, 91.
23. Alan Moorehead, *African Trilogy*, p.140.
24. Chris Mann and Christer Jörgensen, *Hitler's Arctic War : the German Campaigns in Norway, Finland and the USSR* (Hersham, 2002) 참조.
25. Deighton, *Blood, Tears and Folly*, pp.244, 246.
26. Ibid, p.244.
27. RP.103, Rommel to Lucie, 17 Feb. 1941.

28. Purnell's, Vol. 4, p.357, Kenneth Macksey, *Rommel's first attack. Cyrenaica* (March-April 1941).
29. Ibid, pp.357-358.
30. Ibid, p.360. 윌슨의 주장에 대해서는 브라우히치도 견해를 같이하고 있었다. 아게일라에서 롬멜은 바다와 내륙의 소금늪지 사이 라인을 확보함으로써 천연의 방어선을 구축할 수 있었다.
31. Liddell Hart, *History of the Second World War*, p179.
32. RP.111, Rommel to Lucie, 3 Apr. 1941.
33. RP.113, Rommel's diary.
34. Jackson, pp.101, 103-105.
35. RP.104, Rommel to Lucie, 5 Mar. 1941.
36. Macksey, p.363. 님, 오코너와 함께 쿰Coombe과 리밍턴Rimington도 준장이었다. Salmaggi & Pallavisini, p.116.
37. Jackson, p.106.
38. RP.115, Rommel's diary.
39. Ibid.
40. Ibid.
41. Salmaggi & Pallavisini, p.120.
42. Liddell Hart, p.180.
43. Ibid.
44. Schmidt, p.37.
45. Purnell's, Vol. 5, p.537. John Foley, *Cyrenaica, April-November 1941, Tobruk survives*.
46. Jackson, p. 108.
47. RP.131, Rommel to Lucie, 23 Apr. 1941.
48. Jackson, p.114.
49. Schmidt, p.45.
50. Liddell Hart, p.181.
51. Schmidt, p.55.
52. Ibid, p.60.
53. RP.131, Rommel to Lucie, 25 Apr. 1941.

54. Liddell Hart, p.181.

55. RP.133, Rommel to Lucie, 6 May 1941.

Chapter 5 공격 아니면 맹공격

1. RP.119, Rommel's diary.

2. RP.120, Rommel's diary.

3. Robin Neillands, Desert Rats, p.71.

4. Ibid, p.72.

5. Purnell's, Vol. 4, p.544, Joachim Rösseler, Operation Brevity : the Struggle for Halfaya (May 1941); Neillands, p.71.

6. Rösseler, p.545.

7. Purnell's, Vol. 4, p.548, Kenneth Macksey, *Operation Battleaxe: Wavell's last Offensive, May-June 1941*.

8. Neillands, p.72.

9. Ibid.

10. Ibid, pp.73-74.

11. Macksey, p.551.

12. Neillands, p.76.

13. Macksey, p.554.

14. Neillands, p.77.

15. Macksey, p.554.

16. Neillands, p.78.

17. Macksey, p.555.

18. Jackson, p.131.

19. Liddell Hart, p.188.

20. Schmidt, p.65.

21. RP.146, Rommel to Lucie, 18 June 1941.

22. Ibid, 64.

23. Jackson, pp.131-132.

24. Neillands, p.79.

25. RP, Rommel's notes, 146-147.

26. George Forty, *Afrika Korps at War*, Vol. 1, *The Road to Alexandria* (London, 1978).

27. Ibid, p.116.

28. Ibid, p.138.

29. Mussolini's bum.

30. Schmidt, p.60.

31. Ibid, p.150.

32. RP.150, Rommel to Locie, 30 Aug. 1941.

33. RP.151, Rommel to Lucie, 6 Oct. 1941.

34. RP.150, Rommel to Lucie, 10 Sept. 1941.

35. RP.152, Rommel to Lucie, 12 Nov. 1941.

36. Neillands, p.80.

37. Liddell Hart, p.192.

38. Neillands, p.82.

39. Ibid, p.80.

40. Liddell Hart, p.191.

41. Neillands, p.81. 미국은 영국군 전차병에게 '이쁜이'의 운용법을 가르칠 훈련교관까지 파견했다.

42. 오친렉은 중동지역 최고사령관이었기 때문에 제8군을 직접 지휘하지는 않았다.

43. 소말리아, 에리트레아, 에티오피아 또는 아비시니아. 에티오피아는 1936년에야 이탈리아에 점령되었다.

44. Neillands, p.82.

45. Liddell Hart, p.193.

46. Ibid, p.194.

47. Purnell's, Vol. VI, Geoffrey Evans, *Crusader: Auchinleck recovers Cyrenaica (November 1941-January 1942)*, p.661.

48. Liddell Hart, pp.194-195; Purnell's, Vol. VII, Fritz Bayerlein, *War in the Desert: Winter 1941-42, Cyrenaica*, p.779.

49. Evans, p.662.

50. Liddell Hart, p.194.

51. Ibid.

52. Evans, p.662.

53. Ibid, p.665.

54. Liddell Hart, p.199.

55. Liddell Hart, pp.200-201; Evans, p.666.

56. RP.170, Rommel to Lucie, 9 Dec. 1941.

57. Bayerlein, p.779.

58. Liddell Hart, pp.192-193.

59. Evans, p.668.

60. Liddell Hart, p.205.

61. RP.170, Rommel to Lucie, 9 Dec. 1941.

62. RP.173, Diary notes.

63. Evans, p.668; Liddell Hart, p.205.

64. Liddell Hart, p.206.

65. RP.175, Rommel to Lucie, 20 Dec. 1941.

66. RP.175, Rommel to Lucie, 22 Dec. 1941.

67. Purnell's, Vol. VI, Kenneth Macksey, Crusader: the final stages, p.671.

68. Ibid.

69. RP.176, Rommel to Lucie, 23 Dec. 1941.

70. RP.176, Rommel to Lucie, 25 Dec. 1941.

71. Liddell Hart, p.207.

72. RP.176, Rommel to Lucie, 30 Dec. 1941.

73. RP.176, Rommel to Lucie, 31 Dec. 1941.

74. Macksey, Crusader, p.672.

75. Liddell Hart, p.207.

76. Evans, p.669.

Chapter 6 결정의 봄멜

1. Moorehead, p.251; D. G. Chandler, *The Fight for Gazala: Western Desert, February-June 1942*, p.932.

2. Neillands, p.102.

3. Liddell Hart, p.278.

4. Liddell Hart, p.278; Neillands, pp.102-103; RP.180, Rommel's diary.

5. RP.181, Rommel to Lucie, 22 Jan. 1942.

6. George Forty, *Tanks across the Desert*, p.70.

7. Neillands, p.103.

8. Ibid.

9. RP.181, Rommel's diary.

10. RP.181, Rommel to Lucie, 22 Jan. 1942.

11. Salmaggi, p.209.

12. Liddell Hart, p.279; RP.182, Rommel's diary.

13. RP.182, Rommel to Lucie, 25 Jan. 1942.

14. Neillands, p.103.

15. RP, Rommel to Lucie, 27 Jan. 1942.

16. Neillands, p.103; Salmaggi, p.214.

17. RP.183, Bayerlein's notes.

18. Liddell Hart, p.279.

19. Salmaggi, pp.215-216.

20. Neillands, p.103.

21. RP.183, Rommel to Lucie, 4 Feb. 1942.

22. Salmaggi.

23. RP.183, Rommel to Lucie, 7 Feb. 1942.

24. RP.183, Rommel to Lucie, 10 Feb. 1942.

25. Salmaggi, pp.217-218.

26. Ibid, pp.222-223, 225, 231.

27. RP.183, Rommel to Lucie, 31 Mar. 1942.

28. RP.183, Rommel to Lucie, 10 Apr. 1942.

29. RP.187, Rommel to Lucie, 25 Apr. 1942.

30. RP.187, Rommel to Lucie, 27 Apr. 1942.

31. Neillands, pp.106-107; Chandler, pp.934-935.

32. Chandler, p.934.

33. RP.202, Rommel's diary.

34. Chandler, pp.934, 938; Neillands, pp.107-108.

35. Chandler, p.939.

36. Forty, p.71; Neillands, p.109.

37. Neillands, p.109.

38. Chandler, p.940.

39. Ibid, p.941.

40. Ibid, pp.939, 941.

41. Ibid, p.942.

42. Chandler, pp.941-942; RP.212, Rommel's diary; RP.213, Rommel to Lucie, 1 June 1942.

43. Chandler, p.943.

44. Moorehead, p.332. 자유프랑스군의 병사들은 모두 페탱의 비시 정권 아래서 도망쳐나온 사람들로, 자칫 그들의 손에 잡히는 날이면 사형을 당하게 될 처지에 있는 이들이었다.

45. Forty, p.73.

46. Ibid, p.72. 'F'로 시작되는 좀 더 강한 버전의 표현도 있다.

47. Moorehead, p.333.

48. RP.218, Rommel's diary.

49. RP.213, Rommel's diary.

50. Moorehead, pp.333-334.

51. Forty, p.77. 제8군의 퇴역군인인 제이크 워드롭Jake Wardrop은 쾨니히를 '아주 터프한 신사'라고 부르면서 최고의 찬사를 보냈다.

52. RP.214, Rommel's diary.

53. Salmaggi, p.250.

54. Neillands, p.111.

55. Chandler, p.943; Salmaggi, p.257; RP.220, Rommel's diary. 그는 프랑스군 포로를 포획함으로써 이 포위공격에서 유종의 미를 거두려 했으나 원통하게도 프랑스군이 탈출에 성공하면서 독일군의 완승 분위기에 찬물을 끼얹고 말았다.

56. Neillands, p.110.

57. Chandler, p.943. 영국군 기술자들은 지뢰지대 방어선을 아크로마 아래쪽에서 해안까지 이르도록 설치했다.

58. RP.220, Rommel's diary.

59. Chandler, pp.943-944.

60. Schmidt, p.142.

61. RP, Rommel's diary.

62. Salmaggi, p.259.

63. Chandler, p.934.

64. Ibid, p.945.

65. Salmaggi, p.259.

66. RP.229, 231.

67. Salmaggi, p.262; Chandler, p.945; RP.231, Rommel's diary.

68. RP.232, Rommel's diary.

69. Chandler, p.945.

70. RP.231, Rommel to Lucie, 21 June 1942.

71. Chandler, p.948.

72. Ibid.

73. RP.197, Rommel's diary notes.

74. RP.198, Rommel's diary notes.

75. RP.200, Rommel's diary notes.

76. Ibid.

77. RP.201, Rommel's diary notes.

78. RP.226, Rommel's diary notes.

79. Schmidt, pp.42, 70.

80. Ibid, p.75.

81. Deighton, p.301.

82. Heckmann, pp.8-10.

Chapter 7 위대한 영웅의 황혼

1. Purnell's, Vol. 9, E. Dorman O'Gowan, *Battle of Mersa Matruh*, p.950.

2. Salmaggi, pp.262, 266.

3. RP.233-234, Rommel's diary notes.

4. RP.235, Rommel to Lucie, 23 June 1942.

5. RP.237, Rommel to Lucie, 26 June 1942.

6. Dorman O'Gowan, p.950.

7. Ibid, pp.951-952.

8. RP.237, Rommel's diary.

9. Dorman O'Gowan, P.952.

10. RP.238, Rommel to Lucie, 27 June 1942.

11. Dorman O'Gowan, p.952.

12. RP.239, Rommel to Lucie, 29 June 1942.

13. RP.240, Rommel's diary.

14. RP.239, Rommel to Lucie, 29 June 1942.

15. Salmaggi, pp.268-269.

16. Dorman O'Gowan, pp.984-985.

17. Liddell Hart, p.295.

18. Dorman O'Gowan, p.986.

19. Dorman O'Gowan, p.987; Liddell Hart, p.295.

20. Dorman O'Gowan, p.989.

21. RP.249, Rommel to Lucie, 3 Jul. 1942.

22. Dorman O'Gowan, p.989; Liddell Hart, pp.295-296.

23. RP.250, Rommel to Lucie, 4 Jul. 1942.

24. RP.250, Rommel to Lucie, 5 Jul. 1942.

25. RP.252, Rommel's diary; Dorman O' Gowan, p.989.

26. RP.254, Rommel's diary.

27. Dorman O'Gowan, p.990.

28. Liddell Hart, p.299.

29. RP.255, Rommel to Lucie, 12, 13 Jul. 1942.

30. RP.255, Rommel's diary.

31. Dorman O'Gowan, p.990.

32. RP.257, Rommel to Lucie, 17 Jul. 1942.

33. RP.257, Rommel to Lucie, 18 Jul. 1942.

34. Dorman O'Gowan, p.991.

35. Ibid.

36. Dorman O'Gowan, pp.992-993; Liddell Hart, p.299.

37. RP.259, Rommel's diary.

38. Dorman O'Gowan, p.995; Liddell Hart, p.300; RP.275-276, Rommel to Lucie, 21, 22, 26 Jul. 1942.

39. Liddell Hart, p.301.

40. Dorman O'Gowan, pp.996-997; Salmaggi, pp.279-280; Liddell Hart, p.302.

41. RP.264-266, Rommel's diary; Purnell's, Vol.10, Bayerlein, *The Battle of Alam Halfa (Aug-Sept. 1942)*, p.1065.

42. RP.263, Rommel to Lucie, 2, 5, 10 Aug. 1942.

43. RP.270, Rommel to Lucie, 24 Aug. 1942.

44. RP.270-271, Lt. Alfred I. Berndt to Frau Rommel, 26 Aug. 1942.

45. RP.271, Footnote 1.

46. RP.272, Rommel to Lucie, 27 Aug. 1942.

47. RP.272, Rommel to Lucie, 29 Aug. 1942.

48. RP.275, Rommel to Lucie, 30 Aug. 1942.

49. RP.275, Footnote 1, Rommel's notes.

50. Purnell's, Vol.10, Bayerlein, *The Battle of Alam Halfa (Aug-Sept. 1942)*, p.1065.

51. Liddell Hart, pp.303-304.

52. Ibid, pp.305-306.

53. Bayerlein, *Rommel's own story*, pp.1066-1067.

54. Purnell's, Vol.10, Brigadier G. Roberts (22nd Armoured Brigade), *Alam Halfa battle*, p.1068; RP.280, Rommel's diary.

55. Purnell's Vol.10, *Rommel's own*

story, p.1068.

56. RP.277, 279, Rommel's diary.

57. Purnell's, Vol.10, *Rommel's own story*, p.1068.

58. Liddell Hart, pp.308-309. 리델 하트는 롬멜의 대담함과 대비되는 몽고메리의 신중한 지휘 스타일에 상당히 비판적이다.

59. Liddell Hart, pp.311-312.

60. RP.290, Rommel to Lucie, 9 Sept. 1942.

61. RP.291, Rommel to Lucie, 11 Sept. 1942.

62. RP.291, Rommel to Lucie, 16 Sept. 1942.

63. Purnell's, Vol. 10, Major P. Livingstone, *The Great Desert Raids (September 1942)*, pp.1069-1073; RP.291, Rommel's notes; Salmaggi, p.294.

64. Irving, p.195.

65. Purnell's, Vol.10, Major-General Sir Francis de Guingand, *Alamein: The Tide Turns (October-November 1942)*, p.1074.

66. RP.292, Rommel's diary.

67. 미국은 대사관부 육군 무관을 카이로에서 소환함으로써 롬멜의 정보부와 무선감시국에 정보를 제공해주던 중요한 소식통을 제거했다.

68. Irving, pp.196-198.

69. Guingand, pp.1076-1077.

70. Ibid, P.1078.

71. Guingand, p.1078; Liddell Hart, pp.310311; Irving, p.201.

72. Guingand, p.1078; lrving, p.202.

73. Guingand, p.1079.

74. Liddell Hart, p.314.

75. Irving, pp.199-200.

76. Liddell Hart, p.314.

77. Salmaggi, p.303.

78. Guingand, pp.1079-1080.

79. Irving, p.203.

80. Ibid, p.204.

81. RP.310, Rommel to Lucie, 28 Oct. 1942.

82. Irving, p.205.

83. RP.312, Rommel to Lucie, 29 Oct. 1942(리델 하트가 인용), p.316.

84. Irving, p.205.

85. Ibid, p.206.

86. Liddell Hart, p.316.

87. Irving, p.206.

88. Ibid, p.207.

89. Salmaggi, p.310.

90. RP.316, Rommel to Lucie, 1 Nov. 1942.

91. Irving, p.207.

92. Salmaggi, p.311.

93. Irving, p.207.

94. Salmaggi, p.311.

95. Irving, p.208.

96. Liddell Hart, p.317.

97. Irving, p.208; RP.317, Rommel to Lucie, 2 Nov. 1942.

98. Irving, p.209.

99. Ibid, p.210.

100. Ibid, p.211.

101. Ibid, p.212.

102. Purnell's, Vol.11, Freiherr von der Heydte, *Afrika Korps Escapes, North Africa, October-November 1942*, pp.1146-1147. 하이테는 이집트에서 튀니지로 퇴각할 당시 기갑군의 후위를 맡고 있었다.

103. Irving, p.213.

104. RP.322, Rommel to Lucie, 3 Nov. 1942.

105. Irving, p.213.

106. Ibid, p.214.

107. Ibid, p.215. 사실 폰 토마는 영국군에게로 달아날 계획이었다는 것이 어빙의 주장이며, 이 문제에 관해 주변에 입단속을 시킨 것으로 보아 롬멜도 그렇게 믿었던 것

같다. 롬멜은 반역에 관한 이 루머가 히틀러의 귀에 들어가 무고한 폰 토마의 가족들이 보복당할 것을 염려했던 것이다.
108. Salmaggi, p.312.

Chapter 8 몰락

1. Liddell Hart, p.317.
2. RP.320, Rommel to Lucie, 3 Nov. 1942.
3. Liddell Hart, p.318.
4. Salmaggi, p.312. 롬멜은 9만의 병력 중 7만 명을 구했다.
5. Liddell Hart, p.319.
6. Purnell's Vol. 11, Liddell Hert, *Operation Torch, French North Africa, July-November 1942*, p.1122.
7. Salmaggi, p.313.
8. Liddell Hart, p.1127.
9. Ibid, p.1132.
10. Ibid, p.1127.
11. Ward Rutherford, Kasserine, pp.10, 23.
12. Ibid, pp.23, 26.
13. Ibid, p.27.
14. Purnell's, Vol. 12, Von der Heydte, *Chase to the Mareth Line, November 1942-February 1943*, p.1245.
15. Purnell's Vol 11, Von der Heydte, *Afrika Korps Escapes North Africa, October-December 1942*, p.1148.
16. Liddell Hart, pp.319-320.
17. Von der Heydte, *Afrika Korps Escapes*, p.1148.
18. RP.376, Rommel to Lucie, 18 Dec. 1942.
19. Purnell's, Vol. 12, Von der Heydte, *Chase to the Mareth Line*, p.1244.
20. RP.379, Rommel to Lucie, 24 Dec. 1942.
21. RP.381, Rommel to Lucie, 31 Dec.

1942.
22. Von der Heydte, *Chase to the Mareth Line*, p.1244.
23. Liddell Hart, p.415.
24. Salmaggi, p.353.
25. Liddell Hart, p.419.
26. Ibid, pp.420-421.
27. RP.388, Rommel to Lucie, 20 Jan. 1942. 파울루스의 상황은 롬멜과는 완전히 달랐다. 스탈린그라드에 갇힌 파울루스의 제6군은 복수심에 가득 차 승승장구하고 있는 적군Red Army의 손에 괴멸될 운명에 처해 있었다. 파울루스의 상황은 롬멜에게도 분명한 경고가 되었다. 항복은 있을 수 없다는 히틀러의 명령에도 불구하고 스탈린그라드에서 적군 앞에 굴복하게 되는 상황은, 롬멜을 포함한 독일 장군들 모두로 하여금 자신들의 독재자에 대해 더 깊은 의구심을 갖게 만들었다.
28. Rutherford, pp.55, 61, 63, 65.
29. RP.390, Rommel to Lucie, 22 Jan. 1942.
30. Rutherford, p.66.
31. Ibid, pp.37-39.
32. 신형 티거 전차는 독일형 중전차 모델로 1942년 러시아의 T-34에 대응하기 위해 생산되었다.
33. Rutherford, pp.107, 109.
34. Ibid, pp.110-111.
35. Ibid, pp.113-119.
36. Ibid, pp.121-125.
37. Ibid, pp.130-132, 136, 139-141, 147.
38. Liddell Hart, p.429.
39. Liddell Hart, p.430.
40. Purnell's, Vol. 12, Kenneth Macksey, *Breaking the Mareth Line (March 1943)*, pp.1252-1253.
41. Liddell Hart, p.431.
42. Salmaggi, pp.376-377.
43. Fraser, pp.432, 436.

44. Ibid, p.433.

45. Ibid, p.435. 롬멜이 히틀러를 정상이라고 생각한 것이라면 그것은 롬멜이 스스로를 기만한 것이라고 프레이저는 날카롭게 지적하고 있다.

46. Ibid, pp.437-446.

47. Ibid, pp.450-451.

48. Purnell's, Vol. 16, R. W. Thompson, *Fortress Europe*, p.1728.

49. Thompson, p.1729.

50. Friedrich Ruge, *Rommel in Normandy* (London, 1979), pp.31, 53.

51. Thompson, pp.1727, 1729.

52. 롬멜은 노르망디에서 가깝다는 이유로 이 저택을 선택했다.

53. Thompson, p.1729.

54. TV 다큐멘터리 〈리얼 롬멜〉에서 가진 베어와의 인터뷰에서.

55. 아일랜드 해협을 점령한 제319사단은 연합군의 공중공격으로 본토와 떨어져 있어 '캐나다'사단으로 불렸다. 제243사단 역시 기동성이 없는 부대였다.

56. Ruge, pp.65-67, 71, 82, 85, 97.

57. 제2, 제21, 제16기갑사단, 제7친위기갑사단, 그리고 전차교도사단이다. 제1친위기갑사단은 벨기에에, 제 19기갑사단은 네덜란드에 주둔하고 있었다.

58. Thompson, p.1730.

59. Ruge, pp.108-109.

60. Thompson, pp.1731, 1734.

61. Ibid, p.1734.

62. TV 다큐멘터리 〈리얼 롬멜〉에서.

63. Irving, p.338.

64. Ibid, pp.339-341.

65. Irving, pp.340, 342-347; Ruge, p.183.

66. Irving, pp.348, 350-353, quote from p.353.

67. Ibid, pp.355-359.

68. Ibid, pp.363-367.

69. Ibid, pp.369-371, 374-375.

70. Ibid, pp.380-383.

71. Ibid, pp.387, 394-395, 397-398, 400-401, 405.

72. TV 다큐멘터리 〈리얼 롬멜〉에서 가진 베어와의 인터뷰에서.

| 참고문헌 |

Blumenson, Martin, *Rommel's Last Victory: The Battle of Kasserine Pass*. London, Allen & Unwin, 1968

Brantigan, Richard, *Rommel drives deep into Egypt*. New York, Dell, 1970

Clifford, Alexander, *Three against Rommel: The Campaigns of Wavell, Auchinleck and Alexander*. London, Harrap, 1943

Crawley, Aidan, *De Gaulle*. London, Collins, 1969

Deighton, Len, *Blitzkrieg: From the Rise of Hitler to the Fall of Dunkirk*. London, Panther Books, 1985

Deighton, Len, *Blood, Tears and Folly. An objective look at World War II*. London, Pimlico, 1995

Douglas-Home, Charles, *Rommel*. London, Weidenfeld & Nicolson, 1973

Douglas-Home, Charles, *The War Lords. Military Commanders of the Twentieth Century*. London, Weidenfeld & Nicolson, 1976

Eppler, John, *Operation Condor: Rommel's Spy*. London, Futura, 1978

Forty, George(ed.), *Tanks across the Desert. The War Diary of Jake Wardrop*. London, Kimber, 1981

Fraser, David, *Knight's Cross. A Life of Field Marshal Erwin Rommel*. London, Harper-Collins, 1994

Heckman, Wolf, *Rommel's War in Africa*. London, Grenada, 1981

Horne, Alastair, *To Lose a Battle: France 1940*. London, Penguin, 1988

Irving, David, *The Trail of the Fox: Rommel*. London, 1977

Jackson, W.G.F., *The North African Campaign 1940-43*. London, Batsford, 1975

Jentz, Thomas L., *Panzertruppen*. Atgeln, Schiffer Publishing, 1996

Koch, Lutz, *Erwin Rommel: die Wandlung eines grossen Soldaten*. Stuttgart, Bauer, 1970

Kuhn, Volkmar, *Mil Rommel in der Wuste: Kampf und Untergang der deutschen Afrika Korps 1941-43*. Stuttgart, Motorbuch, 1975

Lewin, Ronald, *Rommel as Military Commander*. London, Batsford, 1968

Liddell Hart, Basil(ed.), *The Rommel Papers*. London, Collins, 1950

Liddell Hart, Basil, *History of the Second World War*. London, Papermac, 1997

Macksey, Kenneth, *Afrika Korps*. London, Pan Books, 1972

Macksey, Kenneth, *Rommle: Battles and Campaigns*. New York, Da Capo, 1997

Mitcham, Samuel W., *Rommel's Last Battle: the Desert Fox and the Normandy Campaign*. New York, Stein and Day, 1983

Moorehead, Alan, *African Trilogy. The North African Campaign 1940-43*. London, Hamish Hamilton, 1965

Neillands, Robert, *The Desert Rats: 7th Armoured Division 1940-45*. London, Orion, 1997

Pitt, Barrie(ed.), *Purnell's History of the Second World War*. London, Phoebus. Volumes 2, 6-12, 16

Ruge, Friedrich, *Rommel in Normandy*. London, MacDonald & Jane, 1979

Rutherford, Ward, *Kasserine: Baptism of Fire*. London, MacDonald, 1971

Schroetter, Hellmuth, *Panzer rollen in Afrika: mit Rommel von Tripolis bis El Alamein*. Wiesbaden, Limes, 1985

Schmidt, Heinz W., *With Rommel in the Desert*. London, Harrap, 1980

Shirer, William L,. *The Collapse of the Third Republic*. London, Heinemann, 1970

Sibley, Roger, and Fry, Michael, *Rommel*. London, Random House, 1974

Swinson, Arthur, *The Raiders: Desert Strike Force*. London, MacDonald, 1968

Toland, John, *Adolf Hitler*. New York, Ballantine, 1976

Williams, John, *France: Summer 1940*. London, Aldus, 1973

Windrow, Martin, *Rommel's Desert Army*. London, Osprey, 1976

Young, Desmond, *Rommel*. London, Collins, 1959

한국국방안보포럼(KODEF)은 21세기 국방정론을 발전시키고 국가안보에 대한 미래 전략적 대안을 제시하기 위해 뜻있는 군·정치·언론·법조·경제·문화 마니아 집단이 만든 사단법인입니다. 온·오프라인을 통해 국방정책을 논의하고, 국방정책에 관한 조사·연구·자문·지원활동을 하고 있으며, 국방 관련 단체 및 기관과 공조하여 국방 교육 자료를 개발하고 안보의식을 고양하는 사업을 하고 있습니다. http://www.kodef.net

KODEF 안보총서 **7**

나는 탁상 위의 전략은 믿지 않는다

개정판 1쇄 인쇄 2019년 8월 13일
개정판 1쇄 발행 2019년 8월 20일

지은이 ㅣ 크리스터 요르젠센
옮긴이 ㅣ 오태경
펴낸이 ㅣ 김세영

펴낸곳 ㅣ 도서출판 플래닛미디어
주소 ㅣ 04029 서울시 마포구 잔다리로 71 아내뜨빌딩 502호
전화 ㅣ 02-3143-3366
팩스 ㅣ 02-3143-3360
출판등록 ㅣ 2005년 9월 12일 제 313-2005-000197호
블로그 ㅣ http://blog.naver.com/planetmedia7
이메일 ㅣ webmaster@planetmedia.co.kr
ISBN 979-11-87822-34-9 03390